全国高职高专建筑装饰专业规划教材

建筑装饰施工技术

郝永池　薛　勇　主　编

黄　渊　杨晓青　谷志华　副主编

清华大学出版社

北　京

内 容 简 介

本书共分为 11 个教学项目，主要介绍建筑装饰工程施工的基本知识、抹灰工程施工、门窗工程施工、吊顶工程施工、轻质隔墙工程施工、饰面板(砖)工程施工、幕墙工程施工、涂饰工程施工、裱糊与软包工程施工、楼地面工程施工和细部工程施工。每个项目教学单元配有相应的实训。

本书体现了土建类高职教育培养"施工型"、"能力型"、"成品型"人才的特征，并以教学项目为组织单元，反映了最新课程改革的成果。

本书可作为建筑设计技术相关专业的教材，也可供有关工程技术人员参考。

图书在版编目(CIP)数据

建筑装饰施工技术/郝永池，薛勇主编. —北京：清华大学出版社，2013（2019.1重印）
全国高职高专建筑装饰专业规划教材
ISBN 978-7-302-33167-4

Ⅰ. ①建…　Ⅱ. ①郝…　②薛…　Ⅲ. ①建筑装饰—工程施工—高等职业教育—教材　Ⅳ. ①TU767

中国版本图书馆 CIP 数据核字(2013)第 159605 号

责任编辑：桑任松
封面设计：刘孝琼
责任校对：周剑云
责任印制：沈　露

出版发行：清华大学出版社
　　　　　网　　址：http://www.tup.com.cn, http://www.wqbook.com
　　　　　地　　址：北京清华大学学研大厦 A 座　　　邮　　编：100084
　　　　　社 总 机：010-62770175　　　　　　　　邮　　购：010-62786544
　　　　　投稿与读者服务：010-62776969, c-service@tup.tsinghua.edu.cn
　　　　　质量反馈：010-62772015, zhiliang@tup.tsinghua.edu.cn
　　　　　课件下载：http://www.tup.com.cn, 010-62791865
印 装 者：三河市铭诚印务有限公司
经　　销：全国新华书店
开　　本：185mm×260mm　　印　张：21.75　　字　数：521 千字
版　　次：2013 年 9 月第 1 版　　印　次：2019 年 1 月第 7 次印刷
定　　价：49.00 元

产品编号：048184-02

前　言

随着经济的发展，科技的进步，以及人们生活水平的不断提高，建筑装饰业已成为需求旺盛、蓬勃发展的行业。因此，提高建筑装饰的技术水平，规范建筑市场，保证工程质量，具有十分重要的意义。装饰施工是建筑装饰行业的重要环节，在建筑装饰中发挥着重要的作用。

为满足建筑装饰专业高职高专教育的需要，培养适应生产、建设、管理、服务第一线需要的建筑装饰业高等技术应用型人才，我们组织编写了这本教材。本教材结合高职高专教育的特点，突出了教材的实践性和综合性。教材编写在力求做到保证知识的系统性和完整性的前提下，以项目教学划分教学单元，共分为装饰施工基本知识、抹灰工程施工、门窗工程施工、吊顶工程施工、轻质隔墙工程施工、饰面板(砖)工程施工、幕墙工程施工、涂饰工程施工、裱糊与软包工程施工、楼地面工程施工、细部工程施工等11个教学项目，每个教学项目在介绍基本知识的同时，增加了操作训练，让学生通过在真实环境下的实训练习，强化学生的专业技能培养。在建筑装饰工程施工技术教材编写过程中，还吸取了当前建筑装饰企业改革中应用的新技术、新方法，并认真贯彻我国现行规范及有关文件，从而增强了适应性、应用性，具有了时代性的特征。每个教学项目单元除有一定量的习题和思考题外，还增加了具有行业特点且较全面的工程案例。以求通过实例来培养学生的综合应用能力。

本书由河北工业职业技术学院郝永池、薛勇任主编，河北工业职业技术学院黄渊、杨晓青，河北建工集团谷志华高级工程师任副主编。河北交通职业技术学院翟晓静、石家庄职业技术学院梁媛、石家庄工商职业学院鄩瑞东参加了教材的编写。全书由郝永池统稿、修改并定稿。在本书编写过程中，得到了有关单位和个人的大力支持，在编写过程中还参考了许多教材、文献、专著等，在此一并表示感谢。

限于作者水平，加上时间仓促，本书肯定存在不少缺陷和不足之处，敬请读者提出宝贵意见，以便我们改正。

编　者

前　言

目 录

项目 1　装饰施工概述

内容提要

本项目主要介绍装饰施工的基本知识和发展情况，包括建筑装饰装修的基本知识、建筑装饰装修施工的基本规定、建筑装饰施工技术的发展等，并以施工现场调研报告作为本教学单元的实践训练项目，使学生初步认知装饰装修施工。

技能目标

- 通过对装饰施工基本知识的识读，巩固已学的相关建筑装饰的基础知识以及了解装饰施工的概念、作用、任务、特点及有关规定。
- 通过对建筑装饰施工基本规定的识读，掌握装饰施工的规范、标准、法律法规及相关基本要求。
- 了解装饰施工技术的发展趋势和方向，初步认知装饰装修施工。

本项目是为了提高学生对建筑装饰装修的基本知识、建筑装饰装修施工的基本规定、建筑装饰施工技术发展等的认知能力，加强学生对装饰工程施工的认知和了解设置的。

项目导入

建筑装饰是建筑装饰装修工程的简称。建筑装饰是为保护建筑物的主体结构、完善建筑物的物理性能、使用功能和美化建筑物，采用装饰装修材料或饰物对建筑物的内外表面及空间进行的各种处理过程。建筑装饰是人们生活中不可缺少的一部分。

随着科学技术的进步和人类生活水平的提高，建筑艺术的发展和演变，建筑装饰所涉及的范围就显得异常宽阔和复杂，尤其是人们对建筑的使用和美化日趋高档化，致使装饰与装修的区别难以准确地进行解释和界定，实际上已经成为不可分割的工作实体。因此，习惯上将二者统称为建筑装饰工程。

1.1　建筑装饰装修的基本知识

【学习目标】了解装饰施工的概念、作用、任务、特点及有关规定。

建筑装饰施工过程是一项十分复杂的生产活动，它涉及面广，其技术发展与建材、化工、轻工、冶金、机械、电子、纺织及建筑设计、施工、应用和科研等众多领域密切相关。随着国民经济和建筑事业的高速发展，建筑装饰已成为独立的新兴学科和行业，并具有较大规模，在美化生活环境、满足物质和精神功能需求方面发挥着巨大作用。

1.1.1　建筑装饰装修的定义

建筑装饰装修工程是现代建筑工程的有机组成部分，是现代建筑工程的延伸、深化和完善。其定义是"为保护建筑物的主体结构、完善建筑物的使用功能和美化建筑物，采用装饰装修材料或饰物，对建筑物的内外表面及空间进行的各种处理过程"。

1.1.2　建筑装饰装修的作用

1）美化环境，满足使用功能要求

建筑装饰施工对于改善建筑内外空间环境的清洁卫生条件，美化生活和工作环境，具有显著的功能作用。同时通过装饰施工对建筑空间的合理规划与艺术分隔，配以各类方便的装饰设置和家具等，满足使用功能要求，增强其实用性。

2）保护建筑结构，增强耐久性

建筑物的耐久性，受多方面的影响，它与结构设计、施工质量、荷载等因素有关。另外从装饰施工的作用角度看包括两个方面的影响因素：一是由于自然条件的作用，如水泥制品会因大气的作用变得疏松，钢材会氧化而锈蚀，竹木会因微生物的侵蚀而腐朽；二是人为因素的影响，如在使用过程中由于碰撞、磨损以及水、火、酸、碱的作用而造成破坏。建筑装饰采用现代装饰材料及科学合理的施工工艺，对建筑结构进行有效的包覆施工，使其免受风吹雨打湿气侵袭，有害介质的腐蚀，以及机械作用的伤害等。从而达到保护建筑结构，增强耐久性，并延长建筑物使用寿命的作用。

3）体现建筑物的艺术性

建筑是人的活动空间，建筑装饰工程又每时每刻都在人的视觉、触觉、意识、情感直接感受到的空间范围之内，它通过建筑装饰施工所营造的效果而反射给人们。所以，建筑装饰施工具有综合艺术的特点，其艺术效果和所形成的氛围，强烈而深切地影响着人们的审美情趣，甚至影响人们的意识和行动。一个成功的装饰设计方案，优质而先进的装饰材料和规范而精细的装饰施工，可使建筑获得理想的艺术价值而富有永恒的魅力。建筑装饰造型的优美，色彩的华丽或典雅，材料或饰面的独特，质感和纹理，装饰线脚与花饰图案的巧妙处理，细部构件的体形、尺度、比例的协调把握，是构成建筑艺术和环境美化的重要手段和主要内容。这些都要通过装饰施工去实现。

4）协调建筑结构与设备之间的关系

建筑物是供人们生活、工作的使用空间。因此，其内部设施必须满足人们日常生活的需要。这就要对大量的构配件和各种设备进行纵横布置、安装组合，从而致使建筑空间管线穿插、设施交错，为了理顺这种错综复杂的关系就必须通过装饰施工，使其形成布局合理、穿插有序、隐显有致、使用方便、形式和谐的统一体。如吊顶处理就能综合协调解决空调送风、照明设施、消防自动喷淋、音响及烟感报警等装置和管线穿插问题。如架空与活动地板、护墙板、装饰包柱、暖气柜、女儿墙压顶板、伸缩缝成型板等装饰处理措施和设置，既满足了建筑结构和设备的要求，将一些不宜明露的设施作隐蔽处理，又满足了使用功能和美化空间环境的作用。

1.1.3 建筑装饰施工的任务

建筑装饰施工的任务是通过装饰施工人员的劳动，实现设计师的设计意图的过程。设计师将成熟的设计构思反映在图纸上，装饰施工则是根据设计图纸所表达的意图，采用不同的装饰材料，通过一定的施工工艺、机具设备等手段使设计意图得以实现的过程。由于设计图纸是产生于装饰施工之前，对最终的装饰效果缺乏实感，必须通过施工来检验设计的科学性、合理性。因此，对装饰施工人员的要求不只是"照图施工"的问题，还必须具备良好的艺术修养和熟练的操作技能，积极主动地配合设计师完善设计意图。但在装饰施工过程中应尽量不要随意更改设计图纸，按图施工是对设计师智慧的尊重。如果确实有些设计因材料、施工操作工艺或其他原因而不能实现时，应与设计师直接协商，找出解决方法，即对原设计提出合理的建议并经过设计师进行修改，从而使装饰设计更加符合实际，达到理想的装饰效果。实践证明，每一个成功的建筑装饰工程项目，都显示了设计师的才华和凝聚着施工人员的聪明才智与劳动。设计是实现装饰意图的前提，施工则是实现装饰意图的保证。

1.1.4 建筑装饰工程的特点

1) 边缘性科学

建筑装饰不仅涉及人文、地理、环境艺术和建筑，而且还与建筑装饰材料以及其他各行业有着密切的关系，如建筑装饰涉及五金、化工、轻纺等多行业、多学科。

2) 技术与艺术的结合

建筑本身就已经是技术与艺术结合的产物，而深化和再创造的建筑装饰就更加需要知识、技术以及艺术的支撑。

3) 周期性

建筑是百年大计，而建筑装饰却随时代的变化而具有时尚性，其使用年限远小于建筑结构。我国建筑耐久年限一般是 50～100 年，而装饰是 5～10 年，国外为 5 年。不提倡新三年旧三年，缝缝补补又三年的装饰，要充分体现其先进性和超前性，以满足人们的不断需求。

4) 造价(经济观)

装饰的造价空间很大，从普通到豪华再到超豪华，其造价相差甚远，所以装饰的级别受造价的控制。可以说，黄金有价，装饰无价。

1.1.5 建筑装饰施工的特点

1) 建筑装饰工程施工的建筑性

建筑装饰工程施工的首要特点，是具有明显的建筑性。

《中华人民共和国建筑法》第四十九条规定：涉及建筑主体和承重结构变动的装修工

程，建设单位应当在施工前委托原设计单位或者具有相应资质条件的设计单位提出设计方案；没有设计方案的，不得施工。这条规定限制了建筑装饰工程施工中随意凿墙开洞等野蛮施工行为，保证了建筑主体结构安全适用。

就建筑装饰设计而言，首要目的是完善建筑及其空间环境的使用功能。对于建筑装饰工程施工，则必须是以保护建筑结构主体及安全使用为基本原则。

2) 建筑装饰工程施工的规范性

一切工艺操作和工艺处理，均应遵照国家颁发的有关施工和验收规范；所用材料及其应用技术，应符合国家及行业颁布的相关标准。

对于一些重要工程和规模较大的装饰项目，应按国家规定实行招标、投标制；明确确认装饰施工企业和施工队伍的资质水平与施工能力；在施工过程中应由建设监理部门对工程进行监理；工程竣工后应通过质量监督部门及有关方面组织严格验收。

3) 建筑装饰工程施工的严肃性

随着人们对物质文化和精神文化要求的提高，对装饰工程质量要求也大大提高，迫切需要的是从事建筑装饰事业人员的事业心和生产活动中的严肃态度。

由于建筑装饰工程大多数是以饰面为最终效果，所以许多处于隐蔽部位而对于工程质量起着关键作用的项目和操作工序很容易忽略，或是其质量弊病很容易被表面的美化修饰所掩盖，如果在操作时采取应付敷衍的态度，甚至偷工减料、偷工减序，就势必给工程留下质量隐患。

4) 建筑装饰工程施工管理的复杂性

建筑装饰工程的施工工序繁多，每道工序都需要具有专门知识和技能的专业人员担当技术骨干。此外，施工操作人员中的工种也十分复杂，对于较大规模的装饰工程，加上消防系统、音响系统、保安系统、通信系统等，往往有几十道工序。

为保证工程质量、施工进度和施工安全，必须依靠具备专门知识和经验的施工组织管理人员，以施工组织设计为指导，实行科学管理，熟悉各工种的施工操作规程及质量检验标准和施工验收规范，及时监督和指导施工操作人员的施工操作；同时施工组织管理人员还应具备及时发现问题和解决问题的能力，随时解决施工中的技术问题。

5) 建筑装饰工程施工的技术经济性

建筑装饰工程的使用功能及其艺术性的体现与发挥，所反映的时代感和科学技术水准，特别是在工程造价方面，在很大程度上是受装饰材料以及现代声、光、电及其控制系统等设备的制约。

随着人们对建筑艺术要求的不断提高，装饰新材料、新技术、新工艺和新设备的不断涌现，建筑装饰工程的造价还将继续提高。因此，必须做好建筑装饰工程的预算和估价工作。

1.1.6 建筑装饰工程与相关工程的关系

1) 建筑装饰工程与建筑的关系

建筑装饰是再创造过程，只有对所要进行装饰的建筑有了正确的理解把握，才能做好装饰工程的设计和施工，使建筑艺术与人们的审美观协调一致，从而在精神上给人们以艺术享受。

2）建筑装饰与建筑结构的关系

建筑装饰与建筑结构的关系有两个方面：一是建筑结构给建筑装饰再创造提供了充分发挥的舞台，装饰在充分发挥结构空间的同时又保护了建筑结构。二是建筑装饰与建筑结构矛盾时的处理，结构是传递荷载的构件，在设计时充分考虑了其受力情况，要经过计算而确定。

3）建筑装饰与设备的关系

建筑装饰不仅要处理好装饰与结构的关系，而且还必须认真解决好装饰与设备的关系，如果处理不合理必然影响建筑装饰空间的处理，同时也影响设备的正常运行和使用。

4）建筑装饰与环境的关系

装饰施工必须严格执行国家规范，控制因建筑装饰材料选择不当，以及工程勘察、设计、施工造成的室内环境污染。例如，室内用水性涂料必须进行总挥发性有机化合物和游离甲醛限量的检测，其标准如表 1.1 所示。

表 1.1　室内用水性涂料总挥发性有机化合物和游离甲醛限量

测定项目	限　量	测定项目	限　量
TVOC(g/ L)	≤200	游离甲醛(g/kg)	≤0.1

1.1.7　建筑装饰施工的范围

建筑装饰施工的范围几乎涉及所有的建筑物，即除了建筑物主体结构工程和部分设备工程之外的内容。它的范围包括如下几方面。

1）建筑物的不同使用类型范围

建筑物按不同的使用类型可划分为民用建筑(包括居住建筑和公共建筑)、工业建筑、农业建筑和军事建筑等。其中绝大多数建筑装饰都集中在各类住宅、宾馆、饭店、影剧院、商厦、娱乐休闲中心、办公楼、写字楼等工业与民用建筑上。随着国民经济的发展和为了满足工业生产及工程技术要求，装饰工程已经渗透到了农业建筑和军事建筑。

2）建筑装饰施工部位范围

建筑装饰施工部位范围是指能够引起人们的视觉或触觉等感觉器官的注意或接触，并能给人以美的享受的建筑物部位。它可以分为室外和室内两大类，建筑室外装饰部位有外墙面、门窗、屋顶、檐口、雨篷、入口、台阶、建筑小品等；室内装饰部位有内墙面、顶棚、楼地面、隔墙、隔断、室内灯具及家具陈设等。

3）建筑装饰施工满足建筑功能部位范围

建筑装饰施工在完善建筑使用功能的同时，还着意追求建筑空间环境工艺效果。如声学实验室的消声装置，完全是根据声学原理而定，每一斜一曲都包含声学原理；如电子工业厂房对洁净度要求很高，必须用密闭性的门窗和整洁明亮的墙面和吊顶装饰，顶棚和地面上的送回风口位置，都应满足洁净要求；如一些新型建筑墙体围护材料，同时也是建筑饰面，即金属外墙挂板、玻璃幕墙等；还有建筑门窗、室内给排水与卫生设备、暖通空调、自动扶梯与观光电梯、采光、音响、消防等许多以满足使用功能为目的的装饰施工项目，必须将使用功能与装饰有机地结合起来。

4) 建筑装饰施工的项目划分范围

根据国家颁发的《建筑工程施工质量验收统一标准》(GB 50300 —2001)，将建筑装饰装修工程施工项目划分为抹灰工程、门窗工程、吊顶工程、轻质隔墙工程、饰面板(砖)工程、幕墙工程、涂饰工程、裱糊与软包工程、细部工程等，基本上包括了装饰施工所必须涉及的项目。但对于相对独立的建筑装饰施工企业，在实际施工中，需要完成的装饰施工内容和需要接触的装饰施工领域，常常会超出这个范围而涉及方方面面。

1.2 建筑装饰工程的基本规定

【学习目标】通过对建筑装饰施工基本规定的识读，掌握装饰施工的规范、标准、法律法规及相关基本要求。

1.2.1 设计方面的基本规定

(1) 建筑装饰装修工程必须进行设计，并出具完整的施工图设计文件。

(2) 承担建筑装饰装修工程设计的单位应具备相应的资质，并应建立质量管理体系。由于设计原因造成的质量问题应由设计单位负责。

(3) 建筑装饰装修设计应符合城市规划、消防、环保、节能等有关规定。

(4) 承担建筑装饰装修工程设计的单位应对建筑物进行必要的了解和实地勘察，设计深度应满足施工要求。

(5) 建筑装饰装修工程设计必须保证建筑物的结构安全和主要使用功能。当涉及主体和承重结构改动或增加荷载时，必须由原结构设计单位或具备相应资质的设计单位核查有关原始资料，对既有建筑结构的安全性进行核验、确认。

(6) 建筑装饰装修工程的防火、防雷和抗震设计应符合现行国家标准的规定。

(7) 当墙体或吊顶内的管线可能产生冰冻或结露时，应进行防冻或防结露设计。

1.2.2 材料方面的基本规定

(1) 建筑装饰装修工程所用材料的品种、规格和质量应符合设计要求和国家现行标准的规定。当设计无要求时应符合国家现行标准的规定。严禁使用国家明令淘汰的材料。

(2) 建筑装饰装修工程所用材料的燃烧性能应符合现行国家标准《建筑内部装修设计防火规范》(GB 50222)、《建筑设计防火规范》(GBJ 16)和《高层民用建筑设计防火规范》(GB 5045)的规定。

(3) 建筑装饰装修工程所用材料应符合国家有关建筑装饰装修材料有害物质限量标准的规定。

(4) 所有材料进场时应对品种、规格、外观和尺寸进行验收。材料包装应完好，应有产品合格证书中文说明书及相关性能的检测报告；进口产品应按规定进行商品检验。

(5) 进场后需要进行复验的材料种类及项目应符合装饰工程验收规范的规定。同一厂家生产的同一品种、同一类型的进场材料应至少抽取一组样品进行复验，当合同另有约定时应按合同执行。

(6) 当国家规定或合同约定应对材料进行见证检测时，或对材料的质量发生争议时，应进行见证检测。

(7) 承担建筑装饰装修材料检测的单位应具备相应的资质，并应建立质量管理体系。

(8) 建筑装饰装修工程所使用的材料在运输、保存和施工过程中，必须采取有效措施防止损坏、变质和污染环境。

(9) 建筑装饰装修工程所使用的材料应按设计要求进行防火、防腐和防虫处理。

(10) 现场配制的材料如砂浆、胶粘剂等，应按设计要求或产品说明书配制。

1.2.3　施工方面的基本规定

(1) 承担建筑装饰装修工程施工的单位应具备相应的资质，并应建立质量管理体系。施工单位应编制施工组织设计并应经过审查批准。施工单位应按施工工艺标准或经审定的施工技术方案施工，并对施工全过程实行质量控制。

(2) 承担建筑装饰装修工程施工的人员应有相应岗位的资格证书。

(3) 建筑装饰装修工程的施工质量应符合设计要求和规范的规定，由于违反设计文件和规范的规定施工造成的质量问题应由施工单位负责。

(4) 建筑装饰装修工程施工中，严禁违反设计文件擅自改动建筑主体、承重结构或主要使用功能；严禁未经设计确认和有关部门批准擅自拆改水、暖、电、燃气、通信等配套设施。

(5) 施工单位应遵守有关环境保护的法律法规，并应采取有效措施控制施工现场的各种粉尘、废气、废弃物、噪声、振动等对周围环境造成的污染和危害。

(6) 施工单位应遵守有关施工安全、劳动保护、防火和防毒的法律法规，应建立相应的管理制度，并应配备必要的设备、器具和标识。

(7) 建筑装饰装修工程应在基体或基层的质量验收合格后施工。对既有建筑进行装饰装修前，应对基层进行处理并达到本规范的要求。

(8) 建筑装饰装修工程施工前应有主要材料的样板或做样板间(件)，并应经有关各方确认。

(9) 墙面采用保温材料的建筑装饰装修工程，所用保温材料的类型、品种、规格及施工工艺应符合设计要求。

(10) 管道、设备等的安装及调试应在建筑装饰装修工程施工前完成，当必须同步进行

时，应在饰面层施工前完成。装饰装修工程不得影响管道、设备等的使用和维修。涉及燃气管道的建筑装饰装修工程必须符合有关安全管理的规定。

(11) 建筑装饰装修工程的电器安装应符合设计要求和国家现行标准的规定。严禁不经穿管直接埋设电线。

(12) 室内外装饰装修工程施工的环境条件应满足施工工艺的要求。施工环境温度不应低于5℃。当必须在低于5℃气温下施工时，应采取保证工程质量的有效措施。

(13) 建筑装饰装修工程施工过程中应做好半成品、成品的保护，防止污染和损坏。

(14) 建筑装饰装修工程验收前应把施工现场清理干净。

1.3 住宅装饰工程的基本规定

【学习目标】通过对住宅装饰工程基本规定的识读，掌握住宅装饰工程的规范、标准、法律法规及相关基本要求。

1.3.1 施工基本要求

(1) 施工前应进行设计交底工作，并应对施工现场进行核查，了解物业管理的有关规定。

(2) 各工序、各分项工程应自检、互检及交接检。

(3) 施工中，严禁损坏房屋原有绝热设施；严禁损坏受力钢筋；严禁超荷载集中堆放物品；严禁在预制混凝土空心楼板上打孔安装埋件。

(4) 施工中，严禁擅自改动建筑主体、承重结构或改变房间主要使用功能；严禁擅自拆改燃气、暖气、通信等配套设施。

(5) 管道、设备工程的安装及调试应在装饰装修工程施工前完成，必须同步进行的应在饰面层施工前完成。装饰装修工程不得影响管道、设备的使用和维修。涉及燃气管道的装饰装修工程必须符合有关安全管理的规定。

(6) 施工人员应遵守有关施工安全、劳动保护、防火、防毒的法律，法规。

(7) 施工现场用电应符合下列规定。

① 施工现场用电应从户表以后设立临时施工用电系统。

② 安装、维修或拆除临时施工用电系统，应由电工完成。

③ 临时施工供电开关箱中应装设漏电保护器。进入开关箱的电源线不得用插销连接。

④ 临时用电线路应避开易燃、易爆物品堆放地。

⑤ 暂停施工时应切断电源。

(8) 施工现场用水应符合下列规定。

① 不得在未做防水的地面蓄水。

② 临时用水管不得有破损、滴漏。

③ 暂停施工时应切断水源。

(9) 文明施工和现场环境应符合下列要求。

① 施工人员应衣着整齐。

② 施工人员应服从物业管理或治安保卫人员的监督、管理。

③ 应控制粉尘、污染物、噪声、震动等对相邻居民、居民区和城市环境的污染及危害。

④ 施工堆料不得占用楼道内的公共空间, 封堵紧急出口。

⑤ 室外堆料应遵守物业管理规定, 避开公共通道、绿化地、化粪池等市政公用设施。

⑥ 工程垃圾宜密封包装, 并放在指定垃圾堆放地。

⑦ 不得堵塞、破坏上下水管道、垃圾道等公共设施, 不得损坏楼内各种公共标识。

⑧ 工程验收前应将施工现场清理干净。

1.3.2 材料、设备基本要求

(1) 住宅装饰装修工程所用材料的品种、规格、性能应符合设计的要求及国家现行有关标准的规定。

(2) 严禁使用国家明令淘汰的材料。

(3) 住宅装饰装修所用的材料应按设计要求进行防火、防腐和防蛀处理。

(4) 施工单位应对进场主要材料的品种、规格、性能进行验收。主要材料应有产品合格证书, 有特殊要求的应有相应的性能检测报告和中文说明书。

(5) 现场配制的材料应按设计要求或产品说明书制作。

(6) 应配备满足施工要求的配套机具设备及检测仪器。

(7) 住宅装饰装修工程应积极使用新材料、新技术、新工艺、新设备。

1.3.3 成品保护

(1) 施工过程中材料运输应符合下列规定。

① 材料运输使用电梯时, 应对电梯采取保护措施。

② 材料搬运时要避免损坏楼道内顶、墙、扶手、楼道窗户及楼道门。

(2) 施工过程中应采取下列成品保护措施。

① 各工种在施工中不得污染、损坏其他工种的半成品、成品。

② 材料表面保护膜应在工程竣工时撤除。

③ 对邮箱、消防、供电、电视、报警、网络等公共设施应采取保护措施。

1.3.4 防火安全

1) 一般规定

(1) 施工单位必须制定施工防火安全制度, 施工人员必须严格遵守。

(2) 住宅装饰装修材料的燃烧性能等级要求, 应符合现行国家标准《建筑内部装修设计防火规范》(GB 50222)的规定。

2) 材料的防火处理

(1) 对装饰织物进行阻燃处理时，应使其被阻燃剂浸透，阻燃剂的干含量应符合产品说明书的要求。

(2) 对木质装饰装修材料进行防火涂料涂布前应对其表面进行清洁。涂布至少分两次进行，且第二次涂布应在第一次涂布的涂层表干后进行，涂布量应不小于 $500g/m^2$。

3) 施工现场防火

(1) 易燃物品应相对集中放置在安全区域并应有明显标识。施工现场不得大量积存可燃材料。

(2) 易燃易爆材料的施工，应避免敲打、碰撞、摩擦等可能出现火花的操作。配套使用的照明灯、电动机、电气开关、应有安全防爆装置。

(3) 使用油漆等挥发性材料时，应随时封闭其容器，擦拭后的棉纱等物品应集中存放且远离热源。

(4) 施工现场动用电气焊等明火时，必须清除周围及焊渣滴落区的可燃物质，并设专人监督。

(5) 施工现场必须配备灭火器、砂箱或其他灭火工具。

(6) 严禁在施工现场吸烟。

(7) 严禁在运行中的管道、装有易燃易爆的容器和受力构件上进行焊接和切割。

4) 电气防火

(1) 照明、电热器等设备的高温部位靠近非 A 级材料，或导线穿越 B2 级以下装修材料时，应采用岩棉、瓷管或玻璃棉等 A 级材料隔热。当照明灯具或镇流器嵌入可燃装饰装修材料中时，应采取隔热措施予以分隔。

(2) 配电箱的壳体和底板宜采用 A 级材料制作。配电箱不得安装在 B2 级以下(含 B2 级)的装修材料上。开关、插座应安装在 B1 级以上的材料上。

(3) 卤钨灯灯管附近的导线应采用耐热绝缘材料制成的护套，不得直接使用具有延燃性绝缘的导线。

(4) 明敷塑料导线应穿管或加线槽板保护，吊顶内的导线应穿金属管或 B1 级 PVC 管保护，导线不得裸露。

5) 消防设施的保护

(1) 住宅装饰装修不得遮挡消防设施、疏散指示标志及安全出口，并且不应妨碍消防设施和疏散通道的正常使用，不得擅自改动防火门。

(2) 消火栓门四周的装饰装修材料颜色应与消火栓门的颜色有明显区别。

(3) 住宅内部火灾报警系统的穿线管、自动喷淋灭火系统的水管线应用独立的吊管架固定。不得借用装饰装修用的吊杆和放置在吊顶上固定。

(4) 当装饰装修重新分割了住宅房间的平面布局时，应根据有关设计规范针对新的平面调整火灾自动报警探测器与自动灭火喷头的布置。

(5) 喷淋管线、报警器线路、接线箱及相关器件宜暗装处理。

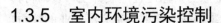

1.3.5 室内环境污染控制

(1) 需控制的室内环境污染物为氡(222Rn)、甲醛、氨、苯和总挥发性有机物(TVOC)。

(2) 住宅装饰装修室内环境污染控制除应符合住宅装饰施工规范外，尚应符合《民用建筑工程室内环境污染控制规范》(GB 50325—2001)等国家现行标准的规定、设计、施工应选用低毒性、低污染的装饰装修材料。

(3) 对室内环境污染控制有要求的，可按有关规定对室内环境污染物全部或部分进行检测，其污染物浓度限值应符合表 1.2 的要求。

表 1.2　住宅装饰装修后室内环境污染物浓度限值

室内环境污染物	浓度限值
氡(Bq/m^3)	≤200
甲醛(mg/m^3)	≤0.08
苯(mg/m^3)	≤0.09
氨(mg/m^3)	≤0.20
总挥发性有机物 TVOC(Bq/m^3)	≤0.50

1.4　建筑装饰施工技术的发展

【学习目标】了解建筑装饰施工技术的发展趋势和方向，初步认知装饰装修施工。

1.4.1　建筑装饰施工技术的发展

建筑装饰既是一个历史悠久的行业，同时又是一个新崛起的行业。我国传统的建筑装饰技艺，是中华民族极为珍贵的财富，无论是单座建筑，还是组群建筑以及各类建筑的内外装饰，大至宫殿、庙宇，小至商店、民居，尽管规模不同，其数千年延续发展的木构架，反映在亭台楼榭之中的装饰技巧和水平无不令人惊叹，雕梁画栋，飞檐挑角，金碧琉璃，以及独具美感的家具、帷幔、屏风，充分展示着劳动人民极高的智慧和精湛的技艺。

随着国民经济的发展和人民生活水平的不断提高，建筑装饰施工技术将得到更大的发展。20 世纪 60 年代前后，建筑物的装饰一般都是采用在抹灰的表面层用石灰浆、大白浆和可赛银等，只有少量的高级建筑才使用墙纸、大理石、花岗石、地板和地涂做喷毛饰面，并开始推广聚合物水泥砂浆喷涂、滚涂、弹涂饰面的做法，开始使用装饰地毯等高级装饰材料。

到了 70 年代以后，陆续出现了新的材料和新的施工技术，解决了机械喷层开裂、脱落和颜色不均及褪色等问题。在干粘石的黏结层砂浆中加 108 胶，解决了干粘石掉粒现象。各种墙纸、塑料装饰制品，地毯等中高档装饰材料的应用也越来越多。加上新技术、新工艺的不断创新，促进了建筑装饰施工技术的发展。

80 年代以来，建筑装饰已从公共建筑迅速扩展到千家万户家庭住宅装饰上，装饰材料的发展变化也影响着装饰施工技术的发展变化。过去的装饰抹灰普遍都带有湿作业的性质，现在采用的胶合板、纤维板、塑料板、钙塑装饰板、铝合金板等作为墙体和顶棚罩面装饰，质量轻，增强了装饰效果，并取代了抹灰，改变了湿作业，提高了工效，改善了劳动环境。各种性能优异的内外墙建筑涂料，如丙烯酸涂料、乳胶漆、真石漆面等，延长了使用年限，改善了建筑物饰面的外观效果。各类粘胶剂的使用，改变或简化了装饰材料的施工工艺。装饰施工机具的普遍使用，如电锤、电钻等电动工具代替了人工凿眼；气动或电动打钉枪则取代了手锤作业，能高效率地将钉子打入木制品上，射钉枪给铝合金门窗安装带来了方便；气动喷枪则代替了油漆工的涂刷等。施工机具的使用不仅提高了工效，而且保证了建筑装饰施工质量。为了适应建筑装饰施工技术的发展需要，国家颁发了《建筑装饰装修工程质量验收规范》(GB 50210 —2001)、《建筑内部装修设计防火规范》(GB 50222—95)、《民用建筑工程室内环境污染控制规范》(GB 50325—2001)、《金属与石材幕墙工程技术规范》(JGJ 133—2001)、《玻璃幕墙工程技术规范》(JGJ 102—96)、《建筑地面工程施工质量验收规范》(GB 50209—2010)等相关规范，使我国建筑装饰施工技术的质量标准有了科学依据，从而规范了建筑装饰行业的市场。

由此可见，建筑装饰施工技术将随着当代建筑发展的大潮而日趋复杂化和多元化，多风格、多功能并极尽高档豪华的建筑在全国各地涌现出来，如娱乐城、康体中心，特别是宾馆、酒店、商厦、度假村、旅游业之类的建筑均趋向多功能和装饰的尽善尽美，集休息、购物、游乐、观光、健身、商业业务、办公为一体，要求超豪华的装饰和所谓超值享受，提供完备的服务和舒适方便的起居条件及优雅宜人的共享空间，步入现代社会的世界，促使建筑装饰工程迅速发展，异彩纷呈，不断更新换代。建筑装饰施工不断采用现代新型材料，集材性、工艺、造型、色彩、美学为一体，逐步用干作业代替湿作业，高效率装饰施工机具的使用，减少了大量的手工劳动；对一切工艺的操作及工序的处理，都严格按规范化的流程实施其操作工艺，已达到较高的专业水准。总之，现代建筑装饰施工行业正步入一个充满生机活力的激烈竞争的时代，具有十分广阔的市场前景。

1.4.2　建筑装饰等级及施工标准

1) 建筑装饰等级标准

一般是根据建筑物的类型、性质、使用功能和耐久性等因素，综合考虑确定其装饰标准，相应定出建筑物的装饰等级，如表 1.3 所示。

表 1.3　建筑装饰等级

建筑装饰等级	建筑物类型
一级	高级宾馆，别墅，纪念性建筑物，交通与体育建筑，一级行政机关办公楼，高级商场
二级	科研建筑，高级建筑，交通、体育建筑，广播通信建筑，医疗建筑，商业建筑，旅馆建筑，局级以上的行政办公大楼等
三级	中小学、幼托建筑，生活服务性建筑，普通行政办公楼，普通居民住宅建筑

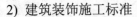

2) 建筑装饰施工标准

在国家标准《建筑装饰装修工程质量验收现范》(GB 50210—2001)和《建筑地面工程施工质量验收规范》(GB 50209—2010)中，对于建筑装饰工程的各分项工程的施工标准做了详细规定，对材料的品种、配合比、施工程序、施工质量和质量标准等都做了具体说明，使建筑装饰工程具有法规性。

除以上规定之外，各地区根据地方的特点，还制定了一些地方性的标准。在进行建筑装饰施工时，应认真按照国家、行业和地方的标准所规定的各项条款操作与验收，各级标准代号如下：

GB——国家标准　　　　GBJ——建筑工程国家标准

JGJ——建设部行业标准　JC——国家建材局行业标准

YB——冶金部行业标准　JTJ——交通部行业标准

SD——水电行业标准　　ZB——国家级专业标准

应用示例：《建筑装饰工程质量验收规范》(GB 50210—2001)

其中，GB 为标准名称，50210 为编号，2001 年为批准年份。

1.4.3　建筑装饰施工的顺序

1) 自上而下的流水顺序

这种方式是待主体工程完成以后，装饰工程从顶层开始依次逐层自上而下进行。

这种流水顺序可以使房屋在主体工程结构完成后进行建筑装饰施工，这样有一定的沉降时间，可以减少沉降对装饰工程的损坏；屋面完成防水工程后，可以防止雨水的渗漏，确保装饰工程的施工质量；可以减少主体工程与装饰工程的交叉作业，便于进行组织施工。

2) 自下而上的流水顺序

这种方式是在主体结构的施工过程中，装饰工程在适当时机插入，与主体结构施工交叉进行，由底层开始逐层向上施工。

为了防止雨水和施工用水渗漏对装饰工程的影响，一般要求上层的地面工程完工后，才可进行下层的装饰工程施工。

这种流水顺序在高层建筑中应用较多，总工期可以缩短，甚至有些高层建筑的下部可以提前投入使用，及早发挥投资效益。但这种流水顺序对成品保护要求较高，否则不能保证工程质量。

3) 室内装饰与室外装饰施工的先后顺序

为了避免因天气原因影响工期，加快脚手架的周转时间，给施工组织安排留有足够的回旋余地，一般采用先做室外装饰后做室内装饰的方法。

在冬季施工时，则可先做室内装饰，待气温升高后再做室外装饰。

4) 室内装饰工程各分项工程的施工顺序

抹灰、饰面、吊顶和隔断等分项工程，应待隔墙、钢木门窗框、暗装的管道、电线管

和预埋件、预制混凝土楼板灌缝等完工后进行。

钢木门窗及玻璃工程，根据地区气候条件和抹灰工程的要求，可在湿作业前进行；铝合金、塑料、涂色镀锌钢板门窗及其玻璃工程，宜在湿作业完成后进行，如果需要在湿作业前进行，必须加强对成品的保护。

有抹灰基层的饰面板工程、吊顶工程及轻型花饰安装工程，应待抹灰工程完工后进行，以免产生污染。

涂料、刷浆工程，以及吊顶、罩面板的安装，应在塑料地板、地毯、硬质纤维板等地面的面层和明装电线施工前，以及管道设备试压后进行。木地板面层的最后一遍涂料，应待裱糊工程完工后进行。

裱糊与软包工程，应待顶棚、墙面、门窗及建筑设备的涂料和刷浆工程完工后进行。

5）顶棚、墙面与地面装饰工程的施工顺序

先做地面，后做顶棚和墙面。这种做法可以减少大量的清理用工，并容易保证地面的质量，但应对已完成的地面采取保护措施。目前多采用此施工顺序，有利于保证质量。

先做顶棚和墙面，后做地面。这种做法的弊端是基层的落地灰不易清理，地面的抹灰质量不易保证，易产生空鼓、裂缝，并且地面施工时，墙面下部易遭玷污或损坏。

1.4.4　建筑装饰施工的基本方法

1）现制的方法

适用于这种方法的装饰材料，主要包括水泥砂浆、水泥石子浆、装饰混凝土以及各种灰浆、石膏和涂料等。可以用于这类装饰的方法有抹、压、滚、磨、抛、涂、喷、刷、弹、刮、刻等，其成型的方法主要分为人工成型和机械成型两种。

2）黏贴式的方法

适用于这种方法的装饰材料，主要有壁纸、面砖、马赛克、微薄木及部分人造石材和木质饰面。可以用于这类装饰的方法有抹、压、涂、刮、黏、裱、镶等。

3）装配式的方法

在建筑装饰工程施工中，使用的固定件大致可分为机械固定件和化学固定件两大类，每种固定件的材料和使用方法一定要满足设计要求，以确保工程安全。适用于这种方法的材料，包括铝合金扣板、压型钢板、异型塑料墙板以及石膏板、矿棉保温板等，也包括一部分石材饰面和木质饰面所用的材料。其常用的方法主要有钉、搁、挂、卡、钻、绑等。

4）综合式的方法

综合式的方法，简单地讲是将以上几种方法，甚至多种不同类型的方法混合在一起使用，以期获得某种特定的效果。在建筑装饰工程施工中，经常采用综合式的方法。

课 堂 实 训

实训内容

学生到施工现场初步调研，完成调研报告。

实训目的

为了让学生了解建筑装饰施工现场的基本状况，确立装饰施工基本理念，通过现场调研综合实践，全面增强理论知识和实践能力，尽快了解企业、接受企业文化熏陶，提升整体素质，使对今后的专业学习有个感性认识，为确定学习目标打下思想理论基础。

实训要点

(1) 学生必须高度重视，服从领导安排，听从教师指导，严格遵守实习单位的各项规章制度和学校提出的纪律要求。

(2) 学生在实习期间应认真、勤勉、好学、上进，积极主动地完成调研报告。

(3) 学生在实习中应做到：①将所学的专业理论知识同实习单位实际和企业实践相结合。②将思想品德的修养同良好职业道德的培养相结合。③将个人刻苦钻研同虚心向他人求教相结合。

实训过程

1) 实训准备

(1) 做好实训前相关资料查阅，熟悉装饰施工现场的基本要求及注意事项。

(2) 联系参观企业现场，提前沟通好各个环境。

2) 调研要点

(1) 施工企业施工项目。

(2) 施工企业施工材料和工具。

(3) 施工企业施工操作过程。

(4) 施工企业施工管理制度。

(5) 施工企业施工现场文化。

3) 调研步骤

(1) 领取调研任务。

(2) 分组并分别确定实训企业和现场地点。

(3) 亲临现场参观调研并记录。

(4) 整理调研资料，完成调研报告。

4) 教师指导点评和疑难解答

5) 部分带队讲解

6) 进行总结

实训项目基本步骤

步　骤	教师行为	学生行为
1	交代实训工作任务背景，引出实训项目	
2	布置现场调研应做的准备工作	(1) 分好小组
3	使学生明确绘制调研步骤和内容，帮助学生落实调研企业	(2) 准备调研工具，戴好安全帽
4	学生分组调研，教师巡回指导	完成调研报告
5	点评调研成果	自我评价或小组评价
6	布置下节课的实训作业	明确下一步的实训内容

实 训 小 结

项目：　　　　　　　　　　　　　　　　　　指导老师：

项目技能	技能达标分项	备　注
调研报告	1．内容完整　　　　　　得 2.0 分 2．符合施工现场情况　　得 2.0 分 3．佐证资料齐全　　　　得 1.0 分	根据职业岗位所需，技能需求，学生可以补充完善达标项
自我评价	对照达标分项　　得 3 分为达标 对照达标分项　　得 4 分为良好 对照达标分项　　得 5 分为优秀	客观评价
评议	各小组间互相评价 取长补短，共同进步	提供优秀作品观摩学习

自我评价＿＿＿＿＿＿＿＿＿　　　　　　个人签名＿＿＿＿＿＿＿＿＿

小组评价　达标率＿＿＿＿＿＿　　　　　组长签名＿＿＿＿＿＿＿＿＿

　　　　　良好率＿＿＿＿＿＿

　　　　　优秀率＿＿＿＿＿＿

　　　　　　　　　　　　　　　　　　　　　　年　　月　　日

习 题

思考题

1. 什么是建筑装饰装修？建筑装饰工程具有哪些特点？
2. 建筑装饰工程与建筑、建筑结构、设备和环境各有什么关系？
3. 建筑装饰工程在设计、施工和所用材料方面有哪些基本规定？
4. 建筑住宅装饰工程在施工、防火安全和污染控制方面有哪些基本要求？
5. 建筑装饰工程根据哪些方面进行分级？我国对如何划分装饰工程的等级？
6. 建筑装饰工程施工的主要任务与基本要求是什么？
7. 目前我国在建筑装饰施工中采用哪些基本方法？

项目2 抹灰工程

内容提要

本项目以抹灰工程为对象，主要讲述一般抹灰、装饰抹灰和特殊抹灰的材料选择、施工条件和准备、施工程序和工艺、工程质量标准和验收等过程，并在实训环节提供一般抹灰(低标号石灰砂浆)施工项目，作为本教学单元的实践训练项目，以供学生训练和提高。

技能目标

- 通过对抹灰工程施工工艺的学习，巩固已学的相关建筑装饰材料与构造的基本知识，明确抹灰工程施工的种类、特点、过程方法及有关规定。
- 通过对抹灰工程施工项目的实训操作，锻炼学生对抹灰工程施工操作和技术管理的能力，培养学生团队协作的精神，并使学生获取抹灰工程施工管理经验。
- 重点掌握一般抹灰工程的施工方法步骤和质量要求。

本项目是为了全面训练学生对抹灰工程施工操作与技术管理的能力，检查学生对抹灰工程施工内容知识的理解和运用程度而设置的。

项目导入

抹灰是将水泥、石灰膏、膨胀珍珠岩等各种材料配制的砂浆或素浆涂抹在建筑结构体表面，既保护主体结构，又可作为基本饰面或是作为各类装饰装修的施工基层(底层、基面、找平层等)及黏结构造层；还可以通过相应的材料配合与操作工艺使之成为装饰抹灰。

2.1 抹灰的种类和机械

【学习目标】了解抹灰的基本概念、种类、组成和抹灰施工所需的机械设备。

抹灰是将水泥、石灰膏、膨胀珍珠岩等各种材料配制的砂浆或素浆涂抹在建筑结构体表面，抹灰工程是最为直接也是最初始的装饰工程，同时具有保护主体结构、防水和保温等使用功能。抹灰可作为各类装饰装修的施工基层(底层、基面、找平层等)及黏结构造层，还可以通过相应的材料配合与操作工艺使之成为装饰抹灰。

2.1.1 抹灰工程的种类

按使用要求及装饰效果的不同，抹灰工程分为一般抹灰、装饰抹灰和特种砂浆抹灰。

1) 一般抹灰

一般抹灰所使用的材料有石灰砂浆、水泥砂浆、水泥混合砂浆、聚合物水泥砂浆、麻刀灰、纸筋灰和石膏灰等。按主要工序和表面质量的不同，一般抹灰工程分为普通抹灰和高级抹灰，具体介绍如表 2.1 所示。

表 2.1 一般抹灰的适用范围、主要工序及外观质量要求

序 号	级 别	适用范围	主要工序	外观质量要求
1	高级抹灰	适用于大型公共建筑、纪念性建筑物(如影剧院、礼堂、宾馆、展览馆和高级住宅等)以及有特殊要求的高级建筑等	一层底层、数层中层和一层面层。阴阳角找方，设置标筋，分层赶平，表面压光	表面光滑、洁净，颜色均匀，无抹纹，灰线平直方正，清晰美观
2	普通抹灰	适用于一般居住、公共和工业建筑(如住宅、宿舍、办公楼、教学楼等)以及高级建筑物中的附属用房等	一层底层、一层中层和一层面层(或一层底层和一层面层)。阴阳角找方，设置标筋，分层赶平、修整，表面压光	表面光滑、洁净，接搓平整，灰线清晰顺直

2) 装饰抹灰

装饰抹灰是指按照不同施工方法和不同面层材料形成不同装饰效果的抹灰。装饰抹灰可分为以下两类。

(1) 水泥石灰类装饰抹灰。主要包括拉毛灰、洒毛灰、搓毛灰、扫毛灰和拉条石等。

(2) 水泥石粒类装饰抹灰。主要包括水刷石、干黏石、斩假石、机喷石等。

3) 特种砂浆抹灰

系指采用保温砂浆、防水砂浆、耐酸砂浆等材料进行的有特殊要求的抹灰工程。

2.1.2 抹灰工程的组成

为使抹灰层与建筑主体表面黏结牢固，防止开裂、空鼓和脱落等质量弊病的产生并使之表面平整，装饰工程中所采用的普通抹灰和高级抹灰均应分层操作，即将抹灰饰面分为底层、中层和面层三个构造层次，如图 2.1 所示。

(1) 底层为黏结层，其作用主要是确保抹灰层与基层牢固结合并初步找平。

(2) 中层为找平层，主要起找平作用。根据具体工程的要求可以一次抹成，也可以分遍完成，所用材料通常与底层抹灰相同。

(3) 面层为装饰层，对于以抹灰为饰面的工程施工，不论一般抹灰或装饰抹灰，其面层均应通过一定的操作工艺使表面达到规定的效果，起到饰面美化作用。

2.1.3 抹灰工程施工常用的机具

1. 抹灰工程施工常用的手工工具

抹灰工程施工常用的手工工具，主要包括各种抹子、辅助工具、刷子等。

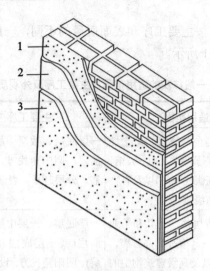

图2.1 抹灰饰面的组成

1—底层；2—中层；3—面层

1) 各种抹子

抹灰用的各种抹子主要有方头铁抹子(用于抹灰)、圆头铁抹子(用于压光罩面灰)、木抹子(用于搓平底灰和搓毛砂浆表面)、阴角抹子(用于压光阴角)、圆弧阴角抹子(用于有圆弧阴角部位的抹灰面压光)和阳角抹子(用于压光阳角)，如图2.2所示。

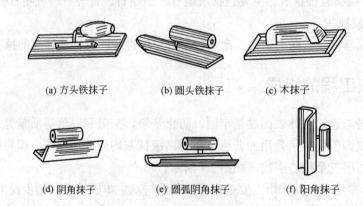

(a) 方头铁抹子　　　　(b) 圆头铁抹子　　　　(c) 木抹子

(d) 阴角抹子　　　　(e) 圆弧阴角抹子　　　　(f) 阳角抹子

图2.2 抹灰工程用的各种抹子

2) 辅助工具

抹灰工程所用的辅助工具很多，常用的有托灰板、木杠、八字靠尺、钢筋卡子、靠尺板、托线板和线锤等，如图2.3所示。

3) 其他工具

抹灰工程所用的其他工具种类更多，常用到的有长毛刷、猪鬃刷、鸡腿刷、钢丝刷、茅草帚、小水桶、喷壶、水壶、粉线包、墨斗等，如图2.4所示。

2. 抹灰工程施工常用的机械

抹灰工程施工常用的机械，主要包括砂浆搅拌机、纸筋灰搅拌机、粉碎淋灰机和喷浆机等。砂浆搅拌机主要搅拌抹灰的砂浆，常用规格有 200L 和 325L 两种；纸筋灰搅拌机主要用于搅拌纸筋石灰膏、玻璃丝石灰膏或其他纤维石灰膏；粉碎淋灰机主要淋制抹灰砂浆用的石灰膏；喷浆机主要用于喷水或喷浆，有手压和电动两种。

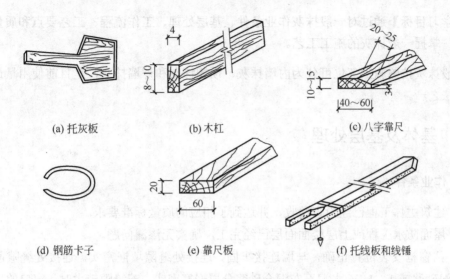

| (a) 托灰板 | (b) 木杠 | (c) 八字靠尺 |
| (d) 钢筋卡子 | (e) 靠尺板 | (f) 托线板和线锤 |

图 2.3　抹灰工程常用的辅助工具

(a) 长毛刷	(b) 猪鬃刷	(c) 鸡腿刷	(d) 钢丝刷
(e) 茅草帚	(f) 小水桶	(g) 喷壶
(h) 水壶	(i) 粉线包	(j) 墨斗

图 2.4　抹灰工程常用的其他工具

2.2 一 般 抹 灰

【学习目标】通过对一般抹灰作业条件、基层处理、工作流程、工艺要点和质量要求的学习，掌握一般抹灰的施工工艺。

一般抹灰按照施工部位可分为内墙抹灰、顶棚抹灰和外墙抹灰，是目前使用量最大的装饰做法之一。

2.2.1 基体及基层处理

1．作业条件

(1) 建筑主体工程已经检查验收，并达到了相应的质量标准要求。

(2) 屋面防水工程或上层楼面面层已经完工，确实无渗漏问题。

(3) 门窗框安装位置正确，与墙连接牢固，连接处缝隙填嵌密实。连接处缝隙可采用1∶3水泥砂浆或1∶1∶6水泥石灰混合砂浆分层嵌塞密实。若缝隙较大时，窗口的填塞砂浆中应掺加少量麻刀，门口则应设铁皮进行保护。

(4) 各种管道应安装完毕并检查验收合格。管道穿越的墙洞和楼板洞已填嵌密实，散热器和密集管道等背后的墙面抹灰，宜在散热器和管道安装前进行。

(5) 冬季进行施工时，若不采取防冻措施，抹灰的环境温度不宜低于5℃。

2．基层处理

对于抹灰工程的基层处理，应当注意以下几个方面。

(1) 砖石、混凝土等基体的表面，应将灰尘、污垢和油渍等清除干净，并洒水湿润。

(2) 室内管道穿越的墙洞和楼板洞以及凿剔墙后安装的管道周边应用1∶3水泥砂浆填嵌密实。

(3) 墙面上的脚手架眼应填补好。

(4) 表面凹凸明显的部位，应事先剔平或用1∶3水泥砂浆补平。

(5) 门窗周边的缝隙应用水泥砂浆分层嵌塞密实。

(6) 不同材料基体的交接处应采取加强措施，如铺钉金属网。金属网与各基体的搭接宽度不应小于100mm。

(7) 对于平整光滑的混凝土表面，如果设计中无要求，可不进行抹灰，用刮腻子的方法处理。如果设计要求抹灰，应进行凿毛处理后，才能进行抹灰施工。

2.2.2 内墙抹灰

内墙抹灰施工工艺流程：交验→基层处理→找规矩→做灰饼→做标筋→抹门窗护角→

抹大面(底、中层灰)→抹面层灰。

1) 交验

交验即交接验收。对上一道工序进行检查验收交接，检验主体结构表面垂直度、平整度、弦度、厚度、尺寸等，若不符合设计要求，应进行修补。同时，检查门窗框、各种预埋件及管道安装是否符合设计要求。

2) 基层处理

基层处理是为了保证基层与抹灰砂浆的黏结强度，根据情况对基层进行清理、凿毛、浇水等处理。

3) 找规矩

找规矩即将房间找方或找正。找方后将线弹在地面上，然后依据墙面的实际平整度和垂直度及抹灰总厚度规定，与找方线进行比较，决定抹灰的厚度，从而找到一个抹灰的假想平面。将此平面与相邻墙面的交线弹于相邻的墙面上，作此墙面抹灰的基准线，并以此基准线作为标筋的厚度标准。

4) 做灰饼

做灰饼即做抹灰标志块。在距顶棚、墙阴角约 20cm 处，用水泥砂浆或混合砂浆各做一个标志块，厚度为抹灰层厚度，大小为 5cm 见方。以这两个标志块为标准，再用托线板靠、吊垂直确定墙下部对应的两个标志块的厚度，其位置在踢脚板上口，使上下两个标志块在一条垂直线上。标准标志块做好后，再在标志块的附近墙面钉上钉子，拉上水平通线，然后按间距 1.2～1.5m 左右做若干标志块，如图 2.5 所示。

5) 做标筋

在上下两个标志块之间先抹出一长条梯形灰埂，其宽度为 10cm 左右，厚度与标志块相平，作为墙面抹灰填平的标准。其做法是：在上下两个标志块中间先抹一层，再抹第二遍凸出成八字形，要比标志块凸出 1cm 左右；然后用木杠紧贴标志块左上右下搓，直到把标筋搓得与标志块一样平为止；同时要将标筋的两边用刮尺修成斜面，使其与抹灰面接槎顺平，如图 2.5 所示。

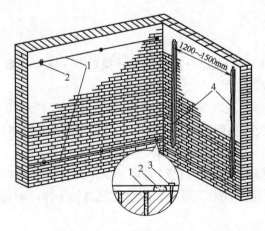

图 2.5 挂线做标志块及标筋

1—引线；2—标志块；3—钉子；4—冲筋

6) 抹门窗护角

室内墙角、柱角和门窗洞口的阴阳角抹灰要线条清晰、挺直，并应防止碰撞损坏，如图 2.6 和图 2.7 所示。因此，凡是与人、物经常接触的阳角部位，不论设计有无规定，都需要做护角，并用水泥浆抿出小圆角。

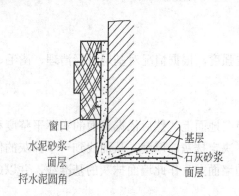

窗口
水泥砂浆
面层
抿水泥圆角
基层
石灰砂浆
面层

图 2.6　门窗洞口护角图

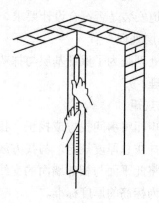

图 2.7　阴角的扯平找直

7) 抹大面(底、中层灰)

在标志块、标筋及门窗洞口做好护角后，即可进行底层与中层抹灰。其方法是：将砂浆抹于墙面两条标筋之间，底层要低于标筋的 1/3，由上而下抹灰，一手握住灰板，一手握住铁抹子，将灰板靠近墙面，铁抹子横向将砂浆抹在墙面上。灰板要时刻接在铁抹子下边，以便托住抹灰时掉落的灰。

8) 面层抹灰

面层抹灰在工程上俗称罩面。采用石灰砂浆、混合砂浆、麻刀石灰、石膏、水泥砂浆、大白腻子等材料。室内面层抹灰常用纸筋石灰，面层抹灰应在底层灰稍干后进行，底层灰太湿会影响抹灰面的平整度，还可能产生"咬色"现象；底层灰太干则容易使面层脱水太快而影响黏结，造成面层空鼓。

2.2.3　顶棚抹灰

顶棚抹灰施工工艺流程：交验→基层处理→找规矩→抹大面(底、中层灰)→抹面层灰。

1) 交验及基层处理

顶棚抹灰的交验及基层处理基本同内墙抹灰，另外需要注意以下几个方面。

(1) 屋面防水层与楼面面层已施工完毕，穿过顶棚的各种管道已经安装就绪，顶棚与墙体之间及管道安装后的遗留空隙已经清理并填堵严实。

(2) 现浇混凝土顶棚表面的油污已经清除干净，已经用钢丝刷满刷一遍，凹凸处已经填平或凿去。预制板顶棚除以上工序外，板缝应已清扫干净，并且用 1∶3 水泥砂浆填补刮平。

(3) 木板条基层顶棚板条间隙在 8mm 以内，无松动翘曲现象，污物已经清除干净。

(4) 板条钉钢丝网基层，应铺钉可靠、牢固、平直。

2) 找规矩

顶棚抹灰通常不做标志块和标筋，而用目测的方法控制其平整度，以无高低不平及接槎痕迹为准。先根据顶棚的水平面确定抹灰厚度，然后在墙面的四周与顶棚交接处弹出水平线，作为抹灰的水平标准。

3) 抹大面(底、中层灰)

一般底层砂浆采用配合比为水泥：石灰膏：砂=1：0.5：1的水泥混合砂浆，底层抹灰厚度为2mm。底层抹灰后紧跟着就抹中层砂浆，其配合比一般采用水泥：石灰膏：砂=1：3：9的水泥混合砂浆，抹灰厚度为6mm左右。抹后用软刮尺刮平赶匀，随刮随用长毛刷子将抹印顺平，再用木抹子搓平。顶棚管道周围用小工具顺平。

抹灰的顺序一般是由前往后退，并注意其方向必须同基体的缝隙(混凝土板缝)垂直。这样，容易使砂浆挤入缝隙与基底牢固结合。

4) 面层抹灰

待中层抹灰达到六至七成干，即用手按不软且有指印时(要防止过干，如过干应稍洒水)，再开始面层抹灰。如使用纸筋石灰或麻刀石灰时，一般分两遍成活。其涂抹方法及抹灰厚度与内墙抹灰相同。第一遍抹得越薄越好，紧接着抹第二遍。抹第二遍时，抹子要稍平，抹完后待灰浆稍干，再用塑料抹子或压子顺着抹纹压实压光。

各抹灰层受冻或急骤干燥，都能产生裂纹或脱落，因此需要加强养护。

经调研发现，混凝土(包括预制混凝土)顶棚基体抹灰，由于各种因素的影响，抹灰层脱落的质量事故时有发生，严重危及人身安全。现今很多地方已不在混凝土顶棚基体表面抹灰，只用腻子找平即可，此举已经取得了良好的效果。

2.2.4　外墙抹灰

外墙抹灰施工工艺流程：交验→基层处理→找规矩→挂线、做灰饼→做冲筋→铺抹底层、中层灰→弹线黏结分格条→铺面层灰→勾缝。

1) 交验、基层处理

(1) 主体结构施工完毕，外墙上所有预埋件、嵌入墙体内的各种管道已安装，并符合设计要求，阳台栏杆已装好。

(2) 门窗安装完毕并检查合格，框与墙间的缝隙已经清理，并用砂浆分层分遍堵塞严密。

(3) 采用大板结构时，外墙的接缝防水已处理完毕。

(4) 砖墙的凹处已用1：3的水泥砂浆填平，凸处已按要求剔凿平整，脚手架孔洞已堵塞填实，墙面污物已经清理，混凝土墙面光滑处已经凿毛。

2) 找规矩

外墙抹灰与内墙抹灰一样，也要挂线做标志块、标筋。其找规矩的方法与内墙基本相同，但要在相邻两个抹灰面相交处挂垂线。

3) 挂线、做灰饼

由于外墙抹灰面积大，另外还包括门窗、阳台、明柱、腰线等。因此外墙抹灰找规矩比内墙更加重要，要在四角先挂好自上而下的垂直线(多层及高层楼房应用钢丝线垂下)，然后根据抹灰的厚度弹上控制线，再拉水平通线，并弹水平线做标志块，然后做标筋。

4) 弹线黏结分格条

分格条在使用前要用水泡透，这样既便于施工粘贴，又能防止分格条在使用中变形，同时也利于本身水分蒸发收缩，易于起出。

水平分格条宜粘贴在平线下口，垂直分格条宜粘贴在垂线的左侧。黏结一条横向或竖向分格条后，应用直尺校正其平整，并将分格条两侧用水泥浆抹成八字形斜角。

5) 抹灰、勾缝

外墙抹灰层要求有一定的耐久性。若采用水泥石灰混合砂浆，配合比为：水泥∶石灰膏∶砂=1∶1∶6；若采用水泥砂浆，配合比为：水泥∶砂=1∶3。底层砂浆具有一定强度后，再抹中层砂浆，抹时要用木杠、木抹子刮平压实、扫毛，并浇水养护。

在抹面层时，先用1∶2.5的水泥砂浆薄薄刮一遍；第二遍再与分格条抹齐平，然后按分格条厚度刮平、搓实、压光，再用刷子蘸水按同一方向轻刷一遍，以达到颜色一致，并清刷分格条上的砂浆，以免起条时损坏抹面。起出分格条后，随即用水泥砂浆把缝勾齐。

2.2.5 细部一般抹灰

1. 踢脚板、墙裙及外墙勒脚

内外墙和厨房、厕所的墙脚等部位，经常易受碰撞和水的侵蚀，要求防水、防潮、防蚀、坚硬。因此，抹灰时往往在室内设踢脚板，在厕所、厨房内设墙裙，在外墙底部设勒脚。通常用1∶3的水泥砂浆抹底层和中层，用1∶2或1∶2.5的水泥砂浆抹面层。

抹灰时根据墙上施工的水平基线用墨斗或粉线包弹出踢脚板、墙裙或勒脚高度尺寸水平线，并根据墙面抹灰的厚度，决定踢脚板、墙裙或勒脚的厚度。凡是阳角处，用方尺进行规方，最好在阳角处弹上直角线。

规矩找好后，将基层处理干净，浇水湿润。按弹好的水平线，将八字靠尺板粘嵌在上口，靠尺板表面正好是踢脚板、墙裙或勒脚的抹灰面用1∶3的水泥砂浆抹底、中层，再用木抹子搓平、扫毛，并浇水养护。待底、中层砂浆六七成干时，就应进行面层抹灰。面层用1∶2.5的水泥砂浆先薄刮一遍，再抹第二遍。先抹平八字靠尺，搓平，然后起下八字靠尺，用小阳角抹子捋光上口，再用压子压光。

另一种方法是在抹底层、中层砂浆时，先不嵌靠尺板，而在抹完罩面灰后用粉线包弹出踢脚板、墙裙或勒脚的高度尺寸线，把靠尺板靠在线上口用抹子切齐，再用小阳角抹子捋光上口，然后再压光。

2. 窗台

在建筑房屋工程中，砌砖窗台一般分为外窗台和内窗台，也可分为清水窗台和混水窗台。混水窗台通常是将砖平砌，用水泥砂浆进行抹灰。

抹外窗台一般用1∶2.5的水泥砂浆打底，用1∶2的水泥砂浆罩面。窗台操作难度较大，一个窗台有五个面、八个角，一条凹档，一条滴水线或滴水槽，质量要求比较高。表面要平整光洁，棱角要清晰；与相邻窗台的高度进出要一致，横竖都要成一条线；排水要畅通，不渗水，不湿墙。

外窗台抹灰一般在底面做滴水槽或滴水线，以阻止雨水沿窗台往墙面上淌。滴水槽的做法是：通常在底面距边口 2cm 处粘分格条(滴水槽的宽度及深度均不小于 10mm，并要整齐一致)。窗台的平面应向外呈流水坡度，如图 2.8 所示。

用水泥砂浆抹内窗台的方法与外窗台一样。抹灰应分层进行。窗台要抹平，窗台两端抹灰要超过窗口 6cm，由窗台上皮往下抹 4cm。

滴水线的做法是：将窗台下边口的直角改为锐角，并将角往下伸约 10mm，形成滴水。如图 2.8 所示。

3. 压顶

压顶一般为女儿墙顶现浇的混凝土板带(也可以用砖砌成)。压顶要求表面平整光洁，棱角清晰，水平成线，突出一致。因此抹灰前一定要拉上水平通线，对于高低出进不在线上的要凿掉或补齐。在抹灰时一面要做流水坡度，并设置滴水线，如图 2.9 所示。

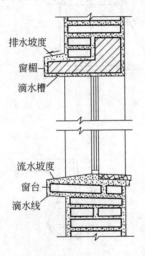

图 2.8　滴水槽与滴水线

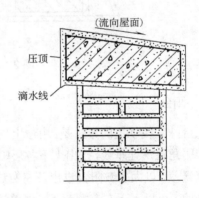

图 2.9　压顶抹灰

4. 柱子

室内柱子一般用石灰砂浆或水泥砂浆抹底层和中层，用麻刀石灰或纸筋石灰抹面层，室外柱一般用水泥砂浆抹灰。

1) 方柱

独立方柱按照阳角找规矩，多根方柱注意拉通线调直，如图 2.10 和图 2.11 所示。

2) 圆柱

钢筋混凝土圆柱基础处理的方法同方柱。独立圆柱找规矩，一般也应先找出纵横两个方向设计要求的中心线，并在柱上弹纵横两个方向四根中心线，按四面中心点，在地面上分别弹出四个点的切线，就形成了圆柱的外切四边线。独立圆柱抹灰可用抹灰套板，如图 2.12 所示。

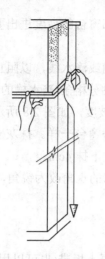

图 2.10　独立方柱找规矩

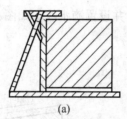
(a)

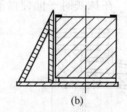
(b)

图 2.11　多根方柱找规矩

5. 阳台

阳台抹灰找规矩的方法是：由最上层阳台的突出阳角及靠墙阴角往下挂垂线，找出上下各层阳台进出误差及左右垂直误差，以大多数阳台进出及左右边线为依据，误差小一些的，可以上下左右顺一下，误差较大的，要进行必要的结构处理。对于各相邻阳台要拉水平通线，对于进出及高低误差太大的要进行处理。

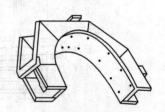

图 2.12　圆柱抹灰套板

阳台底面抹灰与顶棚抹灰相同。主要工序包括清理基层、浇水湿润、刷素水泥浆、分层抹底层和中层水泥砂浆、面层抹灰。阳台上面用 1∶3 的水泥砂浆做面层抹灰，并注意留好排水坡度。

6. 楼梯

楼梯在正式抹灰前，除将楼梯踏步、栏板等清理刷净外，还要将安装栏杆、扶手等预埋件用细石混凝土灌实。然后根据休息平台的水平线(标高)和楼面标高，按上下两头踏步口，在楼梯侧面墙上和栏板上弹出一道踏步标准线，如图 2.13 所示。抹灰时，将踏步角对在斜线上，或者弹出踏步的宽度与高度再抹灰。

在抹灰前，先浇水进行湿润，并抹一遍水泥浆(刮涂也可以)，随即抹 1∶3 的水泥砂浆

(体积比)，底层灰厚约 15mm。抹灰时，应先抹踢脚板(立面)，再抹踏步板(平面)，逐步由上向下做。

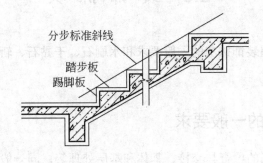

图 2.13　楼梯踏步线

抹踢脚板时，先用八字靠尺压在上面，一般用砖压尺，按尺寸留出灰口。依着靠尺进行抹灰，然后用木抹子搓平。再把靠尺支在立面上抹平面灰，也用木抹子搓平，如图 2.14 所示。做棱角，把底灰层划出麻面，再第二遍罩面。

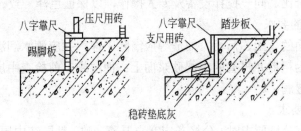

图 2.14　踢脚板和踏步板的抹灰

罩面灰用体积比 1∶2 或 1∶2.5 的水泥砂浆，罩面厚约 8mm。根据砂浆干湿情况抹几步楼梯后，再反上去压光，并用阴阳角抹子将阴阳角捋光。24h 后开始浇水养护，时间为一周。

若踏步有防滑条时，在底子灰抹完后，先在离踏步口 40mm 处，用素水泥浆粘分格条。如防滑条是采用铸铁或铜条等材料时，应在罩面前，将铸铁条或铜条按要求安稳粘好，再抹罩面灰。金属条可粘两条或三条，间距为 25～30mm，比踏板突出 3～4mm，如图 2.15 所示。

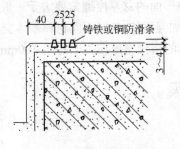

图 2.15　金属防滑条镶嵌

2.3 装饰抹灰

【学习目标】掌握装饰抹灰的一般要求和水刷石、干黏石、斩假石、假面砖等装饰抹灰的施工要点。

2.3.1 装饰抹灰的一般要求

装饰抹灰工程施工的检查与交接、基体和基层处理等，同一般抹灰的要求基本相同，针对装饰抹灰的一些特殊之处，应注意以下要点。

1) 对所用材料的要求

装饰抹灰所采用的材料，必须符合设计要求并经验收和试验确定合格方可使用；同一墙面或设计要求为同一装饰组成范围的砂浆(色浆)，应使用同一产地、同一品种、同一批号，并采用同一配合比、同一搅拌设备及专人操作，以保证色泽一致、装饰效果相同。

2) 对基层处理的要求

抹灰前基层表面的尘土、污垢、油渍等应清除干净，并应洒水润湿。装饰抹灰面层应做在已经硬化、较为粗糙并平整的中层砂浆面上；面层施工前检查中层抹灰的施工质量，经验收合格后洒水湿润。

3) 对分格缝的要求

装饰抹灰面层有分格要求时，分格条应宽窄厚薄一致，粘贴在中层砂浆上应横平竖直，交接严密，完工后应全部取出。

4) 对施工缝的要求

装饰抹灰面层的施工缝，应留在分格缝、墙面阴角、落水管背后或是独立装饰组成部分的边缘处。

5) 对施工分段的要求

对于高层建筑的外墙装饰抹灰，应根据建筑物的实际情况，划分为若干施工段，其垂直度可用经纬仪控制，水平通线可按常规做法。

6) 对抹灰厚度的要求

由于材料特点，装饰抹灰饰面的总厚度通常要大于一般抹灰，当抹灰总厚度大于等于35mm 时，应按设计要求采取加强措施(包括不同材料基体交接处的防开裂加强措施)。当采用加强网时，加强网与各基体的搭接宽度应大于等于 100mm。

2.3.2 水刷石装饰抹灰

1. 对材料的要求

1) 对水泥的要求

水泥宜用强度不低于 32.5MPa 的矿渣硅酸盐水泥或普通的硅酸盐水泥，应用颜色一致的同批产品。超过三个月保存期的水泥应经检验合格后方能使用。

2) 对砂子的要求

砂子宜采用中砂，使用前应用 5mm 筛孔过筛，含泥量不大于 3%(质量分数)。

3) 对石子的要求

石子要求采用颗粒坚硬的石英石(俗称水晶石子)，不含针片状和其他有害物质，粒径规格约为 4mm。如采用彩色石子应分类堆放。

4) 石粒浆配合比

水泥石粒浆的配合比，依石粒粒径的大小而定。大体上为水泥：大八厘石粒(粒径 8mm)：中八厘石粒(粒径 6mm)：小八厘石粒(粒径 4mm)＝1：1：1.25：1.5(体积比)，稠度为 5~7cm。如饰面采用多种彩色石子配合，按统一比例掺量先搅抹均匀，所用石子应淘洗干净。

2．水刷石的施工工艺

1) 基层处理

水刷石装饰抹灰其基层处理方法与一般抹灰基层处理方法相同。但因水刷石装饰抹灰底、中层及面层总的平均厚度较一般抹灰厚，且比较重，若基层处理不好，抹灰层极易产生空鼓或坠裂，因此要认真将基层表面酥松部分去掉再洒水润墙。

2) 抹底层灰、中层灰

抹底层灰前为增加黏结牢度，先在基层刷上一遍黏结剂，采用 1：2 的水泥砂浆。稍收水后将其表面刮毛。再找规矩，先做上排灰饼，再吊垂直线和横向拉通线，补做中间和下排的灰饼和冲筋。

按冲筋标准抹中层找平砂浆。通常配合比为 1：3~1：2.5。找平层必须刮平搓毛，并且用托线板检查平整度，因为找平层的平整度直接影响饰面层的质量。

3) 弹线及粘贴分格条

水刷石的分格是避免施工接槎的一种措施，同时便于面层分块分段进行操作。粘贴用素水泥浆，水泥浆不宜超过分格条，超出的部分要刮掉。

4) 抹面层石粒浆

先刷水为 0.37~0.40 的素水泥浆一道，随即抹面层石粒浆，石粒浆稠度以 5~7cm 为宜。石粒应颗粒均匀、坚硬，色泽一致、洁净。抹面层时，应一次成活，随抹随用铁抹子压紧、揉实，但不要把石粒压得过死。每一块方格内应自下而上进行，抹完一块后，用直尺检查其平整度，不平处应及时修补并压实平整。同一平面的面层要求一次完成，不宜留施工缝，如必须留施工缝，应留在分格条的位置上。

5) 刷洗面层

待面层六至七成干时，即可刷洗面层。冲洗是确保水刷石质量的重要环节之一，冲洗不净会使毛刷石表面颜色发暗或明暗不一。

喷刷分两遍进行：第一遍先用软毛刷蘸水刷掉面层水泥浆露出石渣，第二遍紧接着用手压喷浆机或喷雾器将四周相邻部位喷湿，然后按由上往下的顺序喷水，使石渣露出表面 1/3~1/2 粒径，达到清晰可见、分布均匀即可。

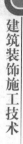

6) 养护

水刷石抹完第二天起要洒水养护，养护时间不少于 7d。在夏季酷热天施工时，应考虑搭设临时遮阳棚，防止阳光直接照射，致水泥早期脱水影响强度，削弱黏结力。

2.3.3　干黏石装饰抹灰

1. 干黏石对材料的要求

1) 对石子的要求

干黏石所用石子的粒径以小一点为好，但也不宜过小或过大，太小容易脱落泛浆，过大则需要增加黏结层厚度。粒径以 5～6mm 或 3～4mm 为宜。使用时，将石子认真淘洗，晾晒后放于干净房间或以袋装。

2) 对水泥的要求

干黏石所用的水泥，必须用同一品种，其强度等级不低于 32.5MPa，凡是过期的水泥一律不准使用。

3) 对砂子的要求

干黏石最好用中砂或粗砂与中砂混合掺用。中粒平均粒径为 0.35～0.50mm，要求颗粒坚硬洁净，含泥量不得超过 3%(质量分数)。砂子在使用前应过筛，一般不要用细砂、粉砂，以免影响黏结强度。

4) 对石灰膏的要求

干黏石应控制石灰膏的含量，一般石灰膏的掺量为水泥用量的 1/2～1/3。因为石灰膏用量过大，会降低面层砂浆的强度。合格的石灰膏中不得含有未熟化的颗粒。

5) 对颜料粉的要求

干黏石应使用矿物质的颜料粉，如铬黄、铬绿、氧化铁红、氧化铁黄、炭黑、黑铅粉等。不论用哪种颜色粉，进场后都要经过试验。颜色粉的品种、货源、数量，要根据工程一次进够，否则无法保证色调一致。

2. 干黏石的施工工艺

1) 抹黏结层

待中层抹灰六至八成干时，经验收合格后，应按设计要求弹线，粘贴分格条(方法同外墙抹灰)，然后洒水润湿，刷素水泥浆一道，接着抹水泥砂浆黏结层。黏结层砂浆稠度以 6～8cm 为宜。

黏结层很重要，抹前用水湿润中层，黏结层的厚度取决于石子的大小，当石子为小八厘时，黏结层厚 4mm；为中八厘时，黏结层厚度为 6mm；为大八厘时，黏结层厚度为 8mm。湿润后，还应检查干湿情况，对于干得快的地方，用排刷补水到适度，方能开始抹黏结层。黏结层不宜上下同一厚度，更不宜高于嵌条。一般在下部约 1/3 的高度范围内，要比上面薄些；整个分块表面又要比嵌条薄 1mm 左右。撒上石子压实后，不但平整度可靠，而且能避免下部鼓包皱皮现象的发生。

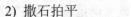

2) 撒石拍平

黏结层抹完后，待干湿情况适宜时即可手甩石粒，然后随即用铁抹子将石子拍入黏结层。甩石粒应遵循"先边角后中间，先上面后下面"的原则。阳角处甩石粒时应两侧同时进行，以避免两边收水不一而出现明显接槎。甩石粒时，用力要平稳有劲，方向应于墙面垂直，使石粒均匀地嵌入黏结砂浆中，然后用铁抹子或胶棍滚压坚实。拍压时，用力要合适，一般以石粒嵌入砂浆的深度不小于粒径的 1/2 为宜。对于墙面石粒过稀或过密处，一般不宜甩补，应将石粒用抹子(或手)直接补上或适当剔除。

3) 进行修整

墙面达到表面平整、石粒饱满时，对局部有石粒下坠、不均匀、外露尖角太多或表面不平整等不符合质量要求的地方要立即修整、拍平，分格条处应重新勾描，以达到表面平整、色泽均匀、线条顺直清晰。

4) 加强养护

干黏石的面层施工应加强养护。在 24h 后，应洒水养护 2～3d。夏季日照强，气温高，要求有适当的遮阳条件，避免阳光直射，使干粘石凝结有一段养护时间，以提高强度。砂浆强度未达到足以抵抗外力时，应注意防止脚手架、工具等撞击、触动，避免石子脱落，还要注意防止油漆和砂浆等污染墙面。

2.3.4 斩假石装饰抹灰

1. 斩假石对材料的要求

1) 对骨料的要求

斩假石所用的骨料(石子、玻璃、粒砂等)应颗粒坚硬，色泽一致，不含杂质，使用前须过筛、洗净、晾干，防止污染。

2) 对水泥的要求

斩假石应采用强度等级为 32.5MPa 的普通硅酸盐水泥、矿渣硅酸盐水泥，所用水泥应是同一强度等级、同一批号、同一厂家、同一颜色、同一性能。

3) 对颜料的要求

对有颜色要求的墙面，应挑选耐碱、耐光的矿物颜料，并与水泥一次干拌均匀，过筛装袋备用。

2. 斩假石的施工工艺

斩假石的施工工艺流程为：中层灰搓毛验收→弹线、粘贴分格条→抹面层水泥浆→养护→试剁→斩剁。除了抹面水泥石粒浆和斩剁面层外，其余均同水刷石抹灰。

2.3.5 假面砖装饰抹灰

1) 配制彩色砂浆

按设计要求的饰面色调配制出多种彩色砂浆，并做出样板与设计对照，以确定合适的配合比。配制彩色砂浆是保证假面砖装饰抹灰表面效果的基础，既要满足设计的装饰性，又要满足设计的功能性。

2) 准备施工工具

假面砖装饰抹灰施工，除了拌制彩色砂浆的工具外，其操作工具主要有靠尺板(上面划出面砖分块尺寸的刻度)以及划缝用的铁皮刨、铁钩、铁梳子或铁辊等。用铁皮刨或铁钩划制模仿饰面砖墙面的宽缝效果，用铁梳子或铁辊划出或滚压出饰面砖的密缝效果。

3) 假面砖的施工

假面砖装饰抹灰的底层和中层，一般采用1∶3的水泥砂浆，其表面要达到平整、粗糙的要求。待中层凝结硬化后洒水湿润养护，并可进行弹线。先弹出宽缝线，用以控制面层划沟(面砖凹缝)的顺直度；然后抹1∶1的水泥砂浆垫层，厚度为3mm；紧接着抹面层彩色砂浆，厚度3∼4mm。

待面层彩色砂浆稍微收水后，即用铁梳子沿靠尺板划纹，纹深1mm左右，划纹方向与宽缝线相互垂直，作为假面砖的密缝；然后用铁皮刨或铁钩沿靠尺板划沟(也可采用铁辊进行滚压划纹)，纹路凹入深度以露出垫层为准，随手扫净飞边砂粒。

2.4 抹灰工程质量验收

【学习目标】掌握抹灰工程质量验收标准、检验方法和一般抹灰、装饰抹灰工程质量通病与防治措施。

2.4.1 抹灰工程质量验收基本标准

1) 抹灰工程验收时应检查的文件和记录

(1) 抹灰工程的施工图、设计说明及其他设计文件。

(2) 材料的产品合格证书、性能检测报告、进场验收记录和复验报告。

(3) 隐蔽工程验收记录。

(4) 施工记录。

2) 抹灰工程应验收的隐蔽工程项目

(1) 抹灰总厚度大于或等于35mm时的加强措施。

(2) 不同材料基体交接处的加强措施。

3) 各分项工程的检验批划分

(1) 室外抹灰

相同材料、工艺和施工条件，每500∼1000m² 应划分为一个检验批，不足500m² 也应划分为一个检验批，每100m² 应至少抽查一处，每处不得小于10m²。

(2) 室内抹灰

每50 个自然间(大面积房间和走廊按抹灰面积30m² 为一间)应划分为一个检验批，不足 50 间也应划分为一个检验批。应至少抽查 10%，并不得少于 3 间；不足 3 间时应全数检查。

4) 材料要求

(1) 抹灰工程应对水泥的凝结时间和安定性进行复验。

(2) 当要求抹灰层具有防水、防潮功能时，应采用防水砂浆。

5) 施工规定

(1) 外墙抹灰工程施工前应先安装钢木门窗框、护栏等，并应将墙上的施工孔洞堵塞密实。

(2) 室内墙面柱面和门洞口的阳角做法应符合设计要求。设计无要求时，应采用 1∶2 的水泥砂浆做暗护角，其高度不应低于 2m，每侧宽度不应小于 50mm。

(3) 各种砂浆抹灰层，在凝结前应防止快干、水冲、撞击、振动和受冻，在凝结后应采取措施防止玷污和损坏。水泥砂浆抹灰层应在湿润条件下养护。

(4) 外墙和顶棚的抹灰层与基层之间及各抹灰层之间必须黏结牢固。

2.4.2　一般抹灰工程质量验收标准与检验

1. 主控项目

(1) 抹灰前基层表面的尘土、污垢、油渍等应清除干净，并应洒水润湿。

检验方法：检查施工记录。

(2) 一般抹灰所用材料的品种和性能应符合设计要求。水泥的凝结时间和安定性复验应合格。砂浆的配合比应符合设计要求。

检验方法：检查产品合格证书、进场验收记录、复验报告和施工记录。

(3) 抹灰工程应分层进行。当抹灰总厚度大于或等于 35mm 时，应采取加强措施。不同材料基体交接处表面的抹灰，应采取防止开裂的加强措施，当采用加强网时，加强网与各基体的搭接宽度不应小于 100mm。

检验方法：检查隐蔽工程验收记录和施工记录。

(4) 抹灰层与基层之间及各抹灰层之间必须黏结牢固，抹灰层应无脱层、空鼓，面层应无爆灰和裂缝。

检验方法：观察；用小锤轻击检查；检查施工记录。

2. 一般项目

(1) 一般抹灰工程的表面质量应符合下列规定。

普通抹灰表面应光滑、洁净、接槎平整，分格缝应清晰。

高级抹灰表面应光滑、洁净、颜色均匀、无抹纹，分格缝和灰线应清晰美观。

检验方法：观察；手摸检查。

(2) 护角、孔洞、槽、盒周围的抹灰表面应整齐、光滑；管道后面的抹灰表面应平整。

检验方法：观察。

(3) 抹灰层的总厚度应符合设计要求；水泥砂浆不得抹在石灰砂浆层上；罩面石膏灰不得抹在水泥砂浆层上。

检验方法：检查施工记录。

(4) 抹灰分格缝的设置应符合设计要求，宽度和深度应均匀，表面应光滑，棱角应整齐。

检验方法：观察；尺量检查。

(5) 有排水要求的部位应做滴水线(槽)，滴水线(槽)应整齐顺直，滴水线应内高外低，滴水槽的宽度和深度均不应小于 10mm。

检验方法：观察；尺量检查。

(6) 一般抹灰工程质量的允许偏差和检验方法应符合表 2.2 中的规定。

表 2.2　一般抹灰的允许偏差和检验方法

项　次	项　目	允许偏差/mm		检验方法
		普通抹灰	高级抹灰	
1	立面垂直度	4	3	用 2m 垂直检测尺检查
2	表面平整度	4	3	用 2m 靠尺和塞尺检查
3	阴阳角方正	4	3	用直角检测尺检查
4	分格条(缝)直线度	4	3	用 5m 线，不足 5m 拉通线，用钢直尺检查
5	墙裙、勒脚上口直线度	4	3	用 5m 线，不足 5m 拉通线，用钢直尺检查

2.4.3　装饰抹灰工程质量验收标准与检验

1. 主控项目

(1) 抹灰前基层表面的尘土、污垢、油渍等应清除干净，并应洒水润湿。

检验方法：检查施工记录。

(2) 装饰抹灰工程所用材料的品种和性能应符合设计要求。水泥的凝结时间和安定性复验应合格。砂浆的配合比应符合设计要求。

检验方法：检查产品合格证书、进场验收记录、复验报告和施工记录。

(3) 抹灰工程应分层进行。当抹灰总厚度大于或等于 35mm 时，应采取加强措施。不同材料基体交接处表面的抹灰，应采取防止开裂的加强措施，当采用加强网时，加强网与各基体的搭接宽度不应小于 100mm。

检验方法：检查隐蔽工程验收记录和施工记录。

(4) 各抹灰层之间及抹灰层与基体之间必须粘接牢固，抹灰层应无脱层、空鼓和裂缝。

检验方法：观察；用小锤轻击检查；检查施工记录。

2．一般项目

(1) 装饰抹灰工程的表面质量应符合下列规定。

水刷石表面应石粒清晰、分布均匀、紧密平整、色泽一致，应无掉粒和接槎痕迹。

斩假石表面剁纹应均匀顺直、深浅一致，应无漏剁处；阳角处应横剁并留出宽窄一致的不剁边条，棱角应无损坏。

干粘石表面应色泽一致、不露浆、不漏粘，石粒应黏结牢固、分布均匀，阳角处应无明显黑边。

假面砖表面应平整、沟纹清晰、留缝整齐、色泽一致，应无掉角、脱皮、起砂等缺陷。

检验方法：观察；手摸检查。

(2) 装饰抹灰分格条(缝)的设置应符合设计要求，宽度和深度应均匀，表面应平整光滑，棱角应整齐。

检验方法：观察。

(3) 有排水要求的部位应做滴水线(槽)。滴水线(槽)应顺直，滴水线应内高外低，滴水槽的宽度和深度均不应小于 10mm 且应采取加强措施。不同材料基体交接处表面的抹灰，应采取防止开裂的加强措施，当采用加强网时，加强网与各基体的搭接宽度不应小于100mm。

检验方法：观察；尺量检查。

(4) 装饰抹灰工程质量的允许偏差和检验方法应符合表 2.3 中的规定。

表 2.3　装饰抹灰的允许偏差和检验方法

项　次	项　目	允许偏差/mm				检验方法
		水刷石	斩假石	干粘石	假面砖	
1	立面垂直度	5	4	5	5	用 2m 靠尺和塞尺检查
2	表面平整度	3	3	5	4	用 2m 靠尺和塞尺检查
3	阳角方正	3	3	4	4	用直角检测尺检查
4	分格条(缝)直线度	3	3	3	3	用 5m 线，不足 5m 拉通线，用钢直尺检查
5	墙裙、勒脚上口直线度	3	3	—	—	用 5m 线，不足 5m 拉通线，用钢直尺检查

2.4.4　抹灰工程的质量通病与防治措施

1) 墙面空鼓、裂缝

(1) 主要原因。

① 基层处理不好，清扫不净，浇水不匀、不足。

② 不同材料交接处未设加强网或加强网搭接宽度过小。

③ 原材料质量不符合要求，砂浆配合比不当。

④ 墙面脚手架眼填塞不当。

⑤ 一层抹灰过厚，各层之间间隔时间太短。

⑥ 养护不到位，尤其在夏季施工时。

(2) 预防措施。

① 基层应按规定处理好，浇水应充分、均匀。

② 按要求设置并固定好加强网。

③ 严格控制原材料质量，严格按配合比配合和搅拌砂浆。

④ 认真填塞墙面脚手架眼。

⑤ 严格分层操作并控制好各层厚度，各层之间的时间间隔应充足。

⑥ 加强对抹灰层的养护工作。

2) 面层起泡、开花，有抹纹

(1) 主要原因。

① 压光早，表面密实水分无法淤出。

② 压光晚，有抹纹。

③ 石灰陈伏期不够，出现起蘑菇现象。

(2) 预防措施。

① 控制适当的压光时间。

② 石灰陈伏期保证 15 天以上。

3) 窗台、阳台等处抹灰的水平与垂直方向不一致

(1) 主要原因。

① 结构施工时，现浇混凝土或构件安装的偏差过大，抹灰时不易纠正。

② 抹灰前上下左右未拉水平和垂直通线，施工误差较大。

(2) 预防措施。

① 在结构施工阶段应尽量保证结构或构件的形状位置正确，减少偏差。

② 安装窗框时应找出各自的中心线以及拉好水平通线，保证安装位置的正确。

③ 抹灰前应在窗台、阳台、雨篷、柱垛等处拉水平和垂直方向的通线找平找正，每步均要起灰饼。

课 堂 实 训

实训内容

进行低强度砂浆抹灰工程的装饰施工实训(指导教师选择一个真实的施工现场或学校实训工厂，带学生实地操作实训)，熟悉抹灰施工的基本知识，从技术交底、施工准备、材料制备、施工操作和质量验收方面进行全程模拟训练，熟悉抹灰工程施工操作要点和国家相应的规范要求。

实训目的

通过课堂学习结合课下实训，达到熟练掌握抹灰工程项目的技术交底、施工准备、材料制备、施工操作和质量验收整个运行过程的施工操作要点和国家相应的规范要求，提高学生进行抹灰工程技术管理的综合能力。

实训要点

(1) 通过抹灰工程施工项目实训，使学生加深对抹灰工程国家标准的理解，掌握抹灰工程施工过程和工艺要点，进一步加强对专业知识的理解。

(2) 分组制订计划与实施，培养学生团队协作的能力，并获取抹灰工程施工管理经验。

实训过程

1) 实训准备要求

(1) 做好实训前相关资料的查阅，熟悉抹灰工程施工有关的规范要求。

(2) 准备实训所需的工具与材料。

2) 实训要点

(1) 实训前做好技术交底。

(2) 制定实训计划。

(3) 分小组进行，小组内部分工合作。

3) 实训操作步骤

(1) 按照施工图要求，确定砂浆配合比，并进行相应技术交底。

(2) 利用搅拌设备统一进行砂浆制备。

(3) 在实训场地进行抹灰工程实操训练。

(4) 做好实训记录和相关技术资料整理。

(5) 养护一定时间后，进行小组互评和最终评定。

4) 教师指导点评和疑难解答

5) 实地观摩

6) 总结

实训项目基本步骤

步　骤	教师行为	学生行为
1	交代工作任务背景，引出实训项目	(1) 分好小组 (2) 准备实训工具、材料和场地
2	布置抹灰工程实训应做的准备工作	
3	使学生明确抹灰工程施工实训的步骤	
4	学生分组进行实训操作，教师巡回指导	完成低强度抹灰工程实训全过程
5	结束指导点评实训成果	自我评价或小组评价
6	实训总结	小组总结并进行经验分享

实 训 小 结

项目:			指导老师:
项目技能	技能达标分项		备　注
抹灰工程施工	1. 交底完善　　　　得 0.5 分 2. 准备工作完善　　得 0.5 分 3. 操作过程准确　　得 1.5 分 4. 工程质量合格　　得 1.5 分 5. 分工合作合理　　得 1 分		根据职业岗位所需，技能需求，学生可以补充完善达标项
自我评价	对照达标分项　　　得 3 分为达标 对照达标分项　　　得 4 分为良好 对照达标分项　　　得 5 分为优秀		客观评价
评议	各小组间互相评价 取长补短，共同进步		提供优秀作品观摩学习

自我评价＿＿＿＿＿＿＿＿＿　　　　　　　个人签名＿＿＿＿＿＿＿＿＿

小组评价　达标率＿＿＿＿＿＿＿　　　　　　组长签名＿＿＿＿＿＿＿＿＿

　　　　　良好率＿＿＿＿＿＿＿

　　　　　优秀率＿＿＿＿＿＿＿

　　　　　　　　　　　　　　　　　　　　　　　　　　　年　　月　　日

习　　题

一、案例题

工程背景：某高层建筑装饰施工阶段，抹灰工程经检验存在以下问题：抹灰护角未做或后做，墙面抹灰层遇门窗洞口位置直接施工至洞口边缘位置，未分层留茬。

原因分析如下。

① 抹灰的护角未按规范要求设置，施工单位对抹灰施工要求了解不透彻或者说根本不了解，对施工抹灰操作工人的技术交底不到位、不彻底，施工操作工人的技能差。

② 工程部、监理跟踪检查不到位。

预控措施或方法：

① 大面积墙面抹灰前，必须首先在墙体、洞口阳角处做出成锐角的护角，且护角两边的宽度不得小于 5cm，护角完成后还必须注意及时养护，做好护角的成品保护。

② 施工单位应进行"三检"，工程部、监理应加强检查验收力度。

③ 对已进行大面积抹灰但护角未做的，墙面抹灰层不得一次性施工至洞口边缘位置，

应抹至距洞口边缘不少于10cm，在洞口门窗框安装完成后再作统一收头加强(铺设加强网)处理。

二、思考题

1. 抹灰工程根据装饰效果可分为哪几种？

2. 一般抹灰分为哪几个类别？各适用的范围及主要工序？

3. 装饰抹灰的组成、作用和一般做法各是什么？

4. 一般抹灰中的内墙、顶棚、外墙、细部施工工艺主要包括哪些方面？

5. 装饰抹灰的一般要求是什么？

6. 机械喷涂抹灰机具的组成、施工要点是什么？

7. 水刷石、干黏石、斩假石、机喷石、假面砖装饰抹灰的施工工艺？

8. 抹灰工程质量验收的一般规定包括哪些方面？

9. 抹灰工程质量标准和检验方法？

项目3 门窗工程

内容提要

本项目以门窗工程为对象，主要讲述木门窗、铝合金门窗和塑钢门窗的材料选择、构件加工、施工条件和准备、施工程序和工艺、工程质量标准和验收等过程，并在实训环节提供塑钢门窗安装施工项目，作为本教学单元的实践训练项目，以供学生训练和提高。

技能目标

● 通过对门窗工程施工工艺的学习，巩固已学的相关建筑装饰材料与构造的基本知识以及明确门窗工程施工的种类、特点、过程方法及有关规定。

● 通过对门窗工程施工项目的实训操作，锻炼学生对门窗工程施工操作和技术管理的能力。培养学生团队协作的精神，并使学生获取门窗工程施工管理经验。

● 重点掌握木门、铝合金塑钢门窗工程的施工方法步骤和质量要求。

本项目是为了全面训练学生对门窗工程施工操作与技术管理的能力，检查学生对门窗工程施工内容知识的理解和运用程度而设置的。

项目导入

门窗是建筑物的眼睛，在塑造室内外空间艺术形象中起着十分重要的作用。门窗经常成为重点装饰的对象。

门窗施工包括制作和安装两部分，一些门窗在工厂生产，施工现场只需安装即可，如钢制门窗、塑钢门窗等。而一些门窗则有较多的现场制作工作，如木制门窗、铝合金门窗等。由于门窗所处的位置接近于人的视野，因此无论是制作还是安装，不仅要经得起远看，更要经得起近观。

3.1 门窗的基本知识

【学习目标】了解门窗的分类、作用和组成以及门窗制作与安装的基本要求。

3.1.1 门窗的分类

1) 按不同材质分类

门窗按不同材质分类，可以分为木门窗、铝合金门窗、钢门窗、塑料门窗、全玻璃门窗、复合门窗、特殊门窗等。钢门窗又有普通钢窗、彩板钢窗和渗铝钢窗三种。

2) 按不同功能分类

门窗按不同功能分类，可以分为普通门窗、保温门窗、隔声门窗、防火门窗、防盗门窗、防爆门窗、装饰门窗、安全门窗、自动门窗等。

3) 按不同结构分类

门窗按不同结构分类，可以分为推拉门窗、平开门窗、弹簧门窗、旋转门窗、折叠门窗、卷帘门窗、自动门窗等。

4) 按不同镶嵌材料分类

窗按不同镶嵌材料分类，可分为玻璃窗、纱窗、百叶窗、保温窗、防风沙窗等。玻璃窗能满足采光的功能要求，纱窗在保证通风的同时，可以防止蚊蝇进入室内，百叶窗一般用于只需通风而不需采光的房间。

3.1.2　门窗的作用及组成

1. 门窗的作用

1) 门的作用

(1) 通行与疏散。门是内外联系的重要洞口，供人从此处通行，联系室内外和各房间；如果有事故发生，可以供人紧急疏散用。

(2) 围护作用。在北方寒冷地区，外门应起到保温防雨的作用；门要经常开启，是外界声音的传入途径，关闭后能起到一定的隔声作用；此外，门还可以起到防风沙的作用。

(3) 美化作用。作为建筑内外墙重要组成部分的门，其造型、质地、色彩、构造方式等，对建筑的立面及室内装修效果影响很大。

2) 窗的作用

窗的主要功能是采光、通风、观察和递物。

各类不同的房间，都必须满足一定的照度要求。在一般情况下，窗口采光面积是否恰当，是以窗口面积与房间地面净面积之比来确定的，各类建筑物的使用要求不同，采光标准也不相同。

为确保室内外空气流通，在确定窗的位置、面积大小及开启方式时，应尽量考虑窗的通风功能。

在不同使用条件下，门窗还应具有保温、隔热、隔声、防水、防火、防尘及防盗等功能。

2. 门窗的组成

1) 门的组成

门一般由门框(门樘)、门扇、五金零件及其他附件组成。门框一般是由边框和上框组成，当其高度大于 2400mm 时，在上部可加设亮子，需增加中横框。当门宽度大于 2100mm 时，需增设一根中竖框。有保温、防水、防风、防沙和隔声要求的门应设下槛。门扇一般由上冒头、中冒头、下冒头、边梃、门芯板、玻璃、百叶等组成。门的基本构造如图 3.1

所示。

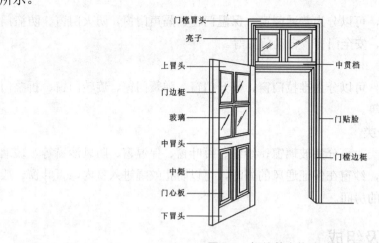

图 3.1　门的基本构造

2) 窗的组成

窗是由窗框(窗樘)、窗扇、五金零件等组成。窗框是由边框、上框、中横框、中竖框等组成，窗扇是由上冒头、下冒头、边梃、窗芯子、玻璃等组成。如图 3.2 所示。

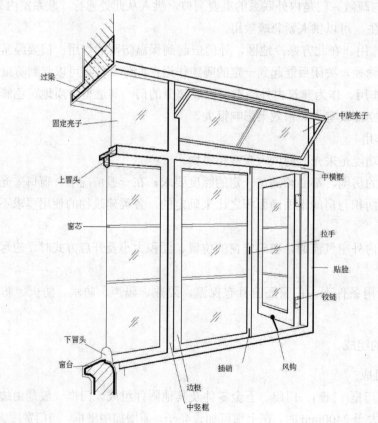

图 3.2　窗的构造

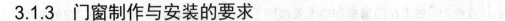

3.1.3　门窗制作与安装的要求

1) 门窗的制作

在门窗的制作过程中，关键在于掌握好门窗框和门窗扇的制作，应当把握好以下两个方面。

(1) 下料原则。对于矩形门窗，要掌握纵向通长、横向截断的原则；对于其他形状门窗，一般应当需要放大样，所有杆件应留足加工余量。

(2) 组装要点。保证各杆件在一个平面内，矩形对角线相等，其他形状应与大样重合。要确实保证各杆件的连接强度，留好扇与框之间的配合余量和框与洞的间隙余量。

2) 门窗的安装

安装是门窗能否正常发挥作用的关键，也是对门窗制作质量的检验，是门窗施工的重点。因此，门窗安装必须把握下列要点。

(1) 门窗的所有构件要确保在一个平面内安装，而且同一立面上的门窗也必须在同一个平面内，特别是外立面，如果不在同一个平面内，则会导致出进不一，颜色不一致，影响立面的美观效果。

(2) 确保连接要求。框与洞口墙体之间的连接必须牢固，且框不得产生变形，这也是密封的保证。框与扇之间的连接必须保证开启灵活、密封，搭接量不小于设计的 80%。

3) 防水处理

门窗的防水处理，应先加强缝隙的密封，然后再打防水胶防水，阻断渗水的通路；同时做好排水通路，以防在长期静水的渗透压力作用下而破坏密封防水材料。门窗框与墙体是两种不同材料的连接，必须做好缓冲防变形的处理，以免产生裂缝而渗水。一般须在门窗框与墙体之间填充缓冲材料，材料要做好防腐蚀处理。

4) 注意事项

门窗的制作与安装除应满足以上要求外，安装时还应注意以下方面。

(1) 在门窗安装前，应根据设计和厂方提供的门窗节点图、结构图进行全面检查。主要核对门窗的品种、规格与开启形式是否符合设计要求，零件、附件、组合杆件是否齐全，所有部件是否有出厂合格证书等。

(2) 门窗在运输和存放时，底部均需垫 200mm×200mm 的方枕木，其间距为 500mm，同时枕木应保持水平、表面光洁，并应有可靠的刚性支撑，以保证门窗在运输和存放过程中不受损伤和变形。

(3) 金属门窗的存放处不得有酸碱等腐蚀物质，特别不得有易挥发性的酸，如盐酸、硝酸等，并要求有良好的通风条件，以防止门窗被酸碱等物质腐蚀。

(4) 塑料门窗在运输和存放时，不能平堆码放，应竖直排放，樘与樘之间用非金属软质材料(如玻璃丝毡片、粗麻编织物、泡沫塑料等)隔开，并固定牢靠。由于塑料门窗是由聚氯乙烯塑料型材组装而成的，属于高分子热塑性材料，所以存放处应远离热源，以防止产生变形。塑料门窗型材是中空的，在组装成门窗时虽然插装轻钢骨架，但这些骨架未经铆固或焊接，其整体刚性比较差，不能经受外力的强烈碰撞和挤压。

(5) 门窗在设计和生产时，由于未考虑作为受力构件使用，仅考虑了门窗本身和使用过程中的承载能力。如果在门窗框和扇上安放脚手架或悬挂重物，轻者会引起门窗的变形，重者可能引起门窗的损坏。因此，金属门窗与塑料门窗在安装过程中，都不得作为受力构件使用，不得在门窗框和扇上安放脚手架或悬挂重物。

(6) 要切实注意保护铝合金门窗和涂色镀锌钢板门窗的表面。铝合金表面的氧化膜、彩色镀锌钢板表面的涂膜，都有保护金属不受腐蚀的作用，一旦薄膜被破坏，就失去了保护作用，使金属产生锈蚀，不仅影响门窗的装饰效果，而且影响门窗的使用寿命。

(7) 塑料门窗成品表面平整光滑，具有较好的装饰效果，如果在施工中不加以注意保护，很容易磨损或擦伤其表面，而影响门窗的美观。为保护门窗不受损伤，塑料门窗在搬、吊、运时，应用非金属软质材料衬垫和非金属绳索捆绑。

(8) 为了保证门窗的安装质量和使用效果，对金属门窗和塑料门窗的安装，必须采用预留洞口后安装的方法，严禁采用边安装边砌洞口或先安装后砌洞口的做法。金属门窗表面都有一层保护装饰膜或防锈涂层，如果这层薄膜被磨损，是很难修复的。防锈层磨损后不及时修补，也会失去防锈的作用。

(9) 门窗固定可以采用焊接、膨胀螺栓或射钉等方式。但砖墙不能用射钉，因砖受到冲击力后易碎。在门窗的固定中，普遍对地脚的固定重视不够，而是将门窗直接卡在洞口内，用砂浆挤压密实就算固定，这种做法非常错误、十分危险。门窗安装固定工作十分重要，是关系到在使用中是否安全的大问题，必须要有安装隐蔽工程记录，并应进行手扳检查，以确保安装质量。

(10) 门窗在安装过程中，应及时用布或棉丝清理粘在门窗表面的砂浆和密封膏液，以免其凝固干燥后粘附在门窗的表面，影响门窗的表面美观。

3.2　木门的制作与安装

【学习目标】通过对木门的开启方式、制作、安装工艺要点的学习，掌握木门窗的施工工艺。

3.2.1　木门的开启方式

1) 平开门

平开门，即水平开启的门。其铰接安在门的侧边，有单扇和双扇、向内开和向外开之分。平开门的构造简单、开启灵活，制作安装和维修均比较方便，是一般建筑中使用最广泛的门，如图 3.3(a)所示。

2) 弹簧门

弹簧门的形式同平开门，但其侧边用弹簧铰链或下面用地弹簧传动，开启后能自动关闭。多数为双扇玻璃门，能内、外弹动；少数为单扇或单向弹动的，如纱门。弹簧门的构造和安装比平门稍为复杂些，都用于人流出入频繁或有自动关闭要求的场所。门上一般都安装玻璃，如图 3.3(b)所示。

3) 推拉门

推拉门，亦称拉门，在上下轨道上左右滑行。推拉门有单扇或双扇两种，可以藏在夹墙内或贴在墙面外，占用面积较少，如图 3.3(c)所示。推拉门的构造较为复杂，一般用于两个空间需要扩大联系的门。在人流众多的地方，还可以采用光电管或触动式设施使推拉门自动启闭。

4) 折叠门

折叠门多为扇折叠，可拼合折叠推移到侧边，如图 3.3(d)所示。传动方式简单者可以同平开门一样，只在门的侧边装铰链；复杂者在门的上边或下边需要装轨道及转动五金配件。一般用于两个空间需要更为扩大联系的门。

5) 转门

转门为三或四扇门连成风车形，在两个固定弧形门套内旋转的门如图 3.3(e)所示。其对防止内外空气的对流有一定的作用，可以作为公共建筑及有空气调节房屋的外门。一般在转门的两旁另设平开或弹簧门，以作为不需要空气调节的季节或大量人流疏散之用。转门构造复杂，造价较贵，一般情况下不宜采用。

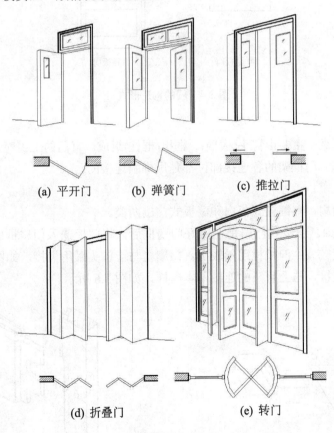

(a) 平开门　　(b) 弹簧门　　(c) 推拉门

(d) 折叠门　　　　(e) 转门

图 3.3　门的类型

3.2.2　木门的制作

1. 木门的基本构造

门是由门框(门樘)和门扇两部分组成的。当门的高度超过 2.1m 时，还要增加上窗结构(又称亮子、么窗)，门的各部分名称如图 3.4 所示。各种门的门框构造基本相同，但门扇有较大的差别。

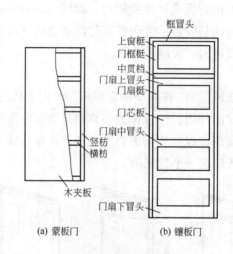

（a）蒙板门　　　　（b）镶板门

图 3.4　门的构造形式

1) 门框

门框是门的骨架，主要由冒头(横档)、框梃(框柱)组成。有门的上窗时，在门扇与上窗之间设有中贯横档。门框架的各连接部位都是用榫眼连接的。

2) 门扇

装饰木门的门扇，有镶板式门扇和蒙板式门扇两类。

(1) 镶板式门扇。镶板式门扇是在做好门扇框后，将门板嵌入门扇框的凹槽中。这种门扇框的木方用量较大，但板材用量较少。门扇梃与上冒头采用榫接，如图 3.5 所示。门扇梃与下冒头的连接，与上冒头的连接基本一样，如图 3.6 所示。

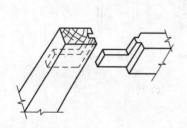

图 3.5　门扇梃与上冒头的连接

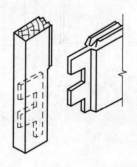

图 3.6　门扇梃与下冒头的连接

为了将门板安装于门扇梃、门扇冒头之间，而在门扇梃和冒头上开出宽为门板厚度的凹槽，在安装门扇时，可将门芯板嵌入槽中。为了防止门芯板受潮膨胀，而使门扇变形或芯板翘鼓，门芯板装入槽内后，还应有 2～3mm 的间隙。

(2) 蒙板式门扇。蒙板式门扇的门扇框，所使用的木方截面尺寸较小，而且是蒙在两块木夹板之间，所以又称为门扇骨架。门扇骨架由竖向方木和横档方木组成，竖向方木与横档木方的连接，通常采用单榫结构。在一些门扇较高、宽度尺寸较大，骨架的竖向与横向方木的连接，可用钉胶相结合的连接方法。门扇两边的蒙板，通常采用 4mm 厚的夹板。

2．装饰门常见形式

1) 镶板式门扇

目前，在建筑装饰工程中常用的镶板式门扇，主要有全木式和木与玻璃结合式两类，实际中最常用的是木与玻璃结合式。

2) 蒙板式门扇

蒙板式门扇主要有平板式和木板与木线条组合式两类。将各种图案的木线条钉在板面上，从而组成饰面美观、图案多样的门扇，如图 3.7 所示。

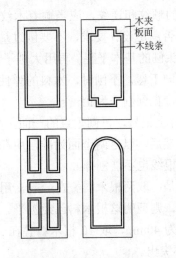

图 3.7　蒙板式门扇

3．木门制作工艺流程

木装饰门窗的制作工艺流程：配料→截料→刨料→划线→凿眼→倒棱→裁口→开榫→断肩→组装→加楔→净面→油漆→安装玻璃。

4．木门制作施工工艺

1) 配料与截料

(1) 为了进行科学配料，在配料前要熟悉图纸，了解门的构造、各部分尺寸、制作数量和质量要求。计算出各部分的尺寸和数量，列出配料单，按照配料单进行配料。如果数量较少，也可以直接配料。

(2) 在进行配料时，对木方材料要进行选择。不用有腐朽、斜裂、节疤大的木料，不干燥的木料也不能使用。同时，要先配长料后配短料，先配框料后配扇料，使木料得到充分合理的使用。

(3) 制作木门时，往往需要大量刨削，拼装时也会有一定的损耗。所以，在配料时必须加大木料的尺寸，即各种部件的毛料尺寸要比其净料加大些，最后才能达到图纸上规定的尺寸。门窗料的断面，如要两面刨光，其毛料要比其净料加大 4～5mm，如只是一面刨光，要加大 2～3mm。

(4) 下料的长度，因门框的冒头有走头(加长端)，所以冒头两端各需加长 120mm，以便砌入墙内锚固。无走头时，冒头两端各加长 20mm。安装时，再根据门洞尺寸决定取舍。门框需埋入地坪下 60mm，以便使门框牢固。在楼层上的门框桩只加长 20～30mm。

(5) 在选配的木料上按毛料尺寸划出截断、锯开线，考虑到锯解木料时的损耗，一般留出 2～3mm 的损耗量。

2) 刨料

(1) 刨料前，宜选择纹理清晰、无节疤和毛病较少的材面作为正面。对于框料，任选一个窄面为正面。对于扇面，任选一个宽面为正面。

(2) 刨料时，应看清木料的顺纹和逆纹，应当顺着木纹刨削，以免戗槎。刨削中要经常常用尺子量测部件的尺寸是否满足设计要求，不要刨过量，而影响门窗的质量。有弯曲的木料，可以先刨凹面，把两头刨的基本平整，再用大刨子刨，即可刨平。如果先刨凸面，凹面朝下，用力刨削时，凸面向下弯，不刨时，木料的弹性又恢复原状，很难刨平。有扭曲的木料，应先刨木料的高处，直到刨平为止。

(3) 正面刨平直以后，要打上记号，再刨垂直的一面，两个面的夹角必须都是 90°，一面刨料，一面用角尺测量。然后，以这两个面为准，用勒子在料面上画出所需的厚度和宽度线。整根料刨好，这两根线也不能刨掉。

检查木料是否刨好的方法是：取两根木料叠在一起，用手随便按动上面一根木料的一个角，如果这根木料丝毫不动，则证明这根木料已经刨平。检查木料尺寸是否符合要求的方法是：如果每根木料的厚度为 40mm，取 10 根木料叠在一起，量得尺寸为 400mm(误差 ±4mm)，其宽度方向两边都不突出。

(4) 门、窗的框料靠墙的一面可不刨光，但要刨出两道灰线。扇料必须四面刨光，划线时才能准确。料刨好以后，应按框、扇分别码放，上下对齐，以便安装时使用。放料的场地，要求平整、坚实，不得出现不均匀沉降。

3) 划线

(1) 划线前，先要弄清楚榫、眼的尺寸和形式，即什么地方做榫，什么地方凿眼。眼的位置应在木料的中间，宽度不超过木料厚度的 1/3，由凿子的宽度来确定。榫头的厚度是根据眼的宽度确定的，半榫长度应为木料宽度的 1/2。

(2) 对于成批的料，应选出两根刨好的木料，大面相对放在一起，划上榫与眼的位置。要注意，使用角尺、画线竹笔、勒子时，都应靠在木料的大面和小面上。划的位置线经检查无误后，以这两根木料为样板再成批划线。要求划线一定要清楚、准确、齐全。

4) 凿眼

(1) 凿眼时，要选择与眼的宽度相等的凿子，这是保证榫、眼尺寸准确的关键。凿刃要锋利，刃口必须磨齐平，中间不能突起成弧形。先凿透眼，后凿半眼，凿透眼时先凿背面，凿到 1/2～2/3 眼深，把木料翻起来凿正面，直至将眼凿透。这样凿眼，可避免把木料凿劈裂。另外，眼的正面边线要凿去半条线，留下半条线，榫头开榫时也要留下半条线，榫与眼合起来成为一条整线，这样榫与眼结合才能紧密。眼的背面按划线凿，不留线，使眼比面略宽，这样在眼中插入榫头时，可避免挤裂眼口的四周。

(2) 凿好的眼，要求形状方正、两侧平直。眼内要清洁，不留木渣。千万不要把中间部分凿凹。凿凹的眼在加楔时，一般不容易夹紧，榫头很容易松动，这是门窗出现松动、关不上、下垂等质量问题的主要原因之一。

5) 倒棱和裁口

(1) 倒棱和裁口是在门框梃上做出的，倒棱主要起到装饰作用，裁口是在门扇关闭时起限位作用。

(2) 倒棱要平直，宽度要均匀；裁口要求方正平直，不能有呲槎起毛、凹凸不平的现象。最忌讳是口根有台，即裁口的角上木料没有刨净。也有不在门框梃木方上做裁口的，而是用一条小木条黏钉在门框梃木方上。

6) 开榫与断肩

(1) 开榫也称为倒卯，就是按榫的纵向线锯开，锯到榫的根部时，要把锯竖直锯几下，但不能锯过线。开榫时要留半线，其半榫长为木料宽度的 1/2，应比半眼深少 1～2mm，以备榫头因受潮而伸长。为确保开榫尺寸的准确，开榫时要用锯小料的细齿锯。

(2) 断肩就是把榫两边的肩膀锯断。断肩时也要留线，快锯掉时要慢些，防止伤了榫眼。断肩时要用小锯。

(3) 榫头锯好后插进眼里，以不松不紧为宜。锯好的半榫应比眼稍微大些。组装时在四面磨角倒棱，抹上胶用锤敲进去，这样的榫使用比较长久，一般不易松动。如果半榫锯得过薄，插入眼中有松动，可在半榫上加两个破头楔，抹上胶打入半眼内，使破头楔把半榫头撑开借以补救。

(4) 锯成的榫头要求方正平直，不能歪歪扭扭，不能伤榫眼。如果榫头不方正、不平直，会影响到门窗不能组装得方正、结实。

7) 组装与净面

(1) 组装门窗框、扇之前，应选出各部件的正面，以便使组装后正面在同一侧，把组装后刨不到的面上的线用砂纸打磨干净。门框组装前，先在两根框梃上量出门的高度，用细锯锯出一道锯口，或用记号笔划出一道线，这就是室内地坪线，作为立门框的标记。

(2) 门、窗框的组装，是把一根边梃平放，将中贯档、上冒头(窗框还有下冒头)的榫插入梃的眼里，再装上另一边的梃，用锤轻轻敲打拼合，敲打时要垫上木块，防止打伤榫头或留下敲打的痕迹。待整个门窗框拼好并归方后，再将所有的榫头敲实，锯断露出的榫头。

(3) 门窗扇的组装方法与门窗框基本相同。但门扇中有门板时，须先把门芯按尺寸裁好，一般门芯板应比门扇边上量得的尺寸小 3～5mm，门芯板的四边去棱、刨光。然后，先把一根门梃平放，将冒头逐个装入，门芯板嵌入冒头与门梃的凹槽内，再将另一根门梃的眼对准榫装入，并用锤将木块敲紧。

(4) 门窗框、扇组装好后，为使其成为一个坚固结实的整体，必须在眼中加适量木楔，将榫在眼中挤紧。木楔的长度与榫头一样长，宽度比眼宽窄 2~3mm，楔子头用扁铲顺木纹铲尖。加楔时，应先检查门框、扇的方正，掌握其歪扭情况，以便再加楔时调整、纠正。

(5) 一般每个榫头内必须加两个楔子。加楔时，用凿子或斧头把榫头凿出一道缝，将楔子两面抹上胶插进缝内，敲打楔子要先轻后重，逐步撑入，不要用力太猛。当楔子已打不动，孔眼已卡紧饱满时，不要再敲打，以防止将木料撑裂。在加楔过程中，对框、扇要随时用角尺或尺杆上下窜角找方正，并校正框、扇的不平整处。

(6) 组装好的门窗框、扇用细刨子刨后，再用细砂纸修平修光。双扇门窗要配好对，对缝的裁口要刨好。安装前，门窗框靠墙的一面，要刷一遍沥青，以增加其防腐能力。

(7) 为了防止校正好的门窗框再发生变形，应在门框下端钉上拉杆，拉杆下皮正好是锯口或记号的地坪线。大一些的门窗框，在中贯档与梃间要钉八字撑杆。

(8) 门窗框组装好后，要采取措施加以保护，防止日晒雨淋，防止碰撞损伤。

3.2.3　木门的安装

1. 门框的安装

1) 安装方法

(1) 先立口法。先立口法，即在砌墙前把门窗框按施工图纸立直、找正，并固定好。这种施工方法必须在施工前把门窗框做好运至施工现场。

(2) 后塞口法。即在砌筑墙体时预先按门窗尺寸留好洞口，在洞口两边预埋木砖，然后将门窗框塞入洞口内，在木砖处垫好木片，并用钉子钉牢(预埋木砖的位置应避开门窗扇安装铰链处)。

2) 先立口安装施工要点

(1) 当砌墙砌到室内地坪时，应当立门框；当砌到窗台时，应当立窗框。

(2) 立口之前，按照施工图纸上门窗的位置、尺寸，把门窗的中线和边线画到地面或墙面上。然后，把窗框立在相应的位置，用支撑临时支撑固定，用线锤和水平尺找平找直，并检查框的标高是否正确，如有不平不直之处应随即纠正。不垂直可挪动支撑加以调整，不平处可垫木片或砂浆调整。支撑不要过早拆除，应在墙身砌完后拆除比较适宜。

(3) 在砌墙施工过程中，千万不要碰动支撑，并应随时对门窗框进行校正，防止门窗框出现位移和歪斜等现象。砌到放木砖的位置时，要校核是否垂直，如有不垂直，在放木砖时随时纠正。

(4) 木门窗安装是否整齐，对建筑物的装饰效果有很大影响。同一面墙的木门窗框应安装整齐，并在同一个平、立面上。可先立两端的门窗框，然后拉一通线，其他的框按通线进行竖立。这样可以保证门框的位置和窗框的标高一致。

(5) 在立框时，一定要注意以下两个方面。

① 特别注意门窗的开启方向,防止一旦出现错误难以纠正。

② 注意施工图纸上门窗框是在墙中,还是靠墙的里皮。如果是与里皮平的,门窗框应出里皮墙面(即内墙面)20mm,这样抹完灰后,门窗框正好和墙面相平,如图3.8所示。

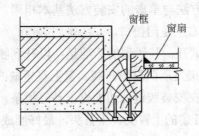

图3.8 门框在墙里皮的做法

3) 后塞口安装施工要点

(1) 门窗洞口要按施工图纸上的位置和尺寸预先留出。洞口应比窗口大 30~40mm(即每边大 15~20mm)。

(2) 在砌墙时,洞口两侧按规定砌入木砖,木砖大小约为半砖,间距不大于 1.2m,每边 2~3块。

(3) 在安装门窗框时,应先把门窗框塞进门窗洞口内,用木楔临时固定,用线锤和水平尺进行校正。待校正无误后,用钉子把门窗框钉牢在木砖上,每个木砖上应钉两颗钉子,并将钉帽砸扁冲入梃框内。

(4) 在立口时,一定要注意以下两个方面。

① 特别注意门窗的开启方向。

② 整个大窗更要注意上窗的位置。

2.门扇的安装

1) 施工准备

(1) 在安装门窗扇前,先要检查门窗框上、中、下三个部分是否一样宽,如果相差超过 5mm,就应当进行修整。

(2) 核对门窗的开启方向是否正确,并打上记号,以免将扇安错。

(3) 安装扇前,预先量出门窗框口的净尺寸,考虑风缝(松动)的大小,再进一步确定扇的宽度和高度,并进行修刨。应将门扇定于门窗框中,并检查与门窗框配合的松紧度。由于木材有干缩湿胀的性质,而且门窗扇、门窗框上都需要有油漆及打底层的厚度,所以在安装时要留缝。一般门扇对口处竖缝留 1.5~2.5mm,窗的竖缝留 2.0mm,并按此尺寸进行修整刨光。

2) 施工要点

(1) 将修刨好的门窗扇,用木楔临时立于门窗框中,排好缝隙后画出铰链位置。铰链位置距上、下边的距离,一般宜为门扇宽度的 1/10,这个位置对铰链受力比较有利,又可以避开榫头。然后把扇取下来,用扇铲剔出铰链页槽。铰链页槽应外边较浅、里边较深,其深度应当是把铰链合上后与框、扇平正为准。剔好铰链槽后，将铰链放入，上下铰链各拧一颗螺丝钉把扇挂上，检查缝隙是否符合要求，扇与框是否齐平，扇能否关住。检查合格后，再将剩余螺丝钉全部上齐。

(2) 双扇门窗扇的安装方法与单扇的安装方法基本相同，只是增加一道"错口"的工序。双扇应按开启方向看，右手是门盖口，左手是门等口。

(3) 门窗扇安装好后要试开，其达到的标准是：以开到哪里就能停到哪里为合格，不能存在自开或自关现象。如果发现门窗扇在高、宽上有短缺的情况，高度上应补钉的板条钉在下冒头下面，宽度上应在安装铰链一边的梃上补钉板条。

(4) 为了开关方便，平开扇的上冒头、下冒头，最好刨成斜面。

3.3 铝合金门窗的制作与安装

【学习目标】掌握铝合金门窗的特点、类型和性能，铝合金门窗的组成与制作安装工艺。

3.3.1 铝合金门窗的特点、类型和性能

1. 铝合金门窗的特点

与普通木门窗和钢门窗相比，铝合金门窗具有以下特点。

(1) 质轻高强。

(2) 密封性好。

(3) 变形性小。

(4) 表面美观。

(5) 耐蚀性好。

(6) 使用价值高。

(7) 实现工业化。

2. 铝合金门窗的类型

根据结构与开启形式的不同，铝合金门窗可分为推拉门、推拉窗、平开门、平开窗、固定窗、悬挂窗、回转门、回转窗等。按门窗型材截面的宽度尺寸的不同，可分为许多系列，常用的有 25、40、45、50、55、60、65、70、80、90、100、135、140、155、170 系列等。90 系列铝合金推拉窗的断面如图 3.9 所示。

3. 铝合金门窗的性能

铝合金门窗的性能主要包括气密性、水密性、抗风压强度、保温性能和隔声性能等。

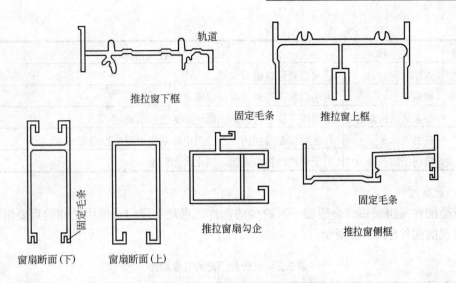

图 3.9　90 系列铝合金推拉窗的断面

3.3.2　铝合金门窗的组成

1. 铝合金门窗的组成

1) 型材

铝合金型材是铝合金门窗的骨架，其质量如何关系到门窗的质量。除必须满足铝合金的元素组成外，型材的表面质量应满足下列要求。

(1) 铝合金型材表面应当清洁，无裂纹、起皮和腐蚀现象，在铝合金的装饰面上不允许有气泡。

(2) 普通精度型材装饰面上碰伤、擦伤和划伤，其深度不得超过 0.2mm；由模具造成的纵向挤压痕深度不得超过 0.1mm。对于高精度型材的表面缺陷深度，装饰面应不大于 0.1mm，非装饰面应不大于 0.25mm。

(3) 型材经过表面处理后，其表面应有一层氧化膜保护层。在一般情况下，氧化膜厚度应不小于 20μm，并应色泽均匀一致。

2) 密封材料

铝合金门窗安装密封材料品种很多，其特性和用途也各不相同。铝合金门窗安装密封材料的品种、特性和用途如表 3.1 所示。

表 3.1　铝合金门窗安装密封材料

序　号	品　种	特性与用途
1	聚氯酯密封膏	高档密封膏，变形能力为 25%，适用于 ±25% 接缝变形位移部位的密度
2	聚硫密封膏	高档密封膏，变形能力为 25%，适用于 ±25% 接缝变形位移部位的密度。寿命可达 10 年以上
3	硅酮密封膏	高档密封膏、性能全面、变形能力达 50%，高强度、耐高温(-54℃～260℃)

序　号	品　　种	特性与用途
4	水膨胀密封膏	遇水后膨胀将缝隙填满
5	密封垫	用于门窗框与外墙板接缝密封
6	膨胀防火密封件	主要用于防火门、遇火后可膨胀密封其缝隙
7	底衬泡沫条	和密封胶配套使用、在缝隙中能随密封胶变形而变形
8	防污纸质胶带纸	用于保护门窗料表面，防止表面污染

3) 五金配件

五金配件是组装铝合金门窗不可缺少的部件，也是实现门窗使用功能的重要组成。铝合金门窗的配件如表 3.2 所示。

表 3.2　铝合金门窗的五金配件

序　号	品　　名		用　　途
1	门锁(双头通用门锁)		配有暗藏式弹子锁，可以内外启闭，适用于铝合金平开门
2	勾锁(推拉门锁)		有单面和双面两种，可做推拉门、窗的拉手和锁闭器使用
3	暗掖锁		适用于双扇铝合金地弹簧门
4	滚轮(滑轮)		适用于推拉门窗(70、90、55 系列)
5	滑撑铰链		能保持窗扇在 0°～60° 或 0°～90° 开启位置自行定位
6	执手	铝合金平开窗执手	适用于平开窗，上悬式铝合金窗开启和闭锁
		联动执手	适用于密闭型平开窗的启闭，在窗上下两处联动扣紧
		推拉窗执手(半月形执手)	有左右两种形式，适用于推拉窗的启闭
7	地弹簧		装于铝合金门下部，铝合金门可以缓速自动闭门，也可在一定开启角度位置定位

3.3.3　铝合金门的制作与组装

其工艺主要包括：选料→断料→钻孔→组装→保护或包装。

1. 料具的准备

1) 材料的准备

主要准备制作铝合金门的所有型材、配件等，如铝合金型材、门锁、滑轮、不锈钢、螺钉、铝制拉铆钉、连接铁板、地弹簧、玻璃尼龙毛刷、压条、橡皮条、玻璃胶、木楔子等。

2) 工具的准备

主要准备制作和安装中所用的工具，如曲线刷、切割机、手电锯、扳手、半步扳手、角尺、吊线锤、打胶筒、锤子、水平尺、玻璃吸盘等。

2. 门扇的制作

1) 选料与下料

在进行选料与下料时，应当注意以下几个问题。

(1) 选料时要充分考虑到铝合金型材的表面色彩、壁的厚度等因素，以保证符合设计要求的刚度、强度和装饰性。

(2) 每一种铝合金型材都有其特点和使用部位，如推拉、开启、自动门等所用的型材规格是不相同的。在确认材料规格及其使用部位后，要按设计的尺寸进行下料。

(3) 在一般建筑装饰工程中，铝合金门窗无详图设计，仅仅给出洞口尺寸和门扇划分尺寸。在门扇下料时，要注意在门洞口尺寸中减去安装缝、门框尺寸。要先计算，画简图，然后再按图下料。

(4) 切割时，切割机安装合金锯片，严格按下料尺寸切割。

2) 门扇的组装

在组装门扇时，应当按照以下工序进行。

(1) 竖梃钻孔。

(2) 门扇节点固定。

(3) 锁孔和拉手安装。

3. 门框的制作

(1) 选料与下料。

(2) 门框钻孔组装。

(3) 设置连接件。

4. 铝合金门的安装

铝合金门的安装主要包括：安框→塞缝→装扇→装玻璃→打胶清理工序。

5. 安装拉手

安装铝合金门的关键主要是保持上、下两个转动部分在同一轴线上。

3.3.4　铝合金窗的制作与组装

装饰工程中，使用铝合金型材制作窗较为普遍。目前，常用的铝型材有 90 系列推拉窗铝材和 38 系列平开窗铝材。

1. 组成材料

铝合金窗主要分为推拉窗和平开窗两类。这两种铝合金窗所使用的铝合金型材规格完全不同，所采用的五金配件也完全不同。

1) 推拉窗的组成材料

推拉窗由窗框、窗扇、五金件、连接件、玻璃和密封材料组成。

(1) 窗框由上滑道、下滑道和两侧边封所组成，这三部分均为铝合金型材。

(2) 窗扇由上横、下横、边框和带钩的边框组成，这四部分均为铝合金型材，另外在密封边上有毛条。

(3) 五金件主要包括装于窗扇下横之中的导轨滚轮，装于窗扇边框上的窗扇钩锁。

(4) 连接件主要用于窗框与窗扇的连接，有厚度 2mm 的铝角型材及 M4×15 的自攻螺丝。

(5) 窗扇玻璃通常用 5mm 厚的茶色玻璃、普通透明玻璃等，一般古铜色铝合金型材配茶色玻璃，银白色铝合金型材配透明玻璃、宝石蓝和海水绿玻璃。

(6) 窗扇与玻璃的密封材料有塔形橡胶封条和玻璃胶两种。

2) 平开窗的组成材料

平开窗的组成材料与推拉窗大同小异。

(1) 窗框：用于窗框四周的框边型铝合金型材，用于窗框中间的工字型窗料型材。

(2) 窗扇：有窗扇框料、玻璃压条以及密封玻璃用的橡胶压条。

(3) 五金件：平开窗常用的五金件主要有窗扇拉手、风撑和窗扇扣紧件。

(4) 连接件：窗框与窗扇的连接件有 2mm 厚的铝角型材，以及 M4×15 的自攻螺钉。

(5) 玻璃：窗扇通常采用 5mm 厚的玻璃。

2．施工机具

铝合金窗的制作与安装所用的施工机具，主要有铝合金切割机、手电钻、ϕ8 圆锉刀、R20 半圆锉刀、十字螺丝刀、划针、铁脚圆规、钢尺和铁角尺等。

3．施工准备

铝合金窗施工前的主要准备工作有：检查复核窗的尺寸、样式和数量→检查铝合金型材的规格与数量→检查铝合金窗五金件的规格与数量。

4．推拉窗的制作与安装

推拉窗有带上窗及不带上窗之分。下面以带上窗的铝合金推拉窗为例，介绍其制作方法。

1) 按图下料

下料是铝合金窗制作的第一道工序，也是非常重要、最关键的工序。

2) 连接组装

(1) 上窗连接组装。上窗部分的扁方管型材，通常采用铝角码和自攻螺钉进行连接，如图 3.10 所示。

两条扁方管在用铝角码固定连接时，应先用一小截同规格的扁方管做模子，长 20mm 左右。在横向扁方管上要衔接的部位用模子定好位，将角码放在模子内并用手捏紧，用手电钻将角码与横向扁方管一并钻孔，再用自攻螺丝或抽芯铝铆钉固定，如图 3.11 所示。

(2) 窗框连接：首先测量出在上滑道上面两条固紧槽孔距侧边的距离和高低位置尺寸，然后按这个尺寸在窗框边封上部衔接处划线打孔，孔径在 ϕ5mm 左右。钻好孔后，用专用的碰口胶垫，放在边封的槽口内，再将 M4×35mm 的自攻螺丝，穿过边封上打出的孔和碰口胶垫上的孔，旋进上滑道下面的固紧槽孔内，如图 3.12 所示。

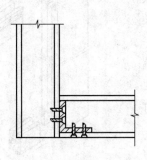

图 3.10 窗扇方管连接

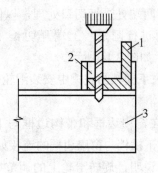

图 3.11 安装前的钻孔方法

1—角码；2—模子；3—横向扁方管

按同样的方法先测量出下滑道下面的固紧槽孔距、侧边距离和其距上边的高低位置尺寸。然后按这三个尺寸在窗框边封下部衔接处划线打孔，孔径在 φ5mm 左右。钻好孔后，用专用的碰口胶垫，放在边封的槽口内，再将 M4×35mm 的自攻螺丝，穿过边封上打出的孔和碰口胶垫上的孔，旋进上滑道下面的固紧槽孔内，如图 3.13 所示。

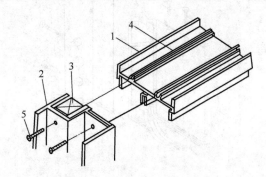

图 3.12 窗框上滑部分的连接安装

1—上滑道；2—边封；3—碰口胶垫；4—上滑道上的固紧槽；5—自攻螺钉

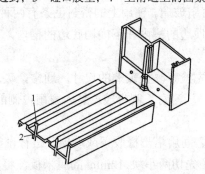

图 3.13 窗框下滑部分的连接安装

1—下滑道的滑轨；2—下滑道的固紧槽孔

(3) 窗扇的连接：窗扇的连接分为 5 个步骤。

① 在连接装拼窗扇前，要先在窗框的边框和带钩边框上、下两端处进行切口处理，以便将上、下横档插入其切口内进行固定。上端开切长 51mm，下端开切长 76.5mm，如图 3.14 所示。

② 在下横档的底槽中安装滑轮，每条下横档的两端各装一只滑轮。

③ 在窗扇边框和带钩边框与下横档衔接端划线打孔。窗扇下横档与窗扇边框的连接如图 3.15 所示。

需要说明，旋转滑轮上的调节螺丝，不仅能改变滑轮从下横档中外伸的高低尺寸，而且也能改变下横档内两个滑轮之间的距离。

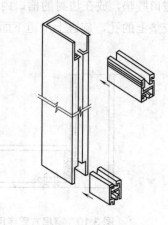

图 3.14　窗扇的连接

④ 安装上横档角码和窗扇钩锁。其安装方式如图 3.16 所示。注意所打的孔一定要与自攻螺丝相配。

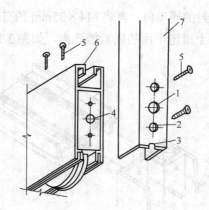

图 3.15　窗扇下横档安装

1—调节滑轮；2—固定孔；3—半圆槽；4—调节螺丝；5—滑轮固定螺丝；6—下横档；7—边框

⑤ 上密封毛条及安装窗扇玻璃。窗扇上的密封毛条有两种：一种是长毛条，另一种是短毛条。长毛条装于上横档顶边的槽内和下横档底边的槽内，而短毛条是装于带钩边框的钩部槽内。

在安装窗扇玻璃时，要先检查复核玻璃的尺寸。通常，玻璃尺寸长宽方向均比窗扇内侧长宽尺寸大 25mm。然后，从窗扇一侧将玻璃装入窗扇内侧的槽内，并紧固连接好边框，其安装方法如图 3.17 所示。

最后，在玻璃与窗扇槽之间用塔形橡胶条或玻璃胶进行密封，如图 3.18 所示。

(4) 上窗与窗框的组装。先切两小块 12mm 的厘米板，将其放在窗框上滑道的顶面，再将口字形上窗框放在上滑道的顶面，并将两者前后左右的边对正。然后，从上滑道向下打孔，把两者一并钻通，用自攻螺丝将上滑道与上窗框扁方管连接起来，如图 3.19 所示。

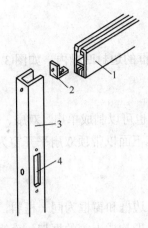

图 3.16 窗扇上横档安装

1—上横档；2—角码；3—窗扇边框；4—窗锁洞

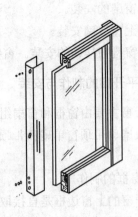

图 3.17 安装窗扇玻璃

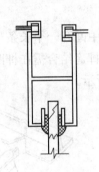

图 3.18 玻璃与窗扇槽的密封

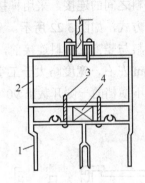

图 3.19 上窗与窗框的连接

1—上滑道；2—上窗扁方管；3—自攻螺丝；4—木垫块

3) 推拉窗的安装

推拉窗常安装于砖墙中，一般是先将窗框部分安装固定在砖墙洞内，再安装窗扇与上窗玻璃。

(1) 窗框与砖墙安装。砖墙的洞口先用水泥修平整，窗洞尺寸要比铝合金窗框尺寸稍大些，一般四周各边均大 25~35mm。在铝合金窗框安装角码或木块，每条边上各安装两个，角码需要用水泥钉钉固在窗洞墙内，如图 3.20 所示。

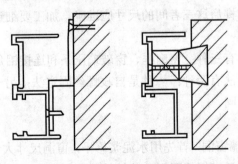

图 3.20 窗框与砖墙的连接安装

(2) 窗扇的安装。

(3) 上窗玻璃安装。

(4) 窗钩锁挂钩的安装。窗钩锁的挂钩安装于窗框的边封凹槽内，如图 3.21 所示。

5. 平开窗的制作与安装

平开窗主要由窗框和窗扇组成。平开窗根据需要也可以制成单扇、双扇、带上窗单扇、带上窗双扇、带顶窗单扇和带顶窗双扇等六种形式。下面以带顶双扇平开窗为例介绍其制作方法。

1) 窗框的制作

平开窗的上窗边框是直接取之于窗边框，故上窗边框和窗框为同一框料，在整个窗边上部适当位置(大约 1.0m 左右)，横加一条窗工字料，即构成上窗的框架，而横窗工字料以下部位，就构成了平开窗的窗框。

横窗工字料之间的连接，采用榫接方法。榫接方法有两种：一种是平榫肩方式，另一种是斜角榫肩方式，如图 3.22 所示。

横窗工字料与竖窗工字料连接前，先在横窗工字料的长度中间开一个长条形榫眼孔，其长度为 20mm 左右，宽度略大于工字料的壁厚。如果是斜角榫肩结合需在榫眼所对的工字料上横档和下横档的一侧开裁出 90° 角的缺口，如图 3.22 所示。

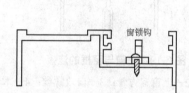

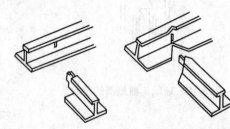

图 3.21　窗锁钩的安装位置　　　　图 3.22　横竖窗工字的连接

竖窗工字料的端头应先裁出凸字形榫头，榫头长度为 8～10mm，宽度比榫眼长度大 0.5～1.0mm，并在凸字榫头两侧倒出一点斜口，在榫头顶端中间开一个 5mm 深的槽口，如图 3.23 所示。

然后，再裁切出与横窗工字料上相对的榫肩部分，并用细锉将榫肩部分修平整。需要注意的是，榫头、榫眼、榫肩这三者间的尺寸应准确，加工要细致。

2) 平开窗扇的制作

制作平开窗扇的型材有三种：窗扇框、窗玻璃压条和连接铝角。

连接时的铝角安装方法有两种：一种是自攻螺丝固定法；另一种是撞角法。其具体方法与窗框铝角安装方法相同。

3) 安装固定窗框

(1) 安装平开窗的砖墙窗洞，首先用水泥浆修平，窗洞尺寸大于铝合金平开窗框 30mm 左右。然后，在铝合金平开窗框的四周安装镀锌锚固板，每边至少两边，应根据其长度和宽度确定。

(2) 对装入窗洞中的铝合金窗框，进行水平度和垂直度的校正，并用木楔块把窗框临时固紧在墙的窗洞中，再用水泥钉将锚固板固定在窗洞的墙边，如图 3.24 所示。

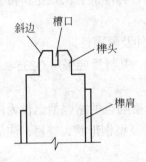

图 3.23 竖窗工字料凸字形榫头做法

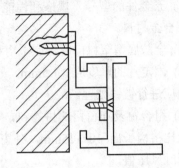

图 3.24 平开窗框与墙身的固定

(3) 铝合金窗框边贴好保护胶带纸，然后再进行周边水泥浆塞口和修平，待水泥浆固结后再撕去保护胶带纸。

4) 平开窗的组装

(1) 上窗安装。

(2) 装执手和风撑基座：风撑有 90°和 60°两种规格。

(3) 窗扇与风撑连接：窗扇与风撑连接有两点，一处是风撑的小滑块，一处是风撑的支杆。窗扇的开启位置如图 3.25 所示。

(4) 装拉手及玻璃。

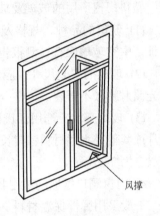

图 3.25 窗扇与风撑的连接安装

3.4　塑料门窗的施工

【学习目标】掌握塑料门窗的材料要求，塑料门窗的组成与制作安装工艺。

3.4.1　塑料门窗的材料要求

1) 塑料异型材及密封条

塑料门窗采用的塑料异型材、密封条等原材料，应符合现行的国家标准《门窗框用聚氯乙烯型材》(GB 8814)和《塑料门窗用密封条》(GB 12002)的有关规定。

2) 塑料门窗配套件

塑料门窗采用的紧固件、五金件、增强型钢、金属衬板及固定片等，应符合以下要求。

(1) 紧固件、五金件、增强型钢、金属衬板及固定片等，应进行表面防腐处理。

(2) 紧固件的镀层金属及其厚度，应符合国家标准《螺纹紧固件电镀层》(GB 5269)的有关规定；紧固件的尺寸、螺纹、公差、十字槽及机械性能等技术条件，应符合国家标准《十字槽盘头自攻螺钉》(GB 845)、《十字槽沉头自攻螺钉》(GB 846)的有关规定。

(3) 五金件的型号、规格和性能，均应符合国家现行标准的有关规定；滑撑铰链不得使用铝合金材料。

(4) 全防腐型塑料门窗，应采用相应的防腐型五金件及紧固件。

(5) 固定片的厚度应≥1.5mm，最小宽度应≥15mm，其材质应采用 Q235-A 冷轧钢板，其表面应进行镀锌处理。

(6) 组合窗及连窗门的拼樘料，应采用与其内腔紧密吻合的增强型钢作为内衬，型钢两端应比拼樘长出 10～15mm。外窗的拼樘料截面尺寸及型钢形状、壁厚，应能使组合窗承受瞬时风压值。

3) 玻璃及玻璃垫块

塑料门窗所用的玻璃及玻璃垫块的质量，应符合以下规定。

(1) 玻璃的品种、规格及质量，应符合国家现行产品标准的规定，并应有产品出厂合格证，中空玻璃应有检测报告。

(2) 玻璃的安装尺寸，应比相应的框、扇(梃)内口尺寸小 4～6mm，以便于安装并确保阳光照射膨胀不开裂。

(3) 玻璃垫块应选用邵氏硬度为 70～90(A)的硬橡胶或塑料，不得使用硫化再生橡胶、木片或其他吸水性材料；其长度宜为 80～150mm，厚度应按框、扇(梃)与玻璃的间隙确定，一般宜为 2～6mm。

4) 门窗洞口框墙间隙密封材料

一般采用弹性保温材料。

5) 材料的相容性

塑料门窗及其配套材料应达到相容性要求。

3.4.2　塑料门窗的安装施工

1. 安装施工准备工作

1) 安装材料

(1) 塑料门窗：框、窗多为工厂制作的成品，并有齐全的五金配件。

(2) 其他材料：主要有木螺丝、平头机螺丝、塑料胀管螺丝、自攻螺钉、钢钉、木楔、密封条、密封膏、抹布等。

2) 安装机具

塑料门窗在安装时所用的主要机具有冲击钻、射钉枪、螺丝刀、锤子、吊线锤、钢尺、灰线包等。

3) 现场准备

(1) 门窗洞口质量检查。若无具体的设计要求，一般应满足下列规定：门洞口宽度为门框宽加 50mm，门洞口高度为门框高加 20mm；窗洞口宽度为窗框宽加 40mm，窗洞口高度为窗框高加 40mm。门窗洞口尺寸的允许偏差值：洞口表面平整度允许偏差 3mm；洞口正、侧面垂直度允许偏差 3mm；洞口对角线允许偏差 3mm。

(2) 检查洞口的位置、标高与设计要求是否符合。

(3) 检查洞口内预埋木砖的位置、数量是否准确。

(4) 按设计要求弹好门窗安装位置线，并根据需要准备好安装用的脚手架。

2．塑料门窗的安装方法

塑料门窗安装施工工艺流程：门窗洞口处理→找规矩→弹线→安装连接件→塑料门窗安装→门窗四周嵌缝→安装五金配件→清理。其主要的施工要点如下。

1) 门窗框与墙体的连接

(1) 连接件法。连接件法的做法是：先将塑料门窗放入门窗洞口内，找平对中后用木楔临时固定。然后，将固定在门窗框型材靠墙一面的锚固铁件用螺钉或膨胀螺钉固定在墙上，如图 3.26 所示。

(2) 直接固定法。在砌筑墙体时，先将木砖预埋于门窗洞口设计位置处，当塑料门窗安入洞口并定位后，用木螺钉直接穿过门窗框与预埋木砖进行连接，从而将门窗框直接固定于墙体上，如图 3.27 所示。

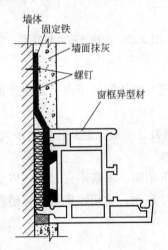

图 3.26　框墙间连接件固定法

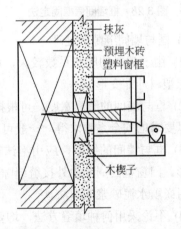

图 3.27　框墙间直接固定法

(3) 假框法。先在门窗洞口内安装一个与塑料门窗框配套的镀锌铁皮金属框，或者当木门窗换成塑料门窗时，将原来的木门窗框保留不动，待抹灰装饰完成后，再将塑料门窗框直接固定在原来的窗框上，最后再用盖口条对接缝及边缘部分进行装饰，如图 3.28 所示。

2) 连接点位置的确定

在确定塑料门窗框与墙体之间的连接点的位置和数量时，应主要从力的传递和 PVC 窗的伸缩变形需要两个方面来考虑，如图 3.29 所示。

(1) 在确定连接点的位置时，首先应考虑能使门窗扇通过合页作用于门窗框的力，尽可能直接传递给墙体。

(2) 在确定连接点的数量时，必须考虑防止塑料门窗在温度应力、风压及其他静荷载作用下可能产生的变形。

(3) 连接点的位置和数量，还必须适应塑料门窗变形较大的特点，保证在塑料门窗与墙体之间微小的位移，不致于影响门的使用功能及连接本身。

(4) 在合页的位置应设连接点，相邻两个连接点的距离不应大于 700mm。在横档或竖框的地方不宜设连接点，相邻的连接点应在距其 150mm 处。

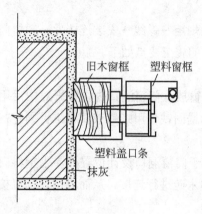

图 3.28　框墙间假框固定法　　　　　图 3.29　框墙连接点布置图

3) 框与墙间缝隙的处理

(1) 由于塑料的膨胀系数较大，所以要求塑料门窗与墙体间应留出一定宽度的缝隙，以适应塑料伸缩变形。

(2) 框与墙间的缝隙宽度，可根据总跨度、膨胀系数、年最大温差计算出最大膨胀量，再乘以要求的安全系数求得，一般可取 10～20mm。

(3) 框与墙间的缝隙，应用泡沫塑料条或油毡卷条填塞，填塞不宜过紧，以免框架发生变形。门窗框四周的内外接缝缝隙应用密封材料嵌填严密，也可用硅橡胶嵌缝条，但不能采用嵌填水泥砂浆的做法。

(4) 不论采用何种填缝方法，均要做到以下两点。

① 嵌填封缝材料应当能承受墙体与框间的相对运动，并且保持其密封性能，雨水不能由嵌填封缝材料处渗入。

② 嵌填封缝材料不应对塑料门窗有腐蚀、软化作用，尤其是沥青类材料对塑料有不利作用，不宜采用。

(5) 嵌填密封完成后，则可进行墙面抹灰。当工程有较高要求时，最后还需加装塑料盖口条。

4) 五金配件的安装

按产品说明书要求，安装牢固，动作灵活，满足使用功能要求。

5) 安装完毕后的清洁

塑料门窗安装完毕后，要逐个进行启闭调试，保证开关灵活，性能良好，关闭严密，表面平整。玻璃及框周边注入的密封胶要平整、饱满。玻璃、框的表面要清理、擦拭干净。

3.5 特种门窗工程

【学习目标】掌握防火门、金属转门、卷帘门窗、自动铝合金门等特种门窗安装施工。

特种门窗是指具有特殊用途、特殊构造的门窗，如防火门、隔声防火门、卷帘门(窗)、金属转门、(自动)无框玻璃门、异型拉闸门、自动铝合金门和全玻固定窗等。

3.5.1 防火门安装施工

防火门是典型的特殊功能门，在多层以上及重要建筑物中均需设置。

防火门按材质分有木质和钢质防火门两种，按照防火等级分为甲级、乙级和丙级三种。

木质防火门需要在表面贴防火胶板、钉镀锌铁皮或涂刷耐火涂料，以达到防火要求；木质防火门的防火性能较差，安装施工简单。下面重点介绍钢质防火门。

1．钢质防火门的构造及特点

钢质防火门采用优质冷轧钢板加工成型。

按不同的耐火等级填充相应的耐火材料，表面需经防锈漆喷涂处理。根据需要装配轴承合页、防火门锁、闭门器、电磁释放开关和夹丝玻璃等，双开门还配有暗插销和关门顺序器等，与防火报警系统配套后，可自动报警、自动关门、自动灭火，防止火势蔓延。

钢质防火门的门框与门扇必须配合严密，门扇关闭后，配合间隙小于 3mm；防火门表面应平整，无明显凹凸现象，焊点牢固，门体表面无喷花和斑点等。

目前国内生产的防火门，其宽度、高度均采用国家建筑中常用的尺寸。

防火门在运输、装卸过程中应轻抬轻放，避免可能产生的变形。

2．钢质防火门的安装施工

钢质防火门的安装程序：划线→立门框、调整→安装门扇→装配附件。

隔声防火门的构造、安装与钢质防火门相同，区别在于门扇表面会加上人造革、塑料壁纸与阻尼地毯等隔声装饰，门缝处加防火密封胶条，使其隔声量达到 43dB。

3.5.2 金属转门安装施工

1) 金属转门概述

金属转门主要有铝质、钢质两种型材结构，由转门和转壁框架组成。

金属转门的特点：具有良好的密闭、抗震和耐老化性能，转动平稳，紧固耐用，便于

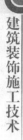

清洁和维修，设有可调节的阻尼装置，可控制旋转惯性的大小。

2) 金属转门的安装步骤

首先检查各部分尺寸与洞口尺寸是否符合，并确定预埋件位置和数量。转壁框架按洞口左右、前后的位置尺寸与预埋件固定，保证水平。装转轴，固定底座，底座下部要垫实，不允许下沉，转轴必须垂直于地平面。装圆转门顶与转壁，转壁暂不固定，以便于调整与活扇的间隙；装门扇，保持90°夹角，旋转转门，调整好上下间隙、门扇与转壁的间隙。

3.5.3　卷帘门窗安装施工

1) 卷帘门窗的类型

(1) 普通卷帘门窗。卷帘门窗又称卷闸门窗，按其传动形式可分为电动卷帘门窗(D)、遥控电动卷帘门窗(YD)、手动卷帘门窗(S)及电动手动卷帘门窗(DS)。

按其外形可分为鱼鳞网状卷帘门窗、直管横格卷帘门窗、帘板卷帘门窗及压花帘板卷帘门窗等。

按其材质可分为铝合金卷帘门窗、电气铝合金卷帘门窗、镀锌板卷帘门窗、不锈钢板卷帘门窗及钢管、钢筋卷帘门窗等。

按其门扇结构可分为帘板结构卷帘门窗与通花结构卷帘门窗。

(2) 防火卷帘门。防火卷帘门由帘板、卷筒、导轨、传动电机等部分组成。帘板为1.5mm厚的冷轧带钢，轧制成C型板重叠联锁。

防火卷帘门一般安装于洞口墙体、柱体的预埋铁件或后装铁板上。

防火卷帘门的洞口尺寸，可根据3M模数选定，一般洞口宽度和高度不宜大于5m。

2) 安装方式

普通卷帘门窗的安装方式与防火卷帘门基本相同。

卷帘门的安装方式有三种：卷帘门装在门洞边，帘片向内侧卷起的叫洞内安装；卷帘门装在门洞外，帘片向外侧卷起的叫洞外安装；卷帘门装在门洞中的叫洞中安装。

3.5.4　自动铝合金门安装施工

自动铝合金门主要是通过一个传感系统，自动将开、关门的控制信号转化成控制电机正、反转的指令，使电机作正向或反向启动、运行、停止的动作。

自动铝合金门多做成自动推拉门，已大量用于宾馆、饭店、银行、机场、医院、计算机房和高级清洁车间等。

1) 自动铝合金门安装步骤

安装前重点检查自动门上部吊挂滚轮装置的预埋钢板位置是否准确；按设计要求尺寸放出下部导向装置的位置线，预埋滚轮导向铁件和预埋槽口木条；取出木条再安装槽轨；安装自动门上部机箱槽钢横梁(常用18#槽钢)支承，槽钢横梁必须与预埋铁板牢固焊接。

2) 使用与保养

自动门滚轮导向或槽轨导向部位，应经常清扫尘灰、垃圾和杂物，冬季还要防止水进入槽内结冰，影响自动门运行；机械活动部位，应注意经常加油润滑；传感器和控制箱平时不得随意变动，如出现异常和故障，应及时联系专业人员维修。

3) 自动闭门器概述

(1) 地弹簧。地弹簧是用于重型门扇下面的一种自动闭门器。

当门扇向内或向外开启角度不到90°时，能使门扇自动关闭，可以调整关闭速度，还可以将门扇开启至90°的位置，失去自动关闭的作用。

地弹簧的主要结构埋于地下，美观、坚固耐用、使用寿命长。

(2) 门顶弹簧。门顶弹簧又称门顶弹弓，是装于门顶部的自动闭门器。特点是内部装有缓冲油泵，关门速度较慢，使行人能从容通过，且碰撞声很小。

门顶弹簧用于内开门时，应将门顶弹簧装在门内；用于外开门时，则装于门外。门顶弹簧只适用于右内开门或左外开门，不适用于双向开启的门。

(3) 门底弹簧。门底弹簧又称地下自动门弓，分横式和竖式两种。

能使门扇开启后自动关闭，能里外双向开启。不需自动关闭时，将门扇开到90°即可。

门底弹簧适用于弹簧木门。

(4) 鼠尾弹簧。鼠尾弹簧又称门弹簧、弹簧门弓，由优质低碳钢弹簧钢丝制成，表面涂黑漆、臂梗镀锌或镀镍，是安装于门扇中部的自动闭门器。

其特点是门扇在开启后能自动关闭，如不需自动关闭时，将臂梗垂直放下即可，适用于安装在一个方向开启的门扇上。

安装时，可用调节杆插入调节器圆孔中，转动调节器使松紧适宜，然后将销钉固定在新的圆孔位置上。

3.6 门窗工程质量验收

【学习目标】掌握门窗工程的质量验收标准和检验方法。

3.6.1 一般规定

(1) 门窗工程验收时应检查的文件和记录。

① 门窗工程的施工图、设计说明及其他设计文件。

② 材料的产品合格证书、性能检测报告、进场验收记录和复验报告。

③ 特种门及其附件的生产许可文件。

④ 隐蔽工程验收记录、施工记录。

(2) 门窗工程应复验的材料及其性能指标。

① 人造木板的甲醛含量。

② 建筑外墙金属窗、塑料窗的抗风性能、空气渗透性能和雨水渗漏性能。

(3) 门窗工程应验收的隐蔽工程项目。

① 预埋件和锚固件。

② 隐蔽部位的防腐、填嵌处理。

(4) 各分项工程检验批的划分。

① 同一品种、类型和规格的木门窗、金属门窗、塑料门窗及门窗玻璃每 100 樘应划分为一个检验批，不足 100 樘也应划分为一个检验批。

② 同一品种、类型和规格的特种门每 50 樘应划分为一个检验批，不足 50 樘也应划分为一个检验批。

门窗工程检验批划分的原则：进场门窗应按品种、类型、规格各自组成检验批，各种门窗组成检验批的数量不同。门窗品种通常是指门窗的制作材料，如实木门窗、铝合金门窗、塑料门窗等；门窗类型是指门窗的功能或开启方式，如平开窗、立转窗、自动门、推拉门等；门窗规格指门窗的尺寸。

(5) 检查数量应符合的规定。

① 木门窗、金属门窗、塑料门窗及门窗玻璃，每个检验批应至少抽查 5%，并不得少于 3 樘，不足 3 樘时应全数检查；高层建筑的外窗，每个检验批应至少抽查 10%，并不得少于 6 樘，不足 6 樘时应全数检查。

② 特种门每个检验批应至少抽查 50%，并不得少于 10 樘，不足 10 樘时应全数检查。

各种门窗检验批的检查数量不同。考虑到对高层建筑(10 层及 10 层以上的居住建筑和建筑高度超过 24m 的公共建筑)的外窗各项性能要求应更为严格，故每个检验批的检查数量增加一倍。此外，由于特种门的重要性明显高于普通门，数量则较之普通门少，为保证特种门的功能，规定每个检验批抽样检查的数量应比普通门加大。

(6) 门窗安装前要检验门窗洞口尺寸。

安装门窗前应对门窗洞口尺寸进行检查，除检查单个门窗洞口尺寸外，还应对能够通视的成排或成列的门窗洞口进行目测或拉通线检查。如果发现明显偏差，应采取处理措施后再安装门窗。

(7) 金属门窗和塑料门窗安装应采用预留洞口的方法施工，不得采用边安装边砌口或先安装后砌口的方法施工。

安装金属门窗和塑料门窗，我国规范历来规定应采用预留洞口的方法施工，不得采用边安装边砌口或先安装后砌口的方法施工，其原因主要是防止门窗框受挤压变形和表面保护层受损。木门窗安装也宜采用预留洞口的广泛施工。如果采用先安装后砌口的方法施工时，则应注意避免门窗框在施工中受损、受挤压变形或受到污染。

(8) 木门窗与砖石砌体、混凝土或抹灰层接触处应进行防腐处理并应设置防潮层；埋入砌体或混凝土中的木砖应进行防腐处理。

(9) 当金属窗或塑料窗组合时，其拼樘料的尺寸、规格、壁厚应符合设计要求。

组合门窗拼樘料不仅起连接作用，而且是组合窗的重要受力部件，故对其材料应严格要求，其规格、尺寸、壁厚等应由设计给出，并应使组合窗能够承受该地区的瞬时风压值。

(10) 建筑外门窗的安装必须牢固。在砌体上安装门窗严禁用射钉固定。

门窗安装是否牢固既影响使用功能又影响安全，其重要性尤其以外墙门窗更为显著。建筑外墙门窗必须确保安装牢固，内墙门窗安装也必须牢固。考虑到砌体中砖、砌块以及灰缝的强度较低，受冲击容易破碎，故规定在砌体上安装门窗时严禁用射钉固定。

(11) 特种门安装除应符合设计要求和本规范规定外，还应符合有关专业标准和主管部门的规定。

3.6.2 木门窗制作与安装工程

1. 主控项目

(1) 木门窗的木材品种、材质等级、规格、尺寸、框扇的线型及人造木板的甲醛含量应符合设计要求。设计未规定材质等级时，所用木材的质量应符合规范的规定。

检验方法：观察；检查材料进场验收记录和复验报告。

(2) 木门窗应采用烘干的木材，含水率应符合《建筑木门、木窗》(JG/T 122)的规定。

检验方法：检查材料进场验收记录。

(3) 木门窗的防火、防腐、防虫处理应符合设计要求。

检验方法：观察；检查材料进场验收记录。

(4) 木门窗的结合处和安装配件处不得有木节或已填补的木节。木门窗如有允许限值以内的死节及直径较大的虫眼时，应用同一材质的木塞加胶填补。对于清漆制品，木塞的木纹和色泽应与制品一致。

检验方法：观察。

(5) 门窗框和厚度大于 50mm 的门窗扇应用双榫连接。榫槽应采用胶料严密嵌合，并应用胶楔加紧。

检验方法：观察；手扳检查。

(6) 胶合板门、纤维板门和模压门不得脱胶。胶合板不得刨透表层单板，不得有戗槎。制作胶合板门、纤维板门时，边框和横楞应在同一平面上，面层、边框及横楞应加压胶结。横楞和上、下冒头应各钻两个以上的透气孔，透气孔应通畅。

检验方法：观察。

(7) 木门窗的品种、类型、规格、开启方向、安装位置及连接方式应符合设计要求。

检验方法：观察；尺量检查；检查成品门的产品合格证书。

(8) 木门窗框的安装必须牢固。预埋木砖的防腐处理，木门窗框固定点的数量、位置及固定方法应符合设计要求。

检验方法：观察；手扳检查；检查隐蔽工程验收记录和施工记录。

(9) 木门窗扇必须安装牢固，并应开关灵活，关闭严密，无倒翘。

检验方法：观察；开启和关闭检查；手扳检查。

在正常情况下，当门窗关闭时，门窗扇的上端本应与下端同时或上端略早于下端贴紧门窗的上框。所谓"倒翘"通常是指当门窗扇关闭时，门窗扇的下端已经贴紧门窗下框，而门窗扇的上端由于翘曲未能与门窗的上框贴紧，尚有离缝的现象。

(10) 木门窗配件的型号、规格、数量应符合设计要求，安装应牢固，位置应正确，功能应满足使用要求。

检验方法：观察；开启和关闭检查；手扳检查。

考虑到材料的发展，将门窗五金件统一称为配件。门窗配件不仅影响门窗功能，也有可能影响安全，故国标将门窗配件的型号、规格、数量及功能列为主控项目。

2. 一般项目

(1) 木门窗表面应洁净，不得有刨痕、锤印。

检验方法：观察。

(2) 木门窗的割角、拼缝应严密平整。门窗框、扇裁口应顺直，刨面应平整。

检验方法：观察。

(3) 木门窗上的槽、孔应边缘整齐，无毛刺。

检验方法：观察。

(4) 木门窗与墙体间缝隙的填嵌材料应符合设计要求，填嵌应饱满。寒冷地区外门窗(或门窗框)与砌体间的空隙应填充保温材料。

检验方法：轻敲门窗框检查；检查隐蔽工程验收记录和施工记录。

(5) 木门窗批水、盖口条、压缝条、密封条安装应顺直，与门窗结合应牢固、严密。

检验方法：观察；手扳检查。

(6) 木门窗制作的允许偏差和检验方法应符合表 3.3 中的规定。

表 3.3 木门窗制作的允许偏差和检验方法

项 次	项 目	构件名称	允许偏差/mm		检验方法
			普 通	高 级	
1	翘曲	框	3	2	将框、扇平放在检查平台上，用塞尺检查
		扇	2	2	
2	对角线长度差	框、扇	3	2	用钢尺检查，框量裁口里角，扇量外角
3	表面平整度	扇	2	2	用 1m 靠尺和塞尺检查
4	高度、宽度	框	0；−2	0；−1	用钢尺检查，框量裁口里角，扇量外角
		扇	+2；0	+1；0	
5	裁口、线条结合处高低差	框、扇	1	0.5	用钢直尺和塞尺检查
6	相邻棂子两端间距	扇	2	1	用钢直尺检查

表中允许偏差栏中所列数值，凡注明正负号的，表示国标对此偏差的不同方向有不同要求，应严格遵守。凡没有注明正负号的，即使其偏差可能具有方向性，但国标并未对这类偏差的方向性作出规定，故检查时对这些偏差可以不考虑方向性要求。

(7) 木门窗安装的留缝限值、允许偏差和检验方法应符合表 3.4 中的规定。

表中除给出允许偏差外，对留缝尺寸等给出了尺寸限值。考虑到所给尺寸限值是一个范围，故不再给出允许偏差。

表 3.4　木门窗安装的留缝限值、允许偏差和检验方法

项 次	项　目	留缝限值/mm		允许偏差/mm		检验方法
		普　通	高　级	普　通	高　级	
1	门窗槽口对角线长度差	—	—	3	2	用钢尺检查
2	门窗框的下、侧面垂直度			2	1	用 1 m 垂直检测尺检查
3	框与扇、扇与扇接缝高低差	—	—	2	1	用钢直尺和塞尺检查
4	门窗扇对口缝	1～2.5	1.5～2	—	—	用塞尺检查
5	工业厂房双扇大门对口缝	2～5		—	—	
6	门窗扇与上框间留缝	1～2	1～1.5			
7	门窗扇与侧框间留缝	1～2.5	1～1.5			
8	窗扇与下框间留缝	2～3	2～2.5			
9	门扇与下框间留缝	3～5	3～4			
10	双层门窗内外框间距	—	—	4	3	用钢尺检查
11	无下框时门扇与地面间留缝　外门	4～7	5～6	—	—	用塞尺检查
	内门	5～8	6～7	—	—	
	卫生间门	8～12	8～10	—	—	
	厂房大门	10～20		—	—	

3.6.3　金属门窗安装工程

1. 主控项目

(1) 金属门窗的品种、类型、规格、尺寸、性能、开启方向、安装位置、连接方式及铝合金门窗的型材壁厚应符合设计要求。金属门窗的防腐处理及填嵌、密封处理应符合设计要求。

检验方法：观察；尺量检查；检查产品合格证书、性能检测报告、进场验收记录和复验报告；检查隐蔽工程验收记录。

(2) 金属门窗框和副框的安装必须牢固。预埋件的数量、位置、埋设方式、与框的连接方式必须符合设计要求。

检验方法：手扳检查；检查隐蔽工程验收记录。

(3) 金属门窗扇必须安装牢固，并应开关灵活、关闭严密，无倒翘。推拉门窗必须有防脱落措施。

检验方法：观察；开启和善意检查；手扳检查。

推拉门窗扇意外脱落容易造成安全方面的伤害，对高层建筑情况更为严重，故规定推拉门窗扇必须有防脱落措施。

(4) 金属门窗配件的型号、规格、数量应符合设计要求，安装应牢固，位置应正确，功能应满足使用要求。

检验方法：观察；开启和关闭检查；手扳检查。

2．一般项目

(1) 金属门窗表面应洁净、平整、光滑、色泽一致，无锈蚀。大面应无划痕、碰伤。漆膜或保护层应连续。

检验方法：观察。

(2) 铝合金门窗推拉门窗扇开关力应不大于 100N。

检验方法：用弹簧秤检查。

(3) 金属门窗框与墙体之间的缝隙应填嵌饱满，并采用密封胶密封。密封胶表面应光滑、顺直，无裂纹。

检验方法：观察；轻敲门窗框检查；检查隐蔽工程验收记录。

(4) 金属门窗扇的橡胶密封条或毛毡密封条应安装完好，不得脱槽。

检验方法：观察；开启和关闭检查。

(5) 有排水孔的金属门窗，排水孔应畅通，位置和数量应符合设计要求。

检验方法：观察。

(6) 铝合金门窗安装的允许偏差和检验方法应符合表 3.5 中的规定。

表 3.5　铝合金门窗安装的允许偏差和检验方法

项　次	项　　目		允许偏差/mm	检验方法
1	门窗槽口宽度、高度	≤1500 mm	1.5	用钢尺检查
		>1500 mm	2	
2	门窗槽口对角线长度差	≤2000 mm	3	用钢尺检查
		>2000 mm	4	
3	门窗框的正、侧面垂直度		2.5	用垂直检测尺检查
4	门窗横框的水平度		2	用 1 m 水平尺和塞尺检查
5	门窗横框标高		5	用钢尺检查
6	门窗竖向偏离中心		5	用钢尺检查
7	双层门窗内外框间距		4	用钢尺检查
8	推拉门窗扇与框搭接量		1.5	用钢直尺检查

3.6.4　塑料门窗安装工程

1．主控项目

(1) 塑料门窗的品种、类型、规格、尺寸、开启方向、安装位置、连接方式及填嵌密封处理应符合设计要求，内衬增强型钢的壁厚及设置应符合国家现行产品标准的质量要求。

检验方法：观察；尺量检查；检查产品合格证书、性能检测报告、进场验收记录和复验报告；检查隐蔽工程验收记录。

(2) 塑料门窗框、副框和扇的安装必须牢固。固定片或膨胀螺栓的数量与位置应正确，连接方式应符合设计要求。固定点应距窗角、中横框、中竖框 150～200mm，固定点间距应不大于 600 mm。

检验方法：观察；手扳检查；检查隐蔽工程验收记录。

(3) 塑料门窗拼樘料内衬增加型钢的规格、壁厚必须符合设计要求，型钢应与型材内腔紧密吻合，其两端必须与洞口固定牢固。窗框必须与拼樘料连接紧密，固定点间距应不大于 600 mm。

检验方法：观察；手扳检查；尺量检查；检查进场验收记录。

拼樘料的作用不仅是连接多樘窗，而且起着重要的固定作用。故从安全角度出发，对拼樘料作出了严格规定。

(4) 塑料门窗扇应开关灵活、关闭严密，无倒翘。推拉门窗扇必须有防脱落措施。

检验方法：观察；开启和关闭检查；手扳检查。

(5) 塑料门窗配件的型号、规格、数量应符合设计要求，安装应牢固，位置应正确，功能应满足使用要求。

检验方法：观察；手扳检查；尺量检查。

(6) 塑料门窗框与墙体间缝隙应采用闭孔弹性材料填嵌饱满，表面应采用密封胶密封。密封胶应黏结牢固，表面应光滑、顺直、无裂纹。

检验方法：观察；检查隐蔽工程验收记录。

塑料门窗的线性膨胀系数较大，由于温度升降易引起门窗变形或在门窗框与墙体间出现裂缝，为了防止上述现象，特规定塑料门窗框与墙体间缝隙应采用伸缩性能较好的闭孔弹性材料填嵌，并用密封胶密封。采用闭孔材料则是为了防止材料吸水导致连接件锈蚀，影响安装强度。

2．一般项目

(1) 塑料门窗表面应洁净、平整、光滑，大面应无划痕、碰伤。

检验方法：观察。

(2) 塑料门窗扇的密封条不得脱槽。旋转窗间隙应基本均匀。

(3) 塑料门窗扇的开关力应符合下列规定：

① 平开门窗扇平铰链的开关力应不大于 80N；滑撑铰链的开关力应不大于 80N，并不小于 30N。

② 推拉门窗扇的开关力应不大于 100N。

检验方法：观察；用弹簧秤检查。

(4) 玻璃密封条与玻璃槽口的接缝应平整，不得卷边、脱槽。

检验方法：观察。

(5) 排水孔应畅通，位置和数量应符合设计要求。

检验方法：观察。

(6) 塑料门窗安装的允许偏差和检验方法应符合表 3.6 中的规定。

表 3.6　塑料门窗安装的允许偏差和检验方法

项　次	项　目		允许偏差/mm	检验方法
1	门窗槽口宽度、高度	≤1500 mm	2	用钢尺检查
		>1500 mm	3	
2	门窗槽口对角线长度差	≤2000 mm	3	用钢尺检查
		>2000 mm	5	
3	门窗框的正、侧面垂直度		3	用 1 m 垂直检测尺检查
4	门窗横框的水平度		3	用 1 m 水平尺和塞尺检查
5	门窗横框标高		5	用钢尺检查
6	门窗竖向偏离中心		5	用钢直尺检查
7	双层门窗内外框间距		4	用钢尺检查
8	同樘平开门窗相邻扇高度差		2	用钢尺检查
9	平开门窗铰链部位配合间隙		+2；−1	用塞尺检查
10	推拉门窗扇与框搭接量		+1.5；−2.5	用钢尺检查
11	推拉门窗扇与竖框平等度		2	用 1 m 水平尺和塞尺检查

课 堂 实 训

实训内容

进行门窗安装工程的装饰施工实训(指导教师选择一个真实的施工现场或学校实训工厂，带学生实地操作实训)，熟悉门窗安装施工的基本知识，从技术交底、施工准备、材料制备、施工操作和质量验收全程模拟训练，熟悉门窗安装工程施工操作要点和国家相应的规范要求。

实训目的

通过课堂学习结合课下实训使学生达到熟练掌握门窗安装工程项目技术交底、施工准备、材料制备、施工操作和质量验收整个运行过程施工操作要点和国家相应的规范要求，提高学生进行门窗安装工程技术管理的综合能力。

实训要点

(1) 通过门窗安装工程施工项目实训，使学生加深对门窗安装工程国家标准的理解，掌握门窗安装工程施工过程和工艺要点，进一步加强对专业知识的理解。

(2) 分组制订计划与实施，培养学生团队协作的能力，并获取门窗安装工程施工管理经验。

实训过程

1) 实训准备要求

(1) 做好实训前相关资料的查阅，熟悉门窗安装工程施工有关的规范要求。

(2) 准备实训所需的工具与材料。

2) 实训要点

(1) 实训前做好技术交底。

(2) 制定实训计划。

(3) 分小组进行，小组内部分工合作。

3) 实训操作步骤

(1) 按照施工图要求，确定门窗安装施工要点，并进行相应技术交底。

(2) 利用门窗加工设备统一进行门窗组装。

(3) 在实训场地进行门窗安装工程实操训练。

(4) 做好实训记录和相关技术资料整理。

(5) 养护一定时间后，进行小组互评和最终评定。

4) 教师指导点评和疑难解答

5) 实地观摩

6) 总结

实训项目基本步骤

步　骤	教师行为	学生行为
1	交代工作任务背景，引出实训项目	(1) 分好小组 (2) 准备实训工具、材料和场地
2	布置门窗安装工程实训应做的准备工作	
3	使学生明确门窗安装工程施工实训的步骤	
4	学生分组进行实训操作，教师巡回指导	完成门窗安装工程实训全过程
5	结束指导点评实训成果	自我评价或小组评价
6	实训总结	小组总结并进行经验分享

实 训 小 结

项目技能	技能达标分项	备 注
门窗工程施工	1. 交底完善　　　　　得 0.5 分 2. 准备工作完善　　　得 0.5 分 3. 操作过程准确　　　得 1.5 分 4. 工程质量合格　　　得 1.5 分 5. 分工合作合理　　　得 1 分	根据职业岗位所需，技能需求，学生可以补充完善达标项
自我评价	对照达标分项　　　得 3 分为达标 对照达标分项　　　得 4 分为良好 对照达标分项　　　得 5 分为优秀	客观评价
评议	各小组间互相评价 取长补短，共同进步	提供优秀作品观摩学习

项目：　　　　　　　　　　　　　　　　指导老师：

自我评价＿＿＿＿＿＿＿＿＿＿　　　　　个人签名＿＿＿＿＿＿＿＿

小组评价　达标率＿＿＿＿＿＿　　　　　组长签名＿＿＿＿＿＿＿＿

　　　　　良好率＿＿＿＿＿＿

　　　　　优秀率＿＿＿＿＿＿

　　　　　　　　　　　　　　　　　　　　　　　年　　月　　日

习 题

一、案例题

工程背景：某教学楼门窗工程采用铝合金窗、木质防火门安装，施工过程中存在问题：铝合金窗与窗洞不匹配；面砖铺贴阴、阳角拼接缝隙过大，收头观感质量差。

原因分析：

① 窗型设计变化较大，设计圆弧未考虑施工工艺难度；操作工人质量意识差，技术水平低。

② 施工方"三检"工作不到位，事中检查不到位，督促整改不力。

预控措施或方法：

① 做好技术交底工作；施工工艺难度较大处，应及时与设计师联系做调整；基层处理要彻底(方正、圆顺)，铺贴面砖时必须先排版、弹线放样，并结合模具铺贴。

② 施工单位应做好"三检"工作；施工过程中应提高质量意识，加强检查和督促整改。

二、思考题

1. 门窗的作用与组成？如何对门窗进行分类？

2. 门窗制作与安装的基本要求是什么？应注意哪些事项？

3. 木门与窗的基本组成构造？其制作工艺主要包括哪些方面？

4. 按开启方式不同木门窗有哪几种？

5. 装饰木门窗的安装方法的施工要点？

6. 铝合金门窗的特点、类型、性能和组成？

7. 铝合金门窗的安装工艺和质量要求？

8. 塑料门窗的主要优点？对材料有哪些质量要求？

9. 塑料门窗的施工工艺和质量要求？

10. 自动门的种类、微波自动门的结构和安装施工工艺？

11. 防火门的安装施工工艺？

12. 金属转门、装饰门的安装施工工艺？

项目4 吊顶工程

内容提要

本项目以吊顶工程为对象，主要讲述木龙骨吊顶、轻金属龙骨吊顶和其他形式吊顶的材料选择、构件加工、施工条件和准备、施工程序和工艺、工程质量标准和验收等过程，并在实训环节提供明龙骨吊顶安装施工项目，作为本教学单元的实践训练项目，以供学生训练和提高。

技能目标

● 通过对吊顶工程施工工艺的学习，巩固已学的相关建筑装饰材料与构造的基本知识以及明确门窗吊顶工程施工的种类、特点、过程方法及有关规定。
● 通过对吊顶工程施工项目的实训操作，锻炼学生对吊顶工程施工操作和技术管理的能力。培养学生团队协作的精神，并使学生获取吊顶工程施工管理经验。
● 重点掌握轻钢龙骨吊顶、木龙骨吊顶工程的施工方法步骤和质量要求。

本项目是为了全面训练学生对门窗吊顶工程施工操作与技术管理的能力，检查学生对吊顶工程施工内容知识的理解和运用程度而设置的。

项目导入

吊顶是建筑内部空间的上部界面，是室内空间的顶层界面，因此吊顶工程装饰是室内装饰的重要组成部分。

吊顶的高低错落、新颖造型、灯光照明、色彩运用和构造处理等，是一种美好的享受。

吊顶的构造设计与选择应从室内空间的功能、照明、声学、空气调节、消防安全等技术方面加以综合考虑。

4.1 吊顶的基本构造组成

【学习目标】了解吊顶工程的基本构造组成。

吊顶又称悬吊式顶棚，是指在建筑物结构层下部悬吊由骨架及饰面板组成的装饰构造层。吊顶按结构形式分为活动式装配吊顶、隐蔽式装配吊顶、金属装饰板吊顶、开敞式吊顶和整体式吊顶；按使用材料分为轻钢龙骨吊顶、铝合金龙骨吊顶、木龙骨吊顶、石膏板吊顶、金属装饰板吊顶、装饰板吊顶和采光板吊顶。

吊顶顶棚主要是由悬挂系统、龙骨架、饰面层及其相配套的连接件和配件组成，其构造如图 4.1 所示。

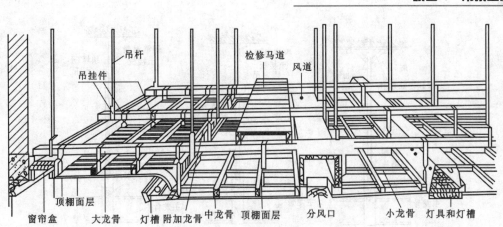

图4.1 吊顶装配示意

4.1.1 吊顶悬挂系统及结构形式

吊顶悬挂系统包括吊杆(吊筋)、龙骨吊挂件，通过它们将吊顶的自重及其附加荷载传递给建筑物结构层。

吊顶悬挂系统的形式较多，可视吊顶荷载要求及龙骨种类而定，图 4.2 为吊顶龙骨的悬挂结构形式示例，其与结构层的吊点固定方式通常分为上人型吊顶吊点和不上人型吊顶吊点两类，如图4.3和图4.4所示。

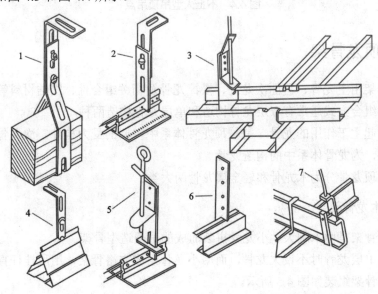

图4.2 吊顶龙骨的悬挂结构形式示例

1—开孔扁铁吊杆与木龙骨；2—开孔扁铁吊杆与 T 形龙骨；3—伸缩吊杆与 U 形龙骨；4—开孔扁铁吊杆
与三角龙骨；5—伸缩吊杆与 T 形龙骨；6—扁铁吊杆与 H 形龙骨；7—圆钢吊杆悬挂金属龙骨

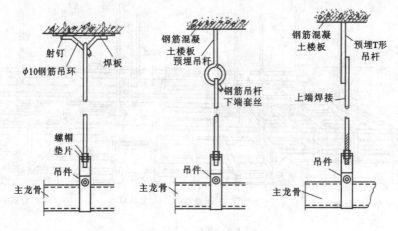

图 4.3　上人型吊顶吊点

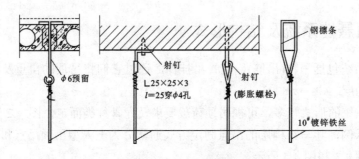

图 4.4　不上人型吊顶吊点

4.1.2　吊顶龙骨架

吊顶龙骨架由主龙骨、覆面次龙骨、横撑龙骨及相关组合件、固结材料等连接而成。吊顶造型骨架组合方式通常有双层龙骨构造和单层龙骨构造两种。

主龙骨是起主干作用的龙骨，是吊顶龙骨体系中主要的受力构件。次龙骨的主要作用是固定饰面板，为龙骨体系中的构造龙骨。

常用的吊顶龙骨分为木龙骨和轻金属龙骨两大类。

1．吊顶木龙骨架

吊顶木龙骨架是由木制大、小龙骨拼装而成的吊顶造型骨架。

当吊顶为单层龙骨时不设大龙骨，而用小龙骨组成方格骨架，用吊挂杆直接吊在结构层下部。木龙骨架组装如图 4.5 所示。

2．吊顶轻金属龙骨架

吊顶轻金属龙骨，是以镀锌钢带、铝带、铝合金型材、薄壁冷轧退火卷带为原料，经冷弯或冲压工艺加工而成的顶棚吊顶的骨架支承材料。

其突出的优点是自重轻、刚度大、耐火性能好。

吊顶轻金属龙骨通常分为轻钢龙骨和铝合金龙骨两类。

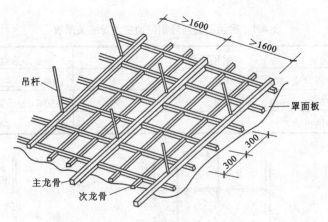

图 4.5　木龙骨架组装示意

轻钢龙骨的断面形状可分为 U 形、C 形、Y 形、L 形等，分别作为主龙骨、覆面龙骨、边龙骨配套使用。其常用规格型号有 U60、U50、U33 等，在施工中轻钢龙骨应做防锈处理。

铝合金龙骨的断面形状多为 T 形、L 形，分别作为覆面龙骨、边龙骨配套使用。

1) 吊顶轻钢龙骨架

吊顶轻钢龙骨架作为吊顶造型骨架，由大龙骨(主龙骨、承载龙骨)、覆面次龙骨(中龙骨)、横撑龙骨及其相应的连接件组装而成，如图 4.6 所示。

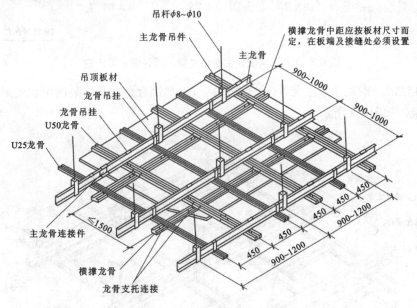

图 4.6　U 形轻钢龙骨吊顶装配示意

根据吊顶承受荷载的要求，吊顶主龙骨可按表 4.1 选用。

2) 吊顶铝合金龙骨架

吊顶铝合金龙骨架，根据吊顶使用荷载要求不同，有以下两种组装方式。

(1) 由 L 形、T 形铝合金龙骨组装的轻型吊顶龙骨架，此种骨架承载力有限，不能上人，如图 4.7 所示。

表 4.1　吊顶荷载与轻钢吊顶主龙骨的关系表

序　号	吊顶荷载	承载龙骨规格
1	吊顶自重+30kg 附加荷载	U60 以上系列
2	吊顶自重+50kg 附加荷载	U50 以上系列
3	吊顶自重	U33

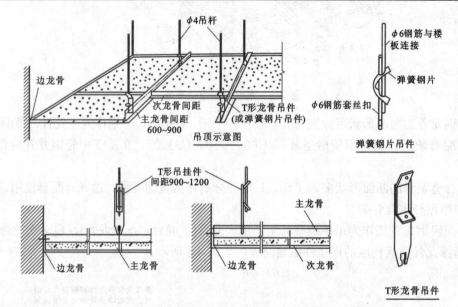

图 4.7　LT 形装配式铝合金龙骨吊顶轻便安装示意

(2) 由 U 形轻钢龙骨作主龙骨(承载龙骨)与 LT 形铝合金龙骨组装的可承受附加荷载的吊顶龙骨架，如图 4.8 所示。

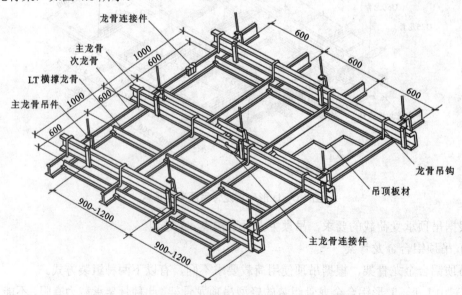

图 4.8　以 U 形轻钢龙骨为承载龙骨的 LT 形铝合金龙骨吊顶装配示意

4.1.3　吊顶饰面层

吊顶饰面层即为固定于吊顶龙骨架下部的罩面板材层。罩面板材品种很多，常用的有胶合板、纸面石膏板、装饰石膏板、钙塑饰面板、金属装饰面板(铝合金板、不锈钢板、彩色镀锌钢板等)、玻璃及 PVC 饰面板等。饰面板与龙骨架底部可采用钉接或胶粘、搁置、扣挂等方式连接。

4.2　木龙骨吊顶施工

【学习目标】掌握木龙骨吊顶施工工艺。

4.2.1　木龙骨吊顶的构造

木龙骨吊顶由吊杆、承载龙骨、覆面龙骨和面板组成。木龙骨双层骨架吊顶的构造平面布置如图 4.9 所示。木龙骨双层骨架吊顶的构造做法如图 4.10 所示。

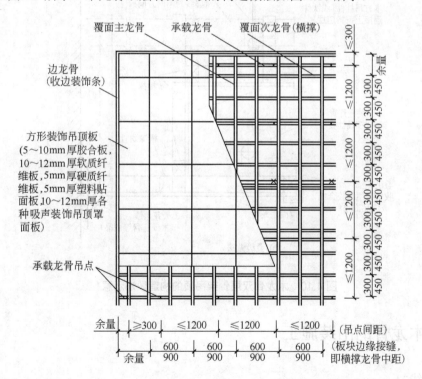

图 4.9　木龙骨双层骨架吊顶的构造设置平面布置

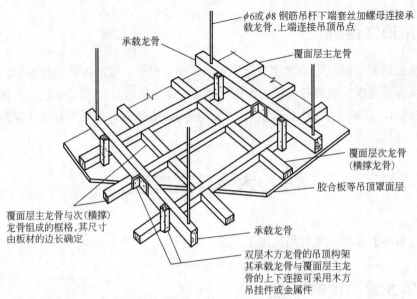

φ6或φ8 钢筋吊杆下端套丝加螺母连接承载龙骨,上端连接吊顶吊点

承载龙骨

覆面层主龙骨

覆面层次龙骨(横撑龙骨)

胶合板等吊顶罩面层

覆面层主龙骨与次(横撑)龙骨组成的框格,其尺寸由板材的边长确定

承载龙骨

双层木方龙骨的吊顶构架其承载龙骨与覆面层主龙骨的上下连接可采用木方吊挂件或金属件

(a) 木方构架及其罩面示意

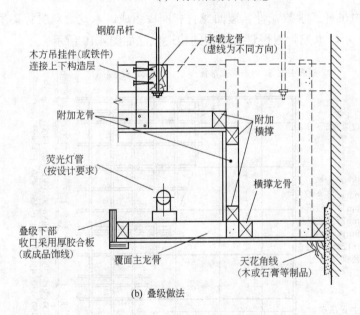

钢筋吊杆

承载龙骨(虚线为不同方向)

木方吊挂件(或铁件)连接上下构造层

附加龙骨

附加横撑

荧光灯管(按设计要求)

横撑龙骨

叠级下部收口采用厚胶合板(或成品饰线)

覆面主龙骨

天花角线(木或石膏等制品)

(b) 叠级做法

图 4.10　木龙骨双层骨架吊顶的构造做法示意

4.2.2　木龙骨的吊装施工

1. 放线

放线是吊顶施工的标准,放线的内容主要包括:标高线、造型位置线、吊点布置线、大中型灯位线等。放线的作用:一方面使施工有了基准线,便于下一道工序确定施工位置;另一方面能检查吊顶以上部位的管道等对标高位置的影响。

1) 确定标高线

水平标高线的做法如图 4.11 所示。

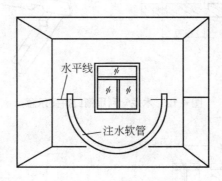

图 4.11　水平标高线的做法

2) 确定造型位置线

对于规则的建筑空间，应根据设计的要求，先在一个墙面上量出吊顶造型位置距离，并按该距离画出平行于墙面的直线，再从另外三个墙面，用同样的方法画出直线，便可得到造型位置外框线，再根据外框线逐步画出造型的各个局部的位置。

对于不规则的建筑空间，可根据施工图纸测出造型边缘距墙面的距离，运用同样的方法，找出吊顶造型边框的有关基本点，将各点连线形成吊顶造型线。

3) 确定吊点位置

在一般情况下，吊点按每平方米一个均匀布置，灯位处、承载部位、龙骨与龙骨相接处及叠级吊顶的叠级处应增设吊点。

2．木龙骨处理

1) 防腐处理

建筑装饰工程中所用木质龙骨材料，应按规定选材并实施在构造上的防潮处理，同时亦应涂刷防虫药剂。

2) 防火处理

一般是将防火涂料涂刷或喷于木材表面，也可把木材置于防火涂料槽内浸渍。

3．龙骨拼装

拼装的方法常采用咬口(半榫扣接)拼装法，具体做法为：在龙骨上开出凹槽，槽深、槽宽以及槽与槽之间的距离应符合有关规定。然后，将凹槽与凹槽进行咬口拼装，凹槽处应涂胶并用钉子固定，如图 4.12 所示。

4．安装吊点、吊筋

吊点：常采用膨胀螺栓、射钉、预埋铁件等方法，具体安装方法如图 4.13 所示。

吊筋：常采用钢筋、角钢、扁铁或方木，其规格应满足承载要求，吊筋与吊点的连接可采用焊接、钩挂、螺栓或螺钉的连接等方法。吊筋安装时，应做防腐、防火处理。

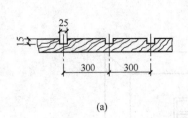
(a)

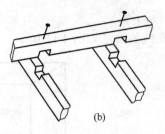
(b)

图 4.12　木龙骨利用槽口拼接示意

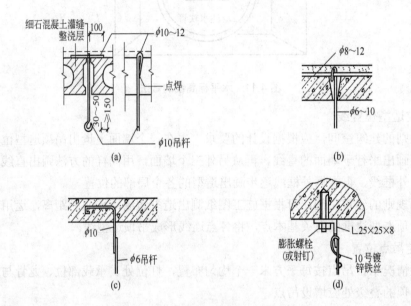

(a)

(b)

(c)

(d)

图 4.13　木质装饰吊顶的吊点固定形式

5．固定沿墙龙骨

沿吊顶标高线固定沿墙龙骨，一般是用冲击钻在标高线以上 10mm 处墙面打孔，孔深 12mm，孔距 0.5～0.8m，孔内塞入木楔，将沿墙龙骨钉固在墙内木楔上，沿墙木龙骨的截面尺寸与吊顶次龙骨尺寸一样。沿墙木龙骨固定后，其底边与其他次龙骨底边标高一致。

6．龙骨吊装固定

木龙骨吊顶的龙骨架有两种形式，即单层网格式木龙骨架及双层木龙骨架。

1）单层网格式木龙骨架的吊装固定

(1) 分片吊装。单层网格式木龙骨架的吊装一般先从一个墙角开始，将拼装好的木龙骨架托起至标高位，对于高度低于 3.2m 的吊顶骨架，可在高度定位杆上作临时支撑，如图 4.14 所示。

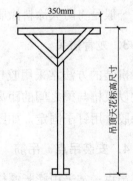

图 4.14　吊顶高度临时定位杆

(2) 龙骨架与吊筋固定。龙骨架与吊筋的固定方法有多种，视选用的吊杆材料和构造而定，常采用绑扎、钩挂、木螺钉固定等，如图 4.15 所示。

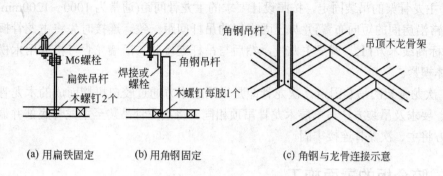

(a) 用扁铁固定　　　　(b) 用角钢固定　　　　(c) 角钢与龙骨连接示意

图 4.15　木龙骨架与吊筋的连接

(3) 龙骨架分片连接。龙骨架分片吊装在同一平面后，要进行分片连接形成整体，其方法是：将端头对正，用短方木进行连接，短方木钉于龙骨架对接处的侧面或顶面，对于一些重要部位的龙骨连接，可采用铁件进行连接加固，如图 4.16 所示。

(a) 短木方钉于龙骨架对接处的侧面　　　　(b) 顶面

图 4.16　木龙骨对接固定

(4) 叠级吊顶龙骨架连接。对于叠级吊顶，一般是从最高平面(相对可接地面)吊装，其高低面的衔接，常用做法是先以一条方木斜向将上下平面龙骨架定位，然后用垂直的方木把上下两个平面龙骨架连接固定，如图 4.17 所示。

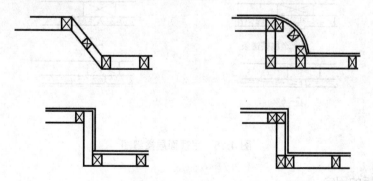

图 4.17　木龙骨架叠级构造

(5) 龙骨架调平与起拱。对一些面积较大的木龙骨架吊顶，可采用起拱的方法来平衡吊顶的下坠，一般情况下，跨度在 7～10m 间起拱量为 3/1000，跨度在 10～15m 间起拱量为 5/1000。

2) 双层木龙骨架的吊装固定

(1) 主龙骨架的吊装固定。按照设计要求的主龙骨间距(通常为 1000～1200mm)布置主龙骨(通常沿房间的短向布置)并与已固定好的吊杆间距一致。连接时先将主龙骨搁置在沿墙龙骨(标高线木方)上，调平主龙骨，然后与吊杆连接并与沿墙龙骨钉接或用木楔将主龙骨与墙体楔紧。

(2) 次龙骨架的吊装固定。次龙骨即是采用小木方通过咬口拼接而成的木龙骨网格，其规格、要求及吊装方法与单层木龙骨吊顶相同。将次龙骨吊装至主龙骨底部并调平后，用短木方将主、次龙骨连接牢固。

4.2.3 胶合板的罩面施工

1. 基层板接缝的处理

基层板的接缝形式，常见的有对缝、凹缝和盖缝三种。

1) 对缝(密缝)

板与板在龙骨上对接，此时板多为粘、钉在龙骨上，缝处容易产生变形或裂缝，可用纱布或棉纸粘贴缝隙。

2) 凹缝(离缝)

在两板接缝处做成凹槽，凹槽有 V 形和矩形两种。凹缝的宽度一般不小于 10mm。

3) 盖缝(离缝)

板缝不直接暴露在外，而是利用压条盖住板缝，这样可以避免缝隙宽窄不均的现象，使板面线型更加强烈。基层板的接缝构造如图 4.18 所示。

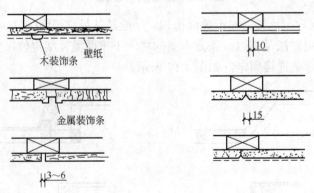

图 4.18　吊顶面层接缝图

2. 基层板的固定

1) 钉接

用铁钉将基层板固定在木龙骨上，钉距为 80～150mm，钉长为 25～35mm，钉帽砸扁并进入板面 0.5～1mm。

2) 黏结

黏结即用各种胶黏剂将基层板黏结于龙骨上,如矿棉吸声板可用 1∶1 水泥石膏粉加入适量 107 胶进行黏结。

工程实践证明,对于基层板的固定,若采用黏、钉结合的方法,则固定更为牢固。

4.2.4　木龙骨吊顶的节点处理

1.　木吊顶各面之间的节点处理

1) 阴角节点

阴角是指两面相交内凹部分,其处理方法通常是用角木线钉压在角位上,如图 4.19 所示。固定时用直钉枪,在木线条的凹部位置打入直钉。

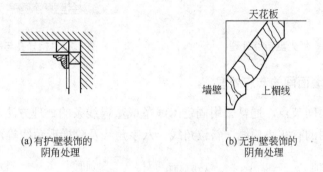

图 4.19　吊顶面阴角处理

2) 阳角节点

阳角是指两相交面外凸的角位,其处理方法也是用角木线钉压在角位上,将整个角位包住,如图 4.20 所示。

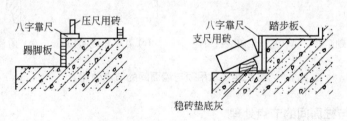

图 4.20　吊顶面阳角处理

3) 过渡节点

过渡节点是指两个落差高度较小的面接触处或平面上两种不同材料的对接处。其处理方法通常用木线条或金属线条固定在过渡节点上。木线条可直接钉在吊顶面上,不锈钢等金属条则用粘贴法固定,如图 4.21 所示。

2.　木吊顶与设备之间的节点处理

(1) 吊顶与灯光盘节点处理。灯光盘在吊顶上安装后,其灯光片或灯光格栅与吊顶之间的接触处需作处理。其方法通常用木线条进行固定，如图 4.22 所示。

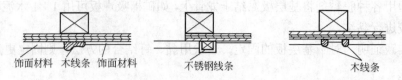

图 4.21　吊顶面过渡处理

(2) 吊顶与检修孔节点处理，通常是在检修孔盖板四周钉木线条，或在检修孔内侧钉角铝，如图 4.23 所示。

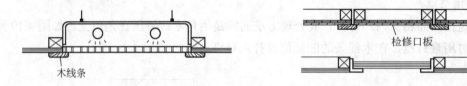

图 4.22　灯光盘节点处理　　　　　　图 4.23　检修孔与吊顶处理

3．木吊顶与墙面间的节点处理

木吊顶与墙面间节点，通常采用固定木线条或塑料线条的处理方法，线条的式样及方法多种多样，常用的有实心角线、斜位角线、八字角线及阶梯形角线等，如图 4.24 所示。

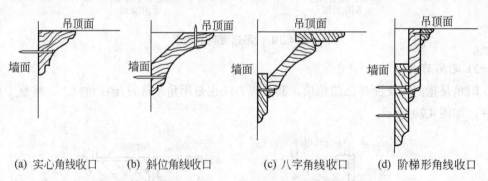

(a) 实心角线收口　　(b) 斜位角线收口　　(c) 八字角线收口　　(d) 阶梯形角线收口

图 4.24　木吊顶与墙面间的节点处理

4．木吊顶与柱面间的节点处理

木吊顶面与柱面间的节点处理方法，与木吊顶与墙面间节点处理的方法基本相同，所用材料有木线条、塑料线条、金属线条等，如图 4.25 所示。

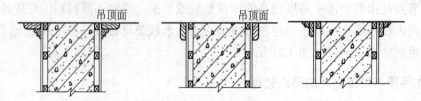

图 4.25　木吊顶与柱面间的节点处理

4.3 轻钢龙骨吊顶施工

【学习目标】掌握轻钢龙骨吊顶施工工艺。

4.3.1 吊顶轻钢龙骨的主、配件

(1) 吊顶轻钢龙骨的主件如图 4.26～图 4.29 所示。

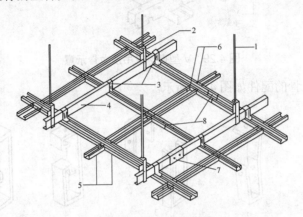

图 4.26 U 型吊顶龙骨示意
1—吊杆；2—吊件；3—挂件；4—承载龙骨；5—覆面龙骨；
6—挂插件；7—承载龙骨连接件；8—覆面龙骨连接件

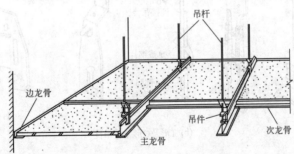

图 4.27 T 型吊顶龙骨示意

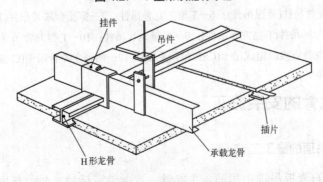

图 4.28 H 型吊顶龙骨示意

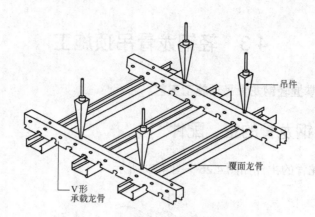

图 4.29 V 型直卡式吊顶龙骨示意

（2）吊顶轻钢龙骨的配件如图 4.30 所示。

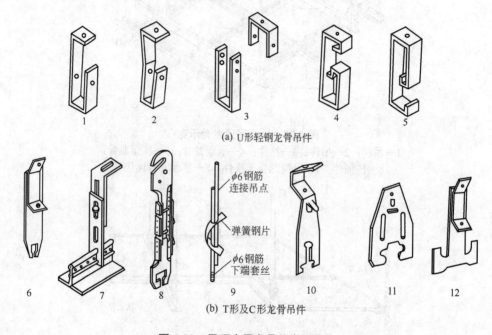

(a) U 形轻钢龙骨吊件

(b) T 形及 C 形龙骨吊件

图 4.30 吊顶金属龙骨的常用吊件

1～5—U 型承载龙骨吊件(普通吊件)；6—T 型主龙骨吊件；7—穿孔金属带吊件(T 型龙骨吊件)；
8—游标吊件(T 型龙骨吊件)；9—弹簧钢片吊件；10—T 型龙骨吊件；
11—C 型主龙骨直接固定式吊卡(CSR 吊顶系统)；12—槽形主龙骨吊卡(C 型龙骨吊件)

4.3.2 轻钢龙骨的安装施工

1. 轻钢龙骨吊顶的施工工艺

轻钢龙骨纸面石膏板吊顶由吊筋、主龙骨、次龙骨、横撑龙骨、纸面石膏板和各种挂件组成，其构造组成如图4.31所示。

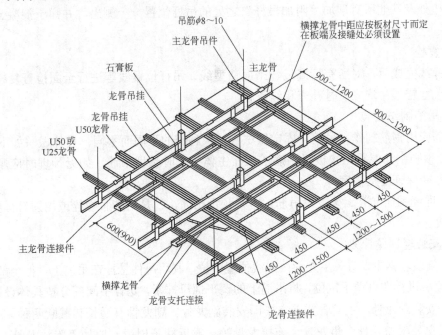

图4.31　轻钢龙骨纸面石膏板吊顶组成示意

1) 交接验收

在正式安装轻钢龙骨吊顶之前，需对上一步工序进行交接验收，如结构强度、设备位置、防水管线的铺设等，均要进行认真检查。上一步工序必须完全符合设计和有关规范的标准，否则不能进行轻钢龙骨吊顶的安装。

2) 找规矩

根据设计和工程的实际情况，在吊顶标高处找出一个标准基平面与实际情况进行对比，核实存在的误差并对误差进行调整，确定平面弹线的基准。

3) 弹线

弹线的顺序是先竖向标高、后平面造型细部，竖向标高线弹于墙上，平面造型和细部弹于顶板上。主要应当弹出以下基准线。

(1) 弹顶棚标高线。在弹顶棚标高线前，应先弹出施工标高基准线，一般常用0.5m为基线，弹于四周的墙面上。以施工标高基准线为准，按设计所定的顶棚标高，用仪器或量具沿室内墙面将顶棚高度量出，并将此高度用墨线弹于墙面上，其水平允许偏差不得大于5mm。如果顶棚有叠级造型者，其标高均应弹出。

(2) 弹水平造型线。根据吊顶的平面设计，以房间的中心为准，将设计造型按照先高后低的顺序，逐步弹在顶板上，并注意累计误差的调整。

(3) 吊筋吊点位置线。根据造型线和设计要求，确定吊筋吊点的位置，并弹于顶板上。

(4) 弹吊具位置线。所有设计的大型灯具、电扇等的吊杆位置，应按照具体设计测量准确，并用墨线弹于楼板的板底上。如果吊具、吊杆的锚固件须用膨胀螺栓固定者，应将膨胀螺栓的中心位置一并弹出。

(5) 弹附加吊杆位置线。根据吊顶的具体设计，将顶棚检修走道、检修口、通风口、柱子周边处及其他所有须加"附加吊杆"之处的吊杆位置一一测出，并弹于混凝土楼板板底。

4) 复检

在弹线完成后，对所有标高线、平面造型线、吊杆位置线等进行全面检查复核，如有遗漏或尺寸错误，均应及时补充和纠正。

5) 吊筋制作安装

吊筋应用钢筋制作，吊筋的固定做法视楼板种类的不同而不同。具体做法如下。

(1) 预制钢筋混凝土楼板设吊筋，应在主体施工时预埋吊筋。如无预埋时应用膨胀螺栓固定，并保证连接强度。

(2) 现浇钢筋混凝土楼板设吊筋，一是预埋吊筋，二是用膨胀螺栓或用射钉固定吊筋，保证强度。

6) 安装轻钢龙骨架

(1) 安装轻钢主龙骨。主龙骨按弹线位置就位，利用吊件悬挂在吊筋上，待全部主龙骨安装就位后进行调直调平定位，将吊筋上的调平螺母拧紧，龙骨中间部分按具体设计起拱。

(2) 安装副龙骨。主龙骨安装完毕即安装副龙骨。副龙骨有通长和截断两种。

(3) 安装附加龙骨、角龙骨、连接龙骨等。靠近柱子周边，增加"附加龙骨"或角龙骨时，按具体设计安装。凡高低跌级顶棚、灯槽、灯具、窗帘盒等处，根据具体设计应增加"连接龙骨"。

7) 骨架安装质量检查

(1) 龙骨架荷重检查。在顶棚检修孔周围、高低跌级处、吊灯吊扇等处，根据设计荷载规定进行加载检查。加载后如龙骨架有翘曲、颤动等现象，应增加吊筋予以加强。增加的吊筋数量和具体位置，应通过计量而定。

(2) 龙骨架安装及连接质量检查。对整个龙骨架的安装质量及连接质量进行彻底检查。连接件应错位安装，龙骨连接处的偏差不得大于相关规范标准。

(3) 各种龙骨的质量检查。对主、副龙骨、附加龙骨、角龙骨、连接龙骨等进行详细质量检查。如发现有翘曲或扭曲之处以及位置不正、部位不对等现象，均应彻底纠正。

8) 安装纸面石膏板

(1) 选板。普通纸面石膏板在上顶以前，应根据设计的规格尺寸、花色品种进行选板，凡有裂纹、破损、缺棱、掉角、受潮，以及护面纸损坏者均应一律剔除不用。选好的板应平放于有垫板的木架上，以免沾水受潮。

(2) 纸面石膏板安装。在进行纸面石膏板安装时，应使纸面石膏板长边(即包封边)与主龙骨平行，从顶棚的一端向另一端开始错缝安装，逐块排列，余量放在最后安装。石膏板与墙面之间应留 6mm 间隙。板与板之间的接缝宽度不得小于板厚。

9) 石膏板安装质量检查

纸面石膏板装钉完毕后，应对其安装质量进行检查。如有整个石膏板顶棚表面平整度偏差大于 3mm、接缝平直度偏差大于 3mm、接缝高低度偏差大于 1mm，石膏板有钉接缝处不牢固等现象，应彻底纠正。

10) 缝隙处理

施工中常用石膏腻子的一般施工做法如下。

(1) 直角边纸面石膏板顶棚嵌缝。直角边纸面石膏板顶棚之缝，均为平缝，嵌缝时应用刮刀将嵌缝腻子均匀饱满地嵌入板缝之内，并将腻子刮平(与石膏板面齐平)。石膏板表面如须进行装饰时，应在腻子完全干燥后施工。

(2) 楔形边纸面石膏板顶棚嵌缝。楔形边纸面石膏板顶棚嵌缝，一般应采用三道腻子。

第一道腻子：应用刮刀将嵌缝腻子均匀饱满地嵌入缝内，将浸湿的穿孔纸带贴于缝处，用刮刀将纸带用力压平，使腻子从孔中挤出，然后再薄压一层腻子。用嵌缝腻子将石膏板上所有钉孔填平。

第二道腻子：第一道嵌缝腻子完全干燥后，再覆盖第二道嵌缝腻子，使之略高于石膏板表面，腻子宽 200mm 左右，另外在钉孔上亦应再覆盖腻子一道，宽度较钉孔大 25mm 左右。

第三道腻子：第二道嵌缝腻子完全干燥后，再薄压 300mm 宽嵌缝腻子一层，用清水刷湿边缘后用抹刀拉平，使石膏板面交接平滑，钉孔第二道腻子上亦再覆盖嵌缝腻子一层，并用力拉平使与石膏板面交接平滑。

2. 轻钢龙骨吊顶施工的注意事项

(1) 顶棚施工前，顶棚内所有管线，如智能建筑弱电系统工程全部线路(包括综合布线、设备自控系统、保安监控管理系统、自动门系统、背景音乐系统等)、空调管道、消防管道、供水管道等必须全部安装就位并基本调试完成。

(2) 吊筋、膨胀螺栓应当全部做防锈处理。

(3) 为保证吊顶骨架的整体性和牢固性，龙骨接长的接头应错位安装，相邻三排龙骨的接头不应接在同一直线上。

(4) 顶棚内的灯槽、斜撑、剪刀撑等，应按具体设计施工。轻型灯具可吊装在主龙骨或附加龙骨上，重型灯具或电扇则不得与吊顶龙骨连接，而应另设吊钩吊装。

(5) 嵌缝石膏粉(配套产品)是以精细的半水石膏粉加入一定量的缓凝剂等加工而成，主要用于纸面石膏板嵌缝及钉孔填平等处。

(6) 温度变化对纸面石膏板的线膨胀系数影响不大，但空气湿度则对纸面石膏板的线性膨胀和收缩产生较大影响。为了保证装修质量，避免干燥时出现裂缝，在湿度特别大的环境下一般不宜嵌缝。

(7) 大面积的纸面石膏板吊顶，应注意设置膨胀缝。

3. 轻钢龙骨纸面石膏板吊顶施工示意

轻钢龙骨纸面石膏板施工、吊顶构造节点、安装过程及吊点布置等细节做法如图 4.32～图 4.35 所示。

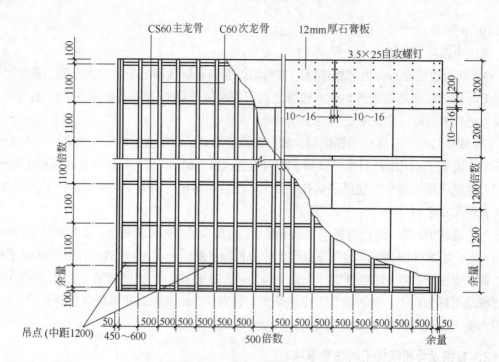

图 4.32　轻钢龙骨纸面石膏板顶棚施工示意

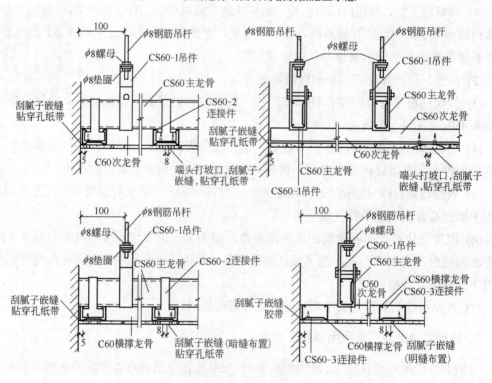

图 4.33　轻钢龙骨纸面石膏板顶棚构造节点示意(轻钢龙骨)

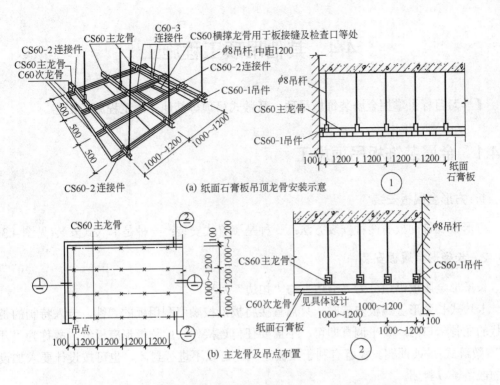

图 4.34 轻钢龙骨纸面石膏板顶棚龙骨安装及吊点布置示意

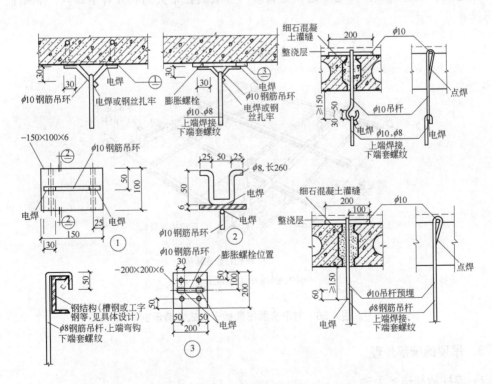

图 4.35 轻钢龙骨纸面石膏板顶棚吊杆锚固节点示意

4.4 其他吊顶工程施工

【学习目标】掌握金属装饰板吊顶、开敞式吊顶等其他吊顶工程施工工艺。

4.4.1 金属装饰板吊顶施工

1. 方形金属板安装

方形金属饰面板有两种安装方法：一种是搁置式安装；一种是卡入式安装(见图 4.36)。

2. 长条形金属板安装

长条形金属板沿边分为"卡边"与"扣边"两种。

卡边式长条形金属板安装时，只需直接将板沿按顺序利用板的弹性，卡入特制的带夹齿状的龙骨卡口内，调平调直即可，不需要任何连接件。此种板形有板缝，故称为"开敞式"(敞缝式)吊顶顶棚。板缝有利于顶棚通风，可以不进行封闭，也可按设计要求加设配套的嵌条予以封闭。

扣边式长条金属板，可与卡边型金属板一样安装在带夹齿状龙骨卡口内，利用板本身的弹性相互卡紧。

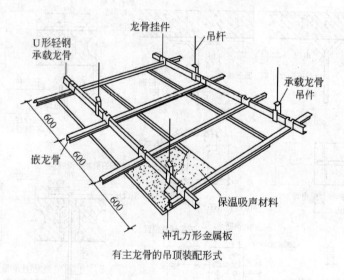

图 4.36 方形金属吊顶板卡入式安装示例

3. 吊顶的细部处理

1) 墙柱边部连接处理

方形板或条形金属板，其与墙柱面连接处可以离缝平接，也可以采用 L 形边龙骨或半嵌龙骨同平面搁置搭接或高低错落搭接，如图 4.37 所示。

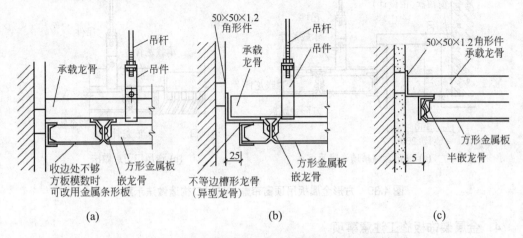

图 4.37　方形金属板吊顶与墙、柱等的连接节点构造示意

2) 与隔断的连接处理

隔断沿顶龙骨必须与其垂直的顶棚主龙骨连接牢固。当顶棚主龙骨不能与隔断沿顶龙骨相垂直布置时，必须增设短的主龙骨，此短的主龙骨再与顶棚承载龙骨连接固定。总之，应在隔断沿顶龙骨与顶棚骨架系统连接牢固后，再安装罩面板。

3) 变标高处连接处理

方形金属板可按图 4.38 所示进行处理。

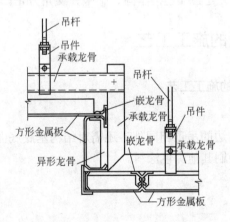

图 4.38　方形金属吊顶板变标高构造做法示意

4) 窗帘盒等构造处理

以方形金属板为例，可按图 4.39 所示对窗帘盒及送风口的连接进行处理。当采用长条形金属板时，换上相应的龙骨即可。

5) 吸声或隔热材料布置

当金属板为穿孔板时，在穿孔板上铺壁毡，再将吸声隔热材料(如玻璃棉、矿棉等)满铺其上，以防止吸声材料从孔中漏出。

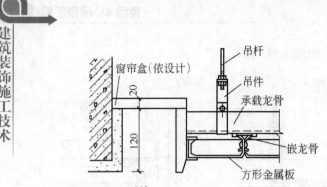

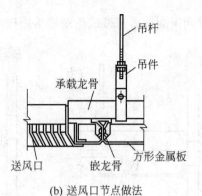

(a) 窗帘盒与吊顶连接节点 　　　　　　(b) 送风口节点做法

图 4.39　方形金属板吊顶窗帘盒与送风口构造做法示意

4．金属装饰板施工注意事项

(1) 龙骨框格必须方正、平整，框格尺寸必须与罩面板实际尺寸相吻合。当采用普通 T 形龙骨直接搁置时，T 形龙骨中至中的框格尺寸应比方形板或矩形板尺寸稍大些，以每边留有 2mm 间隙为准；当采用专用特制嵌龙骨时，龙骨中至中的框格尺寸应与方形板或矩形板尺寸相同，不再留间隙。

(2) 龙骨弯曲变形者不能用于工程，特别是专用特制嵌龙骨的嵌口弹性不好、弯曲变形不直时不得使用。

(3) 纵横龙骨十字交叉处必须连接牢固、平整、交角方正。

4.4.2　开敞式吊顶的施工工艺

1．木质开敞式吊顶的施工工艺

1) 安装准备工作

安装准备工作除与前边的吊顶相同外，还需对结构基底底面及顶棚以上墙柱面进行涂黑处理，或按设计要求涂刷其他深色涂料。

2) 弹线定位工作

同一般吊顶工程。

3) 单体构件拼装

木质单体构件可以拼装成多种多样的单元体形式，有板与板组合框格式、方木骨架与板组合框格式、侧平横板组合柜框格式、盒式与方板组合式、盒与板组合式等，如图 4.40 和图 4.41 所示。

板条及方木均需经刨平、刨光、砂纸打磨，使规格尺寸一致后方能开始拼装。拼装后的吊顶形式如图 4.42～图 4.44 所示。

木质单体构件拼装方法可按一般木工操作方法进行，即开槽咬接、加胶钉接、开槽开榫加胶拼接或配以金属连接件加木螺钉连接等。拼装后的木质单元体的外表应平整光滑、连接牢固、棱角顺直、不显接缝、尺寸一致，并在适当位置留出单元体与单元体连接用的直角铁或异形连接件，连接件的形式如图 4.45 所示。

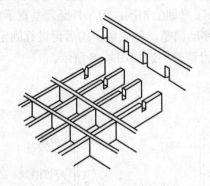

图 4.40　木板方格式单体拼装

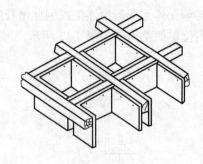

图 4.41　木骨架与木单板方格式单体拼装

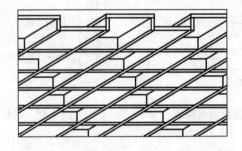

图 4.42　盒子板与方板拼装的吊顶形式

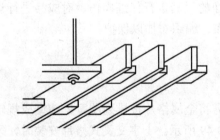

图 4.43　木条板拼装的开敞吊顶

图 4.44　多边形与方形单体组合构造示意

其中盒板组装时应注意四角方正、对缝严密、接头处胶结牢固，对缝处最好采用加胶加钉的固定连接方式，使其不易产生变形，如图 4.46 所示。

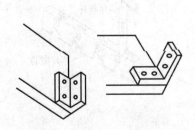

图 4.45　分片组装的端头连接件

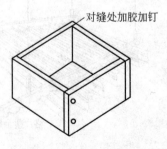

对缝处加胶加钉

图 4.46　矩板对缝固定示意

4) 单元安装固定

(1) 吊杆固定。吊点的埋设方法与前面各类吊顶原则上相同，但吊杆必须垂直于地面，且能与单元体无变形地连接，因此吊杆的位置可移动调整，待安装正确后再进行固定。吊杆左右位置调整构造如图 4.47 所示，吊杆高低位置调整构造如图 4.48 所示。

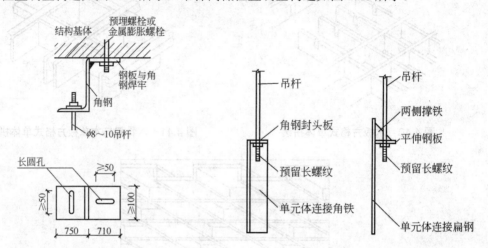

图 4.47　吊杆左右位置调整构造　　　　图 4.48　吊杆高低位置调整构造

(2) 单元体安装固定。

5) 饰面成品保护

木质开敞式吊式顶棚均需要进行表面终饰。终饰一般是涂刷高级清漆，露出自然木纹。当完成终饰后安装灯饰等物件时，工人必须戴干净的手套进行仔细操作，对成品进行认真保护，以防止污染终饰面层。必要时应覆盖塑料布、编织布加以保护。

2. 金属格片型开敞式吊顶的施工工艺

1) 单体构件拼装

格片型金属单体构件拼装方式较为简单，只需将金属格片按排列图案先裁锯成规定长度，然后卡入特制的格片龙骨卡口内即可，如图 4.49 所示。十字交叉式格片安装时，须采用专用特制的十字连接件，并用龙骨骨架固定其十字连接件，其连接示意如图 4.50 所示。

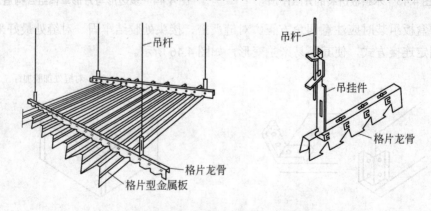

图 4.49　格片型金属板单体构件安装及悬吊示意

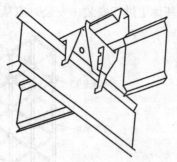

(a) 十字连接件   (b) 格片金属板的十字形连接

图 4.50 格片型金属板的单体十字连接示意

2) 单元安装固定

格片型金属单元体安装固定一般用圆钢吊杆及专门配套的吊挂件(参见图 4.49)与龙骨连接。此种吊挂件可沿吊杆上下移动(压紧两片簧片即松、放松簧片即卡紧),对调整龙骨平整度十分方便。

安装时可先组成单元体(圆形、方形或矩形体),再用吊挂件将龙骨与吊杆连接固定并调平即可。也可将龙骨先安装好,一片片单独卡入龙骨口内。无论采用何种方法安装,均应将所有龙骨相互连接成整体,且龙骨两端应与墙柱面连接固定,避免整个吊顶棚晃动。安装宜从角边开始,最后一个单元体留下数个格片先不勾挂,待固定龙骨后再挂。

3. 金属复合单板网络格栅型开敞式的吊顶施工工艺

1) 单体构件拼装

复合单板网络格栅型金属单体构件拼装一般都是以金属复合吸声单板(参见图 4.50),通过特制的网络支架嵌插组成不同的平面几何图案,如三角形、纵横直线形、四边形、菱形、工字形、六角形等,或将两种以上几何图形组成复合图案,如图 4.51~图 4.54 所示。

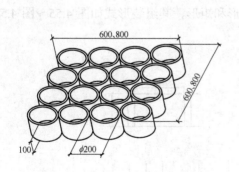
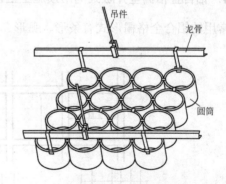

图 4.51 铝合金圆筒形天花板构造   **图 4.52 铝合金圆筒形天花板吊顶基本构造**

2) 单元安装固定

(1) 吊顶吊杆固定。参见图 4.47 所示方法。

(2) 单元安装固定。此种网络格栅单元体整体刚度较好,一般可以逐个单元体直接用人力抬举至结构基体上进行安装。安装时应从一角边开始，循序展开。

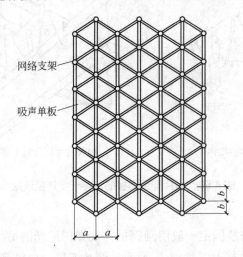

图 4.53　网络格栅型吊顶平面效果(a、b尺寸由设计决定)

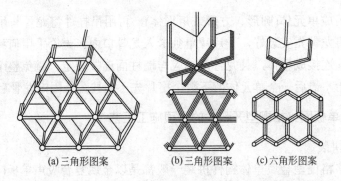

(a)三角形图案　　(b)三角形图案　(c)六角形图案

图 4.54　利用网络支架作不同的插接形式

4．铝合金格栅型开敞式的吊顶施工工艺

常用的铝合金格栅形式有条形、弧形、垂吊形和矩形、其组装形式如图 4.55～图 4.59 所示。

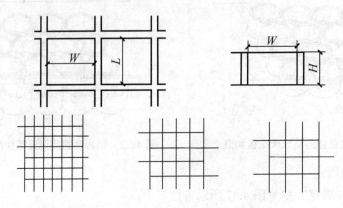

图 4.55　常用的铝合金格栅形式

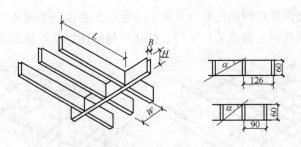

图 4.56　条形铝合金格条吊顶组合形式

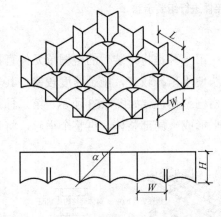

图 4.57　弧形格栅吊顶组装形式

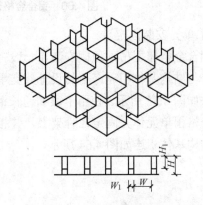

图 4.58　垂吊形格栅吊顶组装形式

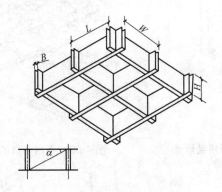

图 4.59　矩形格栅吊顶组装形式

1) 施工准备工作

与前述各类开敞式吊顶顶棚施工准备工作相同。由于铝合金格栅形单元比前述木质、格片质、网络型单元体整体刚度较差，故吊装时多用通长钢管和专用卡具；或不用卡具而采用带卡口的吊管；或预先加工好悬吊骨架，将多个单元体组装在一起吊装。

此时吊点位置及相应吊杆数量较少，所以，应按事先选定的吊装方案，设计好吊点位置，并埋设或安装好吊点连接件。

2) 单体构件拼装

当格栅型铝合金板采用标准单体构件(普通铝合金板条)时，其单体构件之间的连接拼装，使用与网络支架作用相似的托架及专用十字连接件连接，如图 4.60 所示。当采用铝合金格栅式标准单体构件时，通常采用插接、挂接或榫接的方法，如图 4.61 所示。

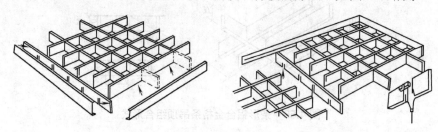

图 4.60　铝合金格栅以十字连接件进行组装示意

3) 单元安装固定

铝合金格栅型吊顶顶棚安装，一般有两种方法：第一种是将组装后的格栅单元体直接用吊杆与结构基体相连，不另设骨架支承。此种方法使用吊杆较多，施工速度较慢，其安装方法如图 4.62 所示。使用卡具和通长钢管可增加格栅整体性，如图 4.63 所示。第二种是将数个格栅单元体先固定在骨架上，并相互连接调平形成一局部整体，再整个举起，将骨架与结构基体相连如图 4.64 所示、

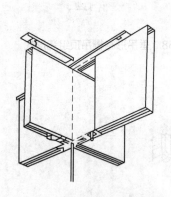

图 4.61　铝合金格栅型吊顶板拼装示意

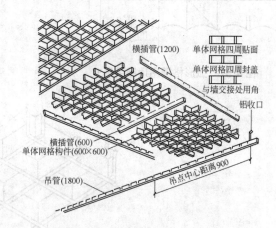

图 4.62　不用卡具的吊顶安装构造示意

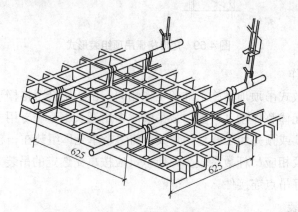

图 4.63　使用卡具和通长钢管安装示意

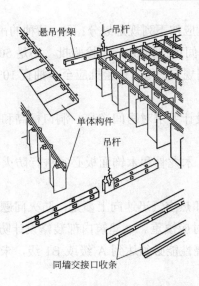

悬吊骨架   吊杆

单体构件

吊杆

同墙交接口收条

图 4.64   预先加工好悬挂构造的吊顶安装示意

4.5   吊顶工程质量验收

【学习目标】掌握吊顶工程质量验收标准和检验方法。

4.5.1   一般规定

(1) 按照施工工艺不同,分暗龙骨吊顶和明龙骨吊顶。

(2) 吊顶工程验收时应检查下列文件和记录。

① 吊顶工程的施工图、设计说明及其他设计文件。

② 材料的产品合格证书、性能检测报告、进场验收记录和复验报告。

③ 隐蔽工程验收记录。

④ 施工记录。

(3) 吊顶工程应对人造木板的甲醛含量进行复验。

(4) 吊顶工程应对下列隐蔽工程项目进行验收。

① 吊顶内管道、设备的安装及水管试压。

② 木龙骨防火、防腐处理。

③ 预埋件或拉结筋。

④ 吊杆安装。

⑤ 龙骨安装。

⑥ 填充材料的设置。

为了既保证吊顶工程的使用安全,又做到竣工验收时不破坏饰面,吊顶工程的隐蔽工程验收非常重要,本条所列各款均应提供由监理工程师签名的隐蔽工程验收记录。

(5) 各分项工程的检验批应按下列规定划分：同一品种的吊顶工程每 50 间(大面积房间和走廊按吊顶面积 30m² 为一间)应划分为一个检验批，不足 50 间也应划分为一个检验批。

(6) 检查数量应符合下列规定：每个检验批应至少抽查 10%，并不得少于 3 间；不足 3 间时应全数检查。

(7) 安装龙骨前，应按设计要求对房间净高、洞口标高和吊顶内管道、设备及其支架的标高进行交接检验。

(8) 吊顶工程的木吊杆、木龙骨和木饰面板必须进行防火处理，并应符合有关设计防火规范的规定。

由于发生火灾时，火焰和热空气迅速向上蔓延，防火问题对吊顶工程是至关重要的，使用木质材料装饰装修顶棚时应慎重。《建筑内部装修设计防火规范》(GB 50222—1995)规定顶棚装饰装修材料的燃烧性能必须达到 A 级或 B1 级，未经防火处理的木质材料的燃烧性能达不到这个要求。

(9) 吊顶工程中的预埋件、钢筋吊杆和型钢吊杆应进行防锈处理。

(10) 安装饰面板前应完成吊顶内管道和设备的调试及验收。

(11) 吊杆距主龙骨端部距离不得大于 300mm，当大于 300mm 时，应增加吊杆。当吊杆长度大于 1.5m 时，应设置反支撑。当吊杆与设备相遇时，应调整并增设吊杆。

(12) 重型灯具、电扇及其他重型设备严禁安装在吊顶工程的龙骨上。

龙骨的设置主要是为了固定饰面材料，一些轻型设备如小型灯具、烟感器、喷淋头、风口箅子等也可以固定在饰面材料上。但如果把电扇和大型吊灯固定在龙骨上，可能会造成脱落伤人事故。为了保证吊顶工程的使用安全，特制定本条并作为强制性条文。

4.5.2　暗龙骨吊顶工程

暗龙骨吊顶是指以轻钢龙骨、铝合金龙骨、木龙骨等为骨架，以石膏板、金属板、矿棉板、木板、塑料板或格栅等为饰面材料的暗龙骨吊顶工程。

1) 主控项目

(1) 吊顶标高、尺寸、起拱和造型应符合设计要求。

检验方法：观察；尺量检查。

(2) 饰面材料的材质、品种、规格、图案和颜色应符合设计要求。

检验方法：观察；检查产品合格证书、性能检测报告、进场验收记录和复验报告。

(3) 暗龙骨吊顶工程的吊杆、龙骨和饰面材料的安装必须牢固。

检验方法：观察；手扳检查；检查隐蔽工程验收记录和施工记录。

(4) 吊杆、龙骨的材质、规格、安装间距及连接方式应符合设计要求，金属吊杆、龙骨应经过表面防腐处理；木吊杆、龙骨应进行防腐、防火处理。

检验方法：观察；尺量检查；检查产品合格证书、性能检测报告、进场验收记录和隐蔽工程验收记录。

(5) 石膏板的接缝应按其施工工艺标准进行板缝防裂处理。安装双层石膏板时，面层

板与基层板的接缝应错开，并不得在同一根龙骨上接缝。

检验方法：观察。

2) 一般项目

(1) 饰面材料表面应洁净、色泽一致，不得有翘曲、裂缝及缺损。压条应平直、宽窄一致。

检验方法：观察；尺量检查。

(2) 饰面板上的灯具、烟感器、喷淋头、风口篦子等设备的位置应合理、美观，与饰面板的交接应吻合、严密。

检验方法：观察。

(3) 金属吊杆、龙骨的接缝应均匀一致，角缝应吻合，表面应平整，无翘曲、锤印。木质吊杆、龙骨应顺直，无劈裂、变形。

检验方法：检查隐蔽工程验收记录和施工记录。

(4) 吊顶内填充吸声材料的品种和铺设厚度应符合设计要求，并应有防散落措施。

检验方法：检查隐蔽工程验收记录和施工记录。

(5) 暗龙骨吊顶工程安装的允许偏差和检验方法应符合表 4.2 中的规定。

表 4.2　暗龙骨吊顶工程安装的允许偏差

项 次	项 目	允许偏差/mm				检验方法
		纸面石膏板	金属板	矿棉板	木板、塑料板、格栅	
1	表面平整度	3	2	2	3	用 2m 靠尺和塞尺检查
2	接缝直线度	3	1.5	3	3	拉 5 m 线，不足 5 m 拉通线，用钢直尺检查
3	接缝高低差	1	1	1.5	1	用钢直尺和塞尺检查

4.5.3　明龙骨吊顶工程

明龙骨吊顶是指以轻钢龙骨、铝合金龙骨、木龙骨等为骨架，以石膏板、金属板、矿棉板、塑料板、玻璃板或格栅等为饰面材料的明龙骨吊顶工程。

1. 主控项目

(1) 吊顶标高、尺寸、起拱和造型应符合设计要求。

检验方法：观察；尺量检查。

(2) 饰面材料的材质、品种、规格、图案和颜色应符合设计要求。当饰面材料为玻璃板时，应使用安全玻璃或采取可靠的安全措施。

检验方法：观察；检查产品合格证书、性能检测报告和进场验收记录。

(3) 饰面材料的安装应稳固严密。饰面材料与龙骨的搭接宽度应大于龙骨受力面宽度的 2/3。

检验方法：观察；手扳检查；尺量检查。

(4) 吊杆、龙骨的材质、规格、安装间距及连接方式应符合设计要求。金属吊杆、龙骨应进行表面防腐处理；木龙骨应进行防腐、防火处理。

检验方法：观察；尺量检查；检查产品合格证书、进场验收记录和隐蔽工程验收记录。

(5) 明龙骨吊顶工程的吊杆和龙骨安装必须牢固。

检验方法：手扳检查；检查隐蔽工程验收记录和施工记录。

2. 一般项目

(1) 饰面材料表面应洁净、色泽一致，不得有翘曲、裂缝及缺损。饰面板与明龙骨的搭接应平整、吻合，压条应平直、宽窄一致。

检验方法：观察；尺量检查。

(2) 饰面板上的灯具、烟感器、喷淋头、风口篦子等设备的位置应合理、美观，与饰面板的交接应吻合、严密。

检验方法：观察。

(3) 金属龙骨的接缝应平整、吻合、颜色一致，不得有划伤、擦伤等表面缺陷。木质龙骨应平整、顺直，无劈裂。

检验方法：观察。

(4) 吊顶内填充吸声材料的品种和铺设厚度应符合设计要求，并应有防散落措施。

检验方法：检查隐蔽工程验收记录和施工记录。

(5) 明龙骨吊顶工程安装的允许偏差和检验方法应符合表 4.3 中的规定。

表 4.3　明龙骨吊顶工程安装的允许偏差和检验方法

项　次	项　目	允许偏差/mm				检验方法
		石膏板	金属板	矿棉板	塑料板、玻璃板	
1	表面平整度	3	2	3	3	用 2m 靠尺和塞尺检查
2	接缝直线度	3	2	3	3	拉 5 m 线，不足 5 m 拉通线，用钢直尺检查
3	接缝高低差	1	1	2	1	用钢直尺和塞尺检查

课 堂 实 训

实训内容

进行明龙骨吊顶工程的装饰施工实训(指导教师选择一个真实的施工现场或学校实训工厂，带学生实地操作实训)，熟悉明龙骨吊顶工程施工的基本知识，从技术交底、施工准备、材料制备、施工操作和质量验收方面进行全程模拟训练，熟悉明龙骨吊顶工程施工操作要点和国家相应的规范要求。

实训目的

通过课堂学习结合课下实训使学生达到熟练掌握明龙骨吊顶工程项目的技术交底、施工准备、材料制备、施工操作和质量验收整个运行过程的施工操作要点和国家相应的规范要求，提高学生进行明龙骨吊顶工程技术管理的综合能力。

实训要点

(1) 通过明龙骨吊顶工程施工项目实训，使学生加深对明龙骨吊顶工程国家标准的理解，掌握明龙骨吊顶工程施工过程和工艺要点，进一步加强对专业知识的理解。

(2) 分组制订计划与实施，培养学生团队协作的能力，并获取明龙骨吊顶工程施工管理经验。

实训过程

1) 实训准备要求

(1) 做好实训前相关资料的查阅，熟悉明龙骨吊顶工程施工有关的规范要求。

(2) 准备实训所需的工具与材料。

2) 实训要点

(1) 实训前做好技术交底。

(2) 制定实训计划。

(3) 分小组进行，小组内部分工合作。

3) 实训操作步骤

(1) 按照施工图要求，确定明龙骨吊顶工程施工要点，并进行相应技术交底。

(2) 利用明龙骨吊顶工程加工设备统一进行吊顶工程施工。

(3) 在实训场地进行明龙骨吊顶工程实操训练。

(4) 做好实训记录和相关技术资料整理。

(5) 养护一定时间后，进行小组互评和最终评定。

4) 教师指导点评和疑难解答

5) 实地观摩

6) 总结

实训项目基本步骤

步　骤	教师行为	学生行为
1	交代工作任务背景，引出实训项目	(1) 分好小组
2	布置明龙骨吊顶工程实训应做的准备工作	(2) 准备实训工具、材料和场地
3	使学生明确明龙骨吊顶工程施工实训的步骤	
4	学生分组进行实训操作，教师巡回指导	完成明龙骨吊顶工程实训全过程
5	结束指导点评实训成果	自我评价或小组评价
6	实训总结	小组总结并进行经验分享

实 训 小 结

项目：_____   指导老师：_____

项目技能	技能达标分项		备 注
吊顶工程施工	1. 交底完善	得 0.5 分	根据职业岗位所需，技能需求，学生可以补充完善达标项
	2. 准备工作完善	得 0.5 分	
	3. 操作过程准确	得 1.5 分	
	4. 工程质量合格	得 1.5 分	
	5. 分工合作合理	得 1 分	
自我评价	对照达标分项	得 3 分为达标	客观评价
	对照达标分项	得 4 分为良好	
	对照达标分项	得 5 分为优秀	
评议	各小组间互相评价 取长补短，共同进步		提供优秀作品观摩学习

自我评价_____   个人签名_____

小组评价 达标率_____   组长签名_____

　　　　 良好率_____

　　　　 优秀率_____

年　　月　　日

习　　题

一、案例题

工程背景：某商业建筑建筑装饰施工阶段，轻钢龙骨纸面石膏板经检验存在以下问题：①天棚吊顶出现直裂缝。②楼板开裂出现渗漏。

原因分析：①龙骨固定不牢，板材拼接处未采取有效抗裂措施或施工措施质量不符合要求。②楼板砼浇捣不密实，养护不到位，导致板开裂，出现渗漏现象。③施工单位未做好技术交底工作，或交底不仔细；过程中没有组织"三检"工作。④施工过程中工程部、监理没有跟踪检查。

预控措施或方法：①施工单位管理人员应对操作工人做好技术交底工作，对龙骨的隐蔽验收工作，应在施工单位自检合格后认真落实，保证龙骨的施工质量符合要求；板材拼接处必须采取可靠的抗裂措施(增铺玻纤布)，并保证施工质量，下道工序施工前须做好隐蔽工程的检查验收工作。②板上(露台)基层应做试水，蓄水试验应分二次，防水层完成前后各一次试水，试水合格后，再做面层装饰。③施工过程中施工单位应组织三检，跟踪检查验收，尤其对防渗漏问题更加要引起重视。

二、思考题

1. 如何对吊顶进行分类？直接式吊顶和悬吊式吊顶各具有什么特点？
2. 木龙骨吊顶在设计与施工中主要应当遵循哪些方面的国家标准？
3. 木龙骨罩面对所用胶合板有哪些质量要求？各适用什么场合？
4. 木龙骨吊顶的安装施工工艺？
5. 轻钢龙骨有哪些主、配件组成？各有什么技术要求？
6. 轻钢龙骨的安装施工工艺？
7. 轻钢龙骨施工中应当注意的事项？
8. 金属装饰板吊顶的安装施工工艺？施工中的注意事项？
9. 各种材料的开敞式吊顶的安装施工工艺？

项目5 轻质隔墙工程

内容提要

本项目以轻质隔墙工程为对象，主要讲述骨架式隔墙、板材式隔墙的材料选择、施工条件和准备、施工程序和工艺、工程质量标准和验收等过程，并在实训环节提供骨架式隔墙施工项目，作为本教学单元的实践训练项目，以供学生训练和提高。

技能目标

- 通过对轻质隔墙工程施工工艺的学习，巩固已学的相关建筑装饰材料与构造的基本知识以及明确轻质隔墙工程施工的种类、特点、过程方法及有关规定。
- 通过对轻质隔墙工程施工项目的实训操作，锻炼学生对轻质隔墙工程施工操作和技术管理的能力。培养学生团队协作的精神，并使学生获取轻质隔墙工程施工管理经验。
- 重点掌握骨架式隔墙的施工方法步骤和质量要求。

本项目是为了全面训练学生对轻质隔墙工程施工操作与技术管理的能力，检查学生对轻质隔墙工程施工内容知识的理解和运用程度而设置的。

项目导入

隔墙和隔断是分隔空间的非承重构件。其主要作用是对空间进行分隔、引导和过渡。隔墙和隔断的基本要求是重量轻、厚度小、隔声、防火、防潮、易拆装，具有一定的强度、刚度和耐久性。

5.1 隔墙与隔断基本知识

【学习目标】了解隔墙和隔断的基本概念、类型和构造组成。

隔墙和隔断是指由于使用功能的需要，通过设计手段并采用一定的材料来分割房间和建筑物内部大空间，对空间做更深入、更细致的划分，使装饰空间更丰富，功能更完善。现代室内隔墙、隔断要求隔断物自身质量轻，厚度薄，拆移方便，并具有一定刚度及隔声能力。隔墙与隔断都是分隔建筑内外空间的非承重墙，两者的区别如下。

(1) 隔墙高度是到顶的；而隔断高度可以到顶也可以不到顶。

(2) 隔墙在很大程度上限定空间，即完全分隔空间；而隔断限定空间的程度弱，使相邻空间有似隔非隔的感觉。

(3) 隔墙在一定程度上满足隔声、阻隔视线的要求，并可分隔有防潮、防火要求的房间；而隔断在隔声、阻隔视线方面无要求，并具有一定的空透性，使两个空间有视线的交流。

(4) 隔墙一经设置，往往具有不可更改性，至少是不能经常变动；而隔断则有时比较容易移动和拆除，具有灵活性，可随时连通和分隔相邻空间。

隔墙按构造方式可分为砌块隔墙、骨架隔墙和板材隔墙三种，下面逐一进行介绍。

5.1.1　砌块隔墙

砌块隔墙是指用加气混凝土砌块、空心砌块及各种小型砌块等砌筑而成的非承重墙，具有防潮、防火、隔声、取材方便、造价低等特点。传统砌块隔墙由于自重大、墙体厚、需现场湿作业、拆装不方便，在工程中已逐渐少用。目前，装饰工程中普遍采用的是玻璃砖砌筑隔墙。

1．材料

玻璃砖又称特厚玻璃或结构玻璃砖。玻璃砖有空心砖和实心砖两种。实心玻璃砖是采用机械压制方法制成的。空心玻璃砖是把两块经模压成凹形的玻璃加热熔接或胶接成整体的方形或矩形玻璃砖，中间充以 2/3 个大气压的干燥空气，经退火后，洗刷侧面得到的，如图 5.1 所示。

空心砖有单腔和双腔两种。按形状分为正方形、矩形和六边形、棱柱体等异形产品，正方形常用的规格有 150mm×150mm×40mm、200mm×200mm×90mm、220mm×220mm×90mm 等。空心玻璃砖具有透明不透视，抗压强度高，抗冲击、耐酸、隔声性、隔热性、防火性、防爆性和装饰性好等优点。玻璃砖墙被誉为"透明墙壁"，主要用于砌筑透光墙壁、建筑物的非承重内外隔墙、淋浴隔断、门厅、通道等，特别适用于高级建筑、体育馆、图书馆等用作控制透光、眩光和太阳光的场合。

图 5.1　玻璃砖

2．玻璃砖隔墙的构造

玻璃砖隔墙，高度宜控制在 4.5 m 以下，长度不宜过长，四周要镶框，最好是金属框，也可以是木质框。玻璃砖隔墙的构造如图 5.2 所示。

5.1.2　骨架隔墙

骨架隔墙是指由骨架(龙骨)和饰面材料组成的轻质隔墙。常用的骨架有木骨架和金属

骨架，饰面有抹灰饰面和板材饰面。

1．抹灰饰面骨架隔墙

抹灰饰面骨架隔墙，是在骨架上加钉板条、钢板网、钢丝网，然后做抹灰饰面，还可在此基础上另加其他饰面，这种抹灰饰面骨架隔墙已很少采用。

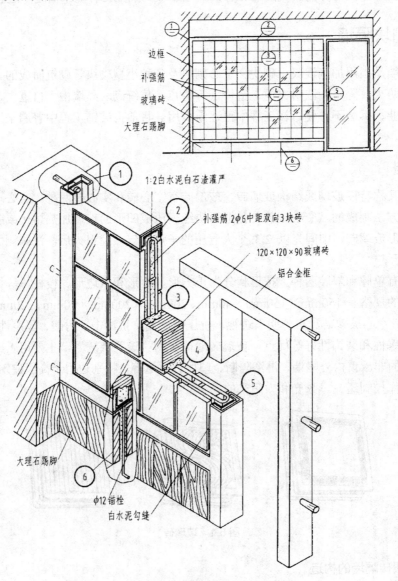

边框
补强筋
玻璃砖
大理石踢脚

1:2白水泥白石渣灌严

补强筋 2φ6中距双向3块砖

120×120×90玻璃砖

铝合金框

大理石踢脚

φ12锚栓
白水泥勾缝

图5.2　玻璃砖隔墙的构造

2．板材饰面骨架隔墙

板材饰面骨架隔墙具有自重轻、材料新、厚度薄、干作业、施工灵活方便等特点，目前室内采用较多。

1) 木骨架隔墙

木骨架隔墙是由上槛、下槛、立柱(墙筋)、横档或斜撑组成骨架，然后在立柱两侧铺钉饰面板，如图5.3所示。这种隔墙质轻、壁薄、拆装方便，但防火、防潮、隔声性能差，并且耗用木材较多。

(1) 木骨架。木骨架通常采用 50mm×(70~100)mm 的方木。立柱之间沿高度方向每1.5m 左右设横档一道，两端与立柱撑紧、钉牢，以增加强度。立柱间距一般为 400~600mm，横档间距为 1.2~1.5m。有门框的隔墙，其门框立柱加大断面尺寸或双根并用。木骨架的固定多采用金属胀管、木楔圆钉、水泥钉等，如图 5.4 所示。另外，木骨架还应作防火、防腐处理。

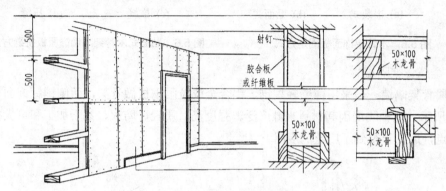

图 5.3　木骨架隔墙的构造

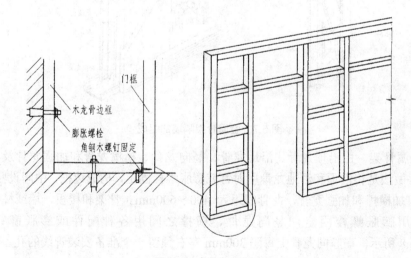

图 5.4　木骨架的固定

(2) 饰面板。木骨架隔墙的饰面板多为胶合板、纤维板等木质板。

饰面板可经油漆涂饰后直接作隔墙饰面，也可作其他装饰面的衬板或基层板，如镜面玻璃装饰的基层板，壁纸、壁布裱糊的基层板，软包饰面的基层板，装饰板及防火板的粘贴基层板。

饰面板的固定方式有两种：一种是将面板镶嵌或用木压条固定于骨架中间，称嵌装式；

另一种是将面板封于木骨架之外，并将骨架全部掩盖，称为贴面式，如图 5.5 所示。贴面式的饰面板要在立柱上拼缝，常见的拼缝方式有坡缝、凹缝、嵌缝和压缝，如图 5.6 所示。

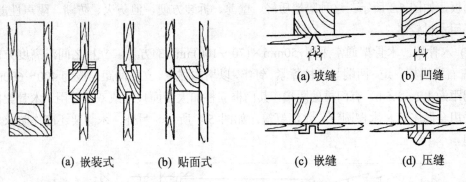

(a) 嵌装式	(b) 贴面式

图 5.5 木骨架饰面板固定方式

(a) 坡缝	(b) 凹缝
(c) 嵌缝	(d) 压缝

图 5.6 贴面式木骨架隔墙饰面板拼缝方式

2) 金属骨架隔墙

金属骨架隔墙一般采用薄壁轻型钢、铝合金或拉眼钢板做骨架，两侧铺钉饰面板，如图 5.7 所示。这种隔墙因其材料来源广泛、强度高、质轻、防火、易于加工和可大批量生产等特点，近几年得到了广泛的应用。

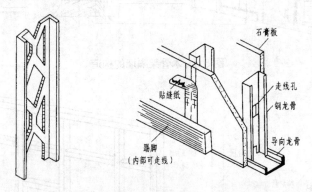

图 5.7 金属骨架隔墙的组成

(1) 金属骨架。由沿顶龙骨、沿地龙骨、竖向龙骨、横撑龙骨和加强龙骨及各种配件组成。通常做法是将沿顶和沿地龙骨用射钉或膨胀螺栓固定，构成边框，中间设竖向龙骨，如需要还可加横撑和加强龙骨，龙骨间距为 400~600mm。骨架和楼板、墙或柱等构件连接时，多用膨胀螺栓固定，竖向龙骨、横撑之间用各种配件或膨胀铆钉相互连接，如图 5.8 所示。在竖向龙骨上每隔 300mm 左右预留一个准备安装管线的孔。龙骨的断面多数用 T 形或 V 形。

(2) 饰面板。金属骨架的饰面板采用纸面石膏板、金属薄钢板或其他人造板材。目前应用最多的是纸面石膏板、防火石膏板和防水石膏板。

(3) 轻钢龙骨纸面石膏板隔墙的构造要求。

① 隔墙高度大于纸面石膏板的板长时，在横接缝处应设一根横撑，以增强隔墙的稳定性。当隔墙高大于 3.6m 时，应在竖向龙骨的上下方各装一排横撑，以保证两侧纸面石膏板错缝排列。

② 为利于防火，纸面石膏板应纵向安装。

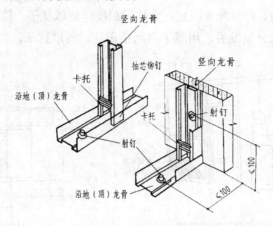

图 5.8　金属骨架的相互连接

③ 纸面石膏板分正反面，通常有打字标记的一面为反面，应该将反面一侧面对轻钢龙骨。

④ 纸面石膏板与龙骨的连接采用钉、粘、夹具卡等方式，其中用自攻螺钉固定应用较多。

⑤ 纸面石膏板可采用单层、双层和多层，安装双层或多层纸面石膏板时，相邻两层板的接缝应错开，如图 5.9 所示。

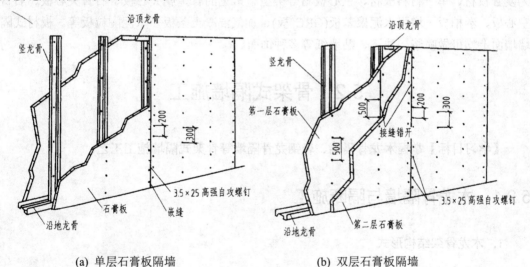

(a)　单层石膏板隔墙　　　　　　　　(b)　双层石膏板隔墙

图 5.9　轻钢龙骨纸面石膏板的单、双层安装

⑥ 为避免纸面石膏板吸水变形，应在纸面石膏板安装后即做防潮处理。防潮处理一般有两种方法，一种是用涂料防潮；另一种是刮腻子裱壁纸或进行其他装饰。

⑦ 纸面石膏板之间的接缝有明缝和暗缝两种。明缝一般适用于公共建筑大房间的隔墙；暗缝适用于居住建筑小房间的隔墙。明缝的做法是：安装板材时留 8～12mm 的间隙，

再用石膏油腻子嵌入并用勾缝工具勾成凹缝，或在明缝中嵌入铝合金压条。暗缝的做法是：将板边缘刨成斜面倒角，再与龙骨固定，安装后在接缝处填腻子，待初凝后再抹一层腻子，然后粘贴穿孔纸带，水分蒸发后，用腻子将纸带压住，与墙抹平，如图 5.10 所示。

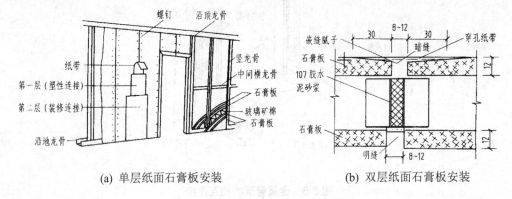

(a) 单层纸面石膏板安装   (b) 双层纸面石膏板安装

图 5.10　板材隔墙板缝处理构造

5.1.3　板材隔墙

板材隔墙是用各种板状材料直接拼装而成的隔墙，这种隔墙一般不用骨架，有时为了提高其稳定性也可设置竖向龙骨。隔墙所用板材一般为等于房间净高的条形板材，通常分为复合板材、单一材料板材、空心板材等类型。常见的有金属夹芯板、石膏夹芯板、石膏空心板、泰柏板、增强水泥聚苯板(GRC 板)、加气混凝土条板、水泥陶粒板等。板材式隔墙墙面上均可做喷浆、油漆、贴墙纸等多种饰面。

5.2　骨架式隔墙施工

【学习目标】掌握木龙骨隔墙、轻钢龙骨隔墙等骨架式隔墙施工工艺。

5.2.1　木龙骨隔墙与隔断施工

1．木龙骨架结构形式

1) 大木方结构

如图 5.11 所示，这种结构的木隔断墙，通常用 50mm×80 mm 或 50mm×100mm 的大木方制作主框架，框体为 500mm×500mm 左右的方框架或 500mm×800mm 左右的长方框架，再用 4～5mm 厚的木夹板作为基面板。这种结构多用于墙面较高较宽的木龙骨隔断墙。

2) 小木方双层结构

如图 5.12 所示，为了使木隔断墙有一定的厚度，常用 25mm×30mm 的带凹槽木方作成两片龙骨的框架，每片规格为 300mm×300mm 或 400mm×400mm，再将两个框架用木方横杆相连接，这种结构适用于宽度为 150mm 左右的木龙骨隔断墙。

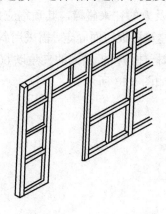

图 5.11　大木方结构骨架

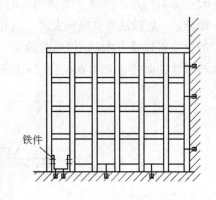

铁件

图 5.12　短隔断墙的固定

3) 小木方单层结构

这种结构常用 25mm×30mm 的带凹槽木方组装，常用的框架规格为 300mm×300mm。此种结构的木隔断墙多用于高度在 3m 以下的全封隔断或普通半高矮隔断。

2. 隔墙木龙骨架的安装

1) 弹线打孔

根据设计图纸的要求，在楼地面和墙面上弹出隔墙的位置线(中心线)和隔墙厚度线(边线)。同时按 300～400mm 的间距确定固定点的位置，用直径 7.8mm 或 10.8mm 的钻头在中心线上打孔，孔深 45mm 左右，向孔内放入 M6 或 M8 的膨胀螺栓。

注意打孔的位置与骨架竖向木方错开位。如果用木楔铁钉固定，就需打出直径 20mm 左右的孔，孔深 50mm 左右，再向孔内打入木楔。

2) 固定木龙骨

固定木龙骨的方式有多种。为保证装饰工程的结构安全，在室内装饰工程中，通常遵循不破坏原建筑结构的原则进行木龙骨的固定，一般按以下步骤进行。

(1) 固定木龙骨的位置，通常是在沿地、沿墙、沿顶等处。

(2) 在固定木龙骨前，应按对应地面和顶面的隔墙固定点的位置，在木龙骨架上画线，标出固定点位置，进而在固定点打孔，打孔的直径略微大于膨胀螺栓的直径。

(3) 对于半高矮隔墙来说，主要靠地面固定和端头的建筑墙面固定。如果矮隔断墙的端头处无法与墙面固定，常采用铁件来加固端头处。加固部分主要是地面与竖向方木之间，如图 5.12 所示。

3) 木骨架与吊顶的连接

在一般情况下，隔墙木骨架的顶部与建筑楼板底的连接可有多种选择，采用射钉固定连接件，或采用膨胀螺栓、木楔圆钉等均可。

对于不设开启门扇的隔墙，当其与铝合金或轻钢龙骨吊顶接触时，只要求与吊顶面间的缝隙要小而平直，隔墙木骨架可独自通过吊顶与建筑楼板以木楔圆钉固定。当其与吊顶的木龙骨接触时，应将吊顶木龙骨与隔墙木龙骨的沿顶龙骨钉接起来，如果两者之间有接缝，还应垫实接缝后再钉钉子。

对于设有开启门扇的隔墙，考虑到门的启闭振动及人的往来碰撞，其顶端应采取较牢靠的固定措施，一般做法是其竖向龙骨穿过吊顶面与建筑楼板底面固定，需采用斜角支撑。斜角支撑的材料可以是方木，也可以是角钢，斜角支撑杆件与楼板底面的夹角以 60°为宜。斜角支撑与基体的固定可采用木楔铁钉或膨胀螺栓，如图 5.13 所示。

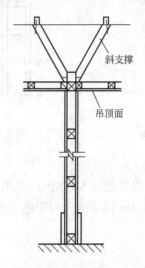
斜支撑

吊顶面

图 5.13　带木门隔墙与建筑顶面的连接固定

3. 固定板材

木龙骨隔断墙的饰面基层板，通常采用木夹板、中密度纤维板等木质板材。

木龙骨隔断墙上固定木夹板的方式，主要有明缝固定和拼缝固定两种。

明缝固定是在两板之间留一条有一定宽度的缝隙，当施工图无明确规定时，预留的缝宽以 8～10mm 为宜。如果明缝处不用垫板，则应将木龙骨面刨光，使明缝的上下宽度一致。在锯割木夹板时，用靠尺来保证锯口的平直度与尺寸的准确性，锯完后用 0 号木砂纸打磨修边。

拼缝固定时，要求木夹板正面四边进行倒角处理(边倒角为 45°)。其钉板的方法是用 25mm 枪钉或铁钉，把木夹板固定在木龙骨上。要求布钉要均匀，钉距掌握在 100mm 左右。通常 5mm 厚以下的木夹板用 25mm 的钉子固定，9mm 厚左右的木夹板用 30～35mm 的钉子固定。

对钉入木夹板的钉头，有两种处理方法。一种是先将钉头打扁，再将钉头打入木夹板内；另一种是先将钉头与木夹板钉平，待木夹板全部固定后，再用尖头冲子逐个将钉头冲入木夹板平面以内 1mm。

4. 木隔墙门窗的构造做法

1) 门框构造

木隔墙的门框是以门洞口两侧的竖向木龙骨为基体，配以挡位框、饰边板或饰边线组合而成的。传统的大木方骨架的隔墙门洞竖龙骨断面大,其挡位框的木方可直接固定于竖向木龙骨上。对于小木方双层构架的隔墙,由于其木方断面较小,应该先在门洞内侧钉固12mm 厚的胶合板或实木板之后,才可在其上固定挡位框。

如若对木隔墙门的设置要求较高,其门框的竖向木方应具有较大断面,并须采取铁件加固法,如图 5.14 所示,这样做可以保证不会由于门的频繁启闭振动而造成隔墙的颤动或松动。

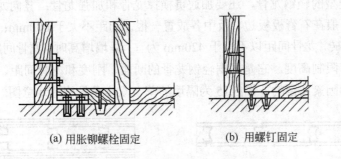

(a) 用胀铆螺栓固定　　　　　　(b) 用螺钉固定

图 5.14　木隔墙门框采用铁件加固的构造做法

2) 窗框构造

木隔断中的窗框是在制作木隔断时预留出的,然后用木夹板和木线条进行压边或定位。木隔断墙的窗有固定式和活动窗扇式两种,固定窗是用木条把玻璃定位在窗框中,活动窗扇式与普通活动窗基本相同。

5．饰面做法

在木龙骨夹板墙身基面上,可进行的饰面种类有油漆饰面、涂料饰面、裱糊饰面、镶嵌各种罩面板等。其施工工艺详见相关章节内容。

5.2.2　轻钢龙骨隔墙施工

轻钢龙骨隔墙,也称为墙体轻钢龙骨,是以厚度为 0.5~1.5mm 的镀锌钢带、薄壁冷轧退火卷带或彩色喷塑钢带为原料,经龙骨机辊压而制成的轻质隔墙骨架支承材料。薄壁轻钢龙骨与玻璃或轻质板材组合,即可组成隔断墙体。

轻钢龙骨的分类方法很多,按其截面形状的不同,可以分为 C 型和 U 型两种;按其使用功能不同,可分为横龙骨、竖龙骨、通贯龙骨和加强龙骨四种;按其规格尺寸不同,主要可分为 Q50(也称 50 系列)、Q75(也称 75 系列)、Q100(也称 100 系列)和 Q150(也称 150系列)四种。

横龙骨的截面呈 U 型,在墙体轻钢骨架中主要用于沿顶、沿地龙骨,多与建筑的楼板底及地面结构相连结,相当于龙骨框架的上下轨槽,与 C 型竖龙骨配合使用。其钢板的厚度一般为 0.63mm,重 0.63~1.12kg/m。

竖龙骨的截面呈 C 型,用作墙体骨架垂直方向的支承,其两端分别与沿顶、沿地横龙骨连接。其钢板的厚度一般为 0.63mm,重 0.81~1.30kg/m。

加强龙骨又称盒子龙骨，其截面呈不对称 C 型。可单独作为竖龙骨使用，也可两件相扣组合使用，以增加其刚度。其钢板厚度一般为 0.63mm，重 0.62～0.87kg/m。

1. 轻钢龙骨隔墙的构造形式

不同类型、不同规格的轻钢龙骨，可以组成不同的隔墙骨架构造。一般是用沿地、沿顶龙骨与沿墙、沿柱龙骨(用竖龙骨)构成隔墙边框，中间立若干竖向龙骨，它是主要的承重龙骨。有些类型的轻钢龙骨，还要加通贯横撑龙骨和加强龙骨；竖向龙骨间距根据石膏板宽度而定，一般在石膏板板边、板中各放置一根，间距不大于 600mm；当墙面装修层质量较大，如贴瓷砖，龙骨间距以不大于 420mm 为宜；隔墙增高时，龙骨间距亦应适当缩小。

轻质隔墙有限制高度，它是根据轻钢龙骨的断面、刚度和龙骨间距、墙体厚度、石膏板层数等方面的因素决定的。图 5.15 为隔墙的单、双排龙骨构造示意图。

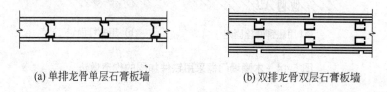

(a) 单排龙骨单层石膏板墙　　　　(b) 双排龙骨双层石膏板墙

图 5.15　隔墙的构造

隔墙骨架的构造由不同的龙骨类型构成不同体系，可根据隔墙要求分别确定。图 5.16 和图 5.17 为两种不同的龙骨布置形式。

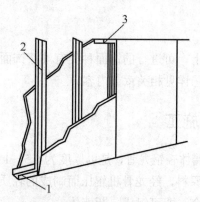

图 5.16　隔墙龙骨布置示意之一

1—沿地龙骨；2—竖龙骨；3—沿顶龙骨

沿地龙骨、沿顶龙骨、沿墙龙骨和沿柱龙骨，统称为边框龙骨。边框龙骨和主体结构的固定，一般采用射钉法，即按间距不大于 1m 打入射钉与主体结构固定，也可以采用电钻打孔打入膨胀螺栓或在主体结构上留预埋件的方法固定，如图 5.18 所示。竖龙骨用拉铆钉与沿地龙骨和沿顶龙骨固定，如图 5.19 所示，也可以采用自攻螺钉或点焊的方法连接。

门框和竖向龙骨的连接，根据龙骨类型的不同有多种做法，例如加强龙骨与木门框连接，或者用木门框两侧框向上延长，插入沿顶龙骨，然后固定于沿顶龙骨和竖向龙骨上，也可采用其他固定方法，如图 5.20 所示。

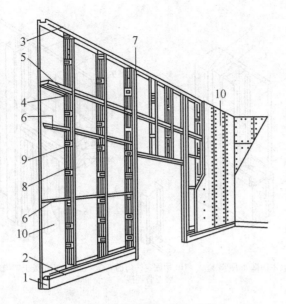

图 5.17　隔墙龙骨布置示意之二

1—混凝土踢脚座；2—沿地龙骨；3—沿顶龙骨；4—竖龙骨；5—横撑龙骨；
6—通贯横撑龙骨；7—加强龙骨；8—贯通孔；9—支撑卡；10—石膏板

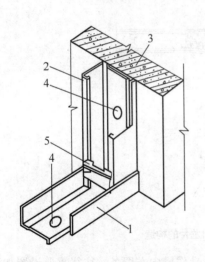

图 5.18　沿地、沿墙龙骨与墙、地固定

1—沿地龙骨；2—竖向龙骨；
3—墙或柱；4—射钉及垫圈；5—支撑卡

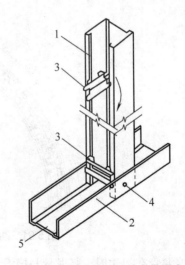

图 5.19　竖向龙骨与沿地龙骨固定

1—竖向龙骨；2—沿地龙骨；
3—支撑卡；4—铆孔；5—橡皮条

　　圆曲面隔墙墙体的构造，应根据曲面要求将沿地龙骨、沿顶龙骨切锯成锯齿形，固定在顶面和地面上，然后按较小的间距(一般为 150mm)排立竖向龙骨，如图 5.21 所示。

　　为增强隔墙轻钢骨架的强度和刚度，每道隔墙应保证最少设置一条通贯龙骨，通贯龙骨穿通竖龙骨，在隔墙骨架横向通长布置。图 5.22 为通贯龙骨与竖龙骨以支撑卡锁紧相交的构造示意。通贯龙骨横穿隔墙的全宽，如果隔墙的宽度较大，势必采取接长措施，图 5.23 为通贯龙骨使用连接件(接长件)进行接长的示意。

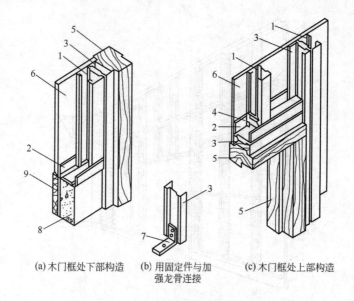

(a) 木门框处下部构造　　(b) 用固定件与加　　(c) 木门框处上部构造
　　　　　　　　　　　　　强龙骨连接

图 5.20　木门框处的构造

1—竖向龙骨；2—沿地龙骨；3—加强龙骨；4—支撑卡；5—木门框；6—石膏板；
7—固定件；8—混凝土踢脚座；9—踢脚板

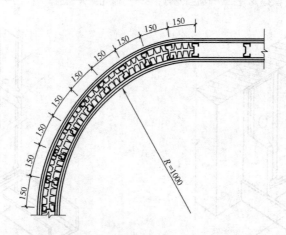

图 5.21　圆曲面隔墙轻钢龙骨的构造

　　隔墙龙骨在组装时，竖龙骨与横龙骨(除通贯龙骨作横向布置外，往往需要设置加强龙骨)相交部位的连接采用角托，如图 5.24 所示。

　　轻钢龙骨隔墙内装设的配电箱和开关盒的构造做法如图 5.25 所示。

2. 轻钢龙骨隔墙的安装

　　轻钢龙骨隔墙的安装顺序是：墙位放线→安装沿顶和沿地龙骨→安装竖向龙骨(包括门口加强龙骨)→安装横撑龙骨和通贯龙骨→各种洞口龙骨加强→安装墙内管线及其他设施。

　　1) 墙位放线

　　根据设计要求，在楼(地)面上弹出隔墙的位置线，即隔墙的中心线和墙的两侧线，并引测到隔墙两端墙(或柱)面及顶棚(或梁)的下面，同时将门口位置、竖向龙骨位置在隔墙的上、下处分别标出，作为施工时的标准线，而后再进行骨架的组装。如果设计要求设有墙基，应按准确位置先进行隔墙基座的砌筑。

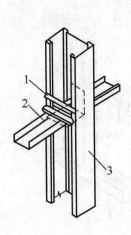

图 5.22 通贯龙骨与竖龙骨的连接

1—支撑卡；2—通贯龙骨；3—竖龙骨

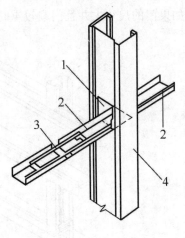

图 5.23 通贯龙骨的接长

1—贯通孔；2—通贯龙骨；
3—通贯龙骨连接件；4—竖龙骨(或加强龙骨)

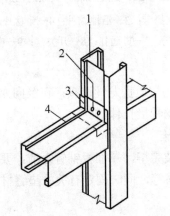

图 5.24 竖龙骨与横龙骨或加强龙骨的连接

1—竖龙骨或加强龙骨；2—拉铆钉或自攻螺栓；3—角托；4—横龙骨或加强龙骨

2) 安装沿顶和沿地龙骨

在楼(地)面和顶棚下分别摆好横龙骨，注意在龙骨与地面、顶面接触处应铺填橡胶条或沥青泡沫塑料条，再按规定的间距用射钉或电钻打孔塞入膨胀螺栓，将沿地龙骨和沿顶龙骨固定于楼(地)面和顶(梁)面。

射钉或电钻打孔按 0.6～1.0m 的间距布置，水平方向应不大于 0.8m，垂直方向不大于 1.0m。射钉射入基体的最佳深度：混凝土为 22～32mm，砖墙为 30～50mm。

3) 安装竖向龙骨

竖向龙骨的间距要依据罩面板材的实际宽度而定，对于罩面板材较宽者，需要在中间加设一根竖龙骨，比如板宽 900mm，其竖龙骨间距宜为 450mm。

将预先切截好长度的竖向龙骨推向沿顶，沿地龙骨之间，翼缘朝向罩面板方向。应注意竖龙骨的上下方向不能颠倒，现场切割时，只可从其上端切断。门窗洞口处应采用加强龙骨，如果门的尺寸大并且门扇较重时，应在门洞口处另加斜撑。

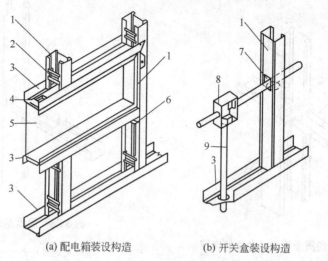

(a) 配电箱装设构造   (b) 开关盒装设构造

图 5.25 配电箱和开关盒的构造

1—竖龙骨；2—支撑卡；3—沿地龙骨；4—穿管开洞；5—配电箱；

6—卡托；7—贯通孔；8—开关盒；9—电线管

4）安装横撑龙骨和通贯龙骨

在竖向龙骨上安装支撑卡托与通贯龙骨连接；在竖向龙骨开口面安装卡托与横撑龙骨连接；通贯龙骨的接长使用其龙骨接长件。

5）安装墙内管线及其他设施

在隔墙轻钢龙骨主配件组装完毕，罩面板铺钉之前，要根据要求敷设墙内暗装管线、开关盒、配电箱及绝缘保温材料等，同时固定有关的垫缝材料。

3．轻钢龙骨隔墙板材固定

在轻钢龙骨上固定纸面石膏板用平头自攻螺丝，其规格有 M4×25 或 M5×25 两种，螺钉的间距为 200mm 左右。固定纸面石膏板应将板竖向放置，当两块在一条竖龙骨上对缝时，其对缝应在龙骨之间，对缝的缝隙不得大于 3mm，如图 5.26 所示。

固定时，先将整张板材铺在龙骨架上，对正缝位后，用 $\phi3.2$ 或 $\phi4.2$ 的麻花钻头，将板材与轻钢龙骨一并站孔，再用 M4 或 M5 的自攻螺丝进行固定，固定后的螺钉头要沉入板材平面 2～3mm，板材应尽量整张地使用，不够整张位置时，可以切割，切割石膏板可用壁纸刀、钩刀、小钢锯条等。

4．轻钢龙骨隔墙板缝处理

轻钢龙骨隔墙板缝的处理如图 5.9 和图 5.10 所示。

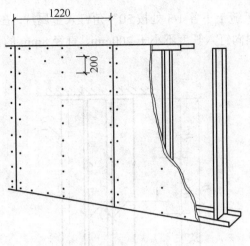

图 5.26　固定板材及对缝

5.3　板材式隔墙施工

【学习目标】掌握加气混凝土条板隔墙、石膏条板隔墙、泰柏墙板隔墙等板材式隔墙施工工艺。

5.3.1　加气混凝土条板隔墙施工

1. 条板构造及规格

加气混凝土条板是以钙质材料(水泥、石灰)、含硅材料(石英砂、尾矿粉、粉煤灰、粒化高炉矿渣、页岩等)和加气剂作为原料,经过磨细、配料、搅拌、浇注、切割和压蒸养护(8 或 15 个大气压下养护 6～8h)等工序制成的一种多孔轻质墙板。条板内配有适量的钢筋,钢筋宜预先经过防锈处理,并用点焊加工成网片。

加气混凝土条板可以做室内隔墙,也可作为非承重的外墙板。由于加气混凝土能利用工业废料,产品成本比较低,能大幅度降低建筑物的自重,生产效率较高,保温性能较好,因此具有较好的技术经济效果。

加气混凝土条板按其原材料不同,可分为水泥—矿渣—砂、水泥—石灰—砂和水泥—石灰—粉煤灰加气混凝土条板。加气混凝土隔墙条板的规格:厚度 75mm、100mm、120mm、125mm;宽度一般为 600mm;长度根据设计要求而定。条板之间黏结砂浆层,厚度一般为2～3mm,要求饱满、均匀,以使条板与条板黏结牢固。条板之间的接缝可做成平缝,也可做成倒角缝。

2. 加气混凝土条板的安装

加气混凝土条板隔墙一般采用垂直安装,板的两侧应与主体结构连接牢固,板与板之间用黏结砂浆黏结,沿板缝上下各 1/3 处按 30°角钉入金属片,在转角墙和丁字墙交接处,在板高上下 1/3 处,应斜向钉入长度不小于 200mm、直径 8mm 的铁件,如图 5.27～图 5.29所示。

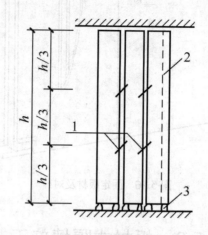

图 5.27　加气混凝土条板用铁销、铁钉横向连接

1—铁销；2—铁钉；3—木楔

加气混凝土条板上下部的连接,一般采用刚性节点做法,即在板的上端抹黏结砂浆,与梁或楼板的底部黏结,下部两侧用木楔顶紧,最后在下部的缝隙用细石混凝土填实,如图 5.30 所示。

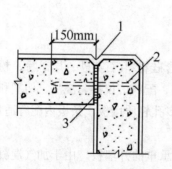

图 5.28　转角墙节点的构造

1—八字缝；2—用直径 8mm 钢筋打尖；3—黏结砂浆

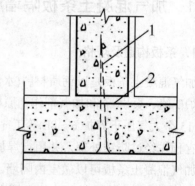

图 5.29　丁字墙节点的构造

1—用直径 8mm 钢筋打尖；2—黏结砂浆

加气混凝土条板内隔墙安装顺序,应从门洞处向两端依次进行,门洞两侧宜用整块条板。无门洞时,应按照从一端向另一端顺序安装。板间黏结砂浆的灰缝宽度以 2～3mm 为宜,一般不得超过 5mm。板底木楔需要经过防腐处理,顺板宽方向楔紧。门洞口过梁块的连接如图 5.31 所示。

加气混凝土条板隔墙安装,要求墙面垂直,表面平整,用 2m 靠尺检查其垂直度和平整度,偏差最大不应超过 4mm。隔墙板的最小厚度不得小于 75mm；当厚度小于 125mm时,其最大长度不应超过 3.5m。对双层墙板的分户墙,两层墙板的缝隙应相互错开。

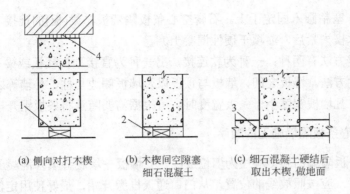

(a) 侧向对打木楔　　　(b) 木楔间空隙塞　　　(c) 细石混凝土硬结后
　　　　　　　　　　　　　　细石混凝土　　　　　　取出木楔，做地面

图 5.30　隔墙板上下联结构造方法之一

1—木楔；2—细石混凝土；3—地面；4—黏结砂浆

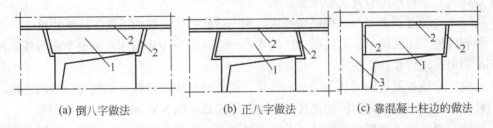

(a) 倒八字做法　　　　　(b) 正八字做法　　　　　(c) 靠混凝土柱边的做法

图 5.31　门洞口过梁块的连接构造做法

1—过梁挟(用墙板切锯)；2—黏结砂浆；3—钢筋混凝土柱

加气混凝土墙板上不宜吊挂重物，否则易损坏墙板，如确实需要，则应采取有效的措施进行加固。

装卸加气混凝土板材应使用专用工具，运输时应对板材做好绑扎措施，避免松动、碰撞。板材在现场的堆放点应靠近施工现场，避免二次搬运。堆放场地应坚实、平坦、干燥，不得使板材直接接触地面。堆放时宜侧立放置，注意采取覆盖保护措施，避免雨淋。

5.3.2　石膏空心条板隔墙施工

石膏空心条板的一般规格：长度为 2500～3000mm，宽度为 500～600mm，厚度为 60～90mm。石膏空心条板表面平整光滑，且具有质轻(表观密度 600～900kg/m³)、比强度高(抗折强度 2～3MPa)、隔热［导热系数为 0.22W/(m·K)］、隔声(隔声指数＞300dB)、防火(耐火极限 1～2.25h)、加工性好(可锯、刨、钻)、施工简便等优点。

其品种按原材料分，有石膏粉煤灰硅酸盐空心条板、磷石膏空心条板和石膏空心条板，按防潮性能可分为普通石膏空心条板和防潮空心条板。

1．石膏空心条板隔墙的构造形式

石膏空心条板一般用单层板作分室墙和隔墙，也可用双层空心条板，内设空气层或矿棉组成分户墙。单层石膏空心板隔墙，也可用割开的石膏板条做骨架，板条宽为 150mm，整个条板的厚度约为 100mm，墙板的空心部位可穿电线，板面上固定开关及插销等，可按需要钻成小孔，塞粘圆木固定于上。石膏空心条板隔墙板与梁(板)的连接，一般采用下楔法，即下部与木楔楔紧后，灌填干硬性混凝土。

其上部固定方法有两种：一种为软连接，另一种为直接顶在楼板或梁下。为施工方便较多采用后一种方法。墙板之间，墙板与顶板以及墙板侧边与柱、外墙等之间均用 107 胶水泥砂浆黏结。凡墙板宽度小于条板宽度时，可根据需要随意将条板锯开再拼装黏结。

2. 石膏空心条板隔墙施工的顺序

石膏空心条板隔墙的施工顺序为墙位放线→立墙板→墙底缝填塞混凝土→嵌缝。

安装墙板时，应按照放线的位置，从门口通天框旁开始，最好使用定位木架。安装前在板的顶面和侧面刷 107 胶水泥砂浆，先推紧侧面，再顶牢顶面，板下两侧 1/3 处垫两组木楔并用靠尺检查。然后下端浇注细石混凝土；或者先在地面上浇制或放置混凝土条块；也可以砌砖，然后粘上石膏空心条板。

为防止安装时石膏空心条板底端吸水，应先涂刷甲基硅醇钠溶液作防潮处理。

踢脚线施工比较简单，先用稀 107 胶水刷一遍，再用 107 胶水泥浆刷至踢脚线部位，待初凝后用水泥砂浆抹实压光。

石膏空心条板隔墙的墙板与墙板的连接、墙板与地面的连接、墙板与门口的连接、墙板与柱子的连接、墙板与顶板的连接，分别如图 5.32～图 5.36 所示。

板缝一般采用不留明缝的做法，其具体做法是：在涂刷防潮涂料之前，先刷水湿润两遍，再抹石膏膨胀珍珠岩腻子，进行勾缝、填实、刮平。

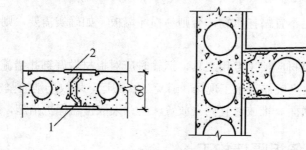

图 5.32 墙板与墙板的连接

1—107 胶水泥砂浆黏结；2—石膏腻子嵌缝

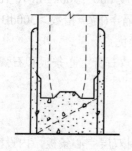

图 5.33 墙板与地面的连接

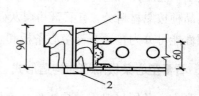

图 5.34 墙板与门口的连接

1—通天板；2—木压条

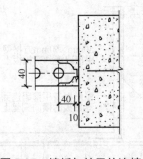

图 5.35　墙板与柱子的连接

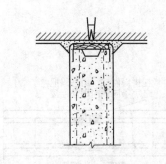

图 5.36　墙板与顶板的连接(软节点)

5.3.3　泰柏墙板隔墙施工

泰柏板是以直径为(2.06±0.03)mm、屈服强度为 390～490MPa 的钢丝焊接而成的三维钢丝网骨架与高热阻自熄性聚苯乙烯泡沫塑料组成的芯材板，两面喷涂水泥砂浆而成，如图 5.37 所示。

泰柏板的标准尺寸为 1.22m×2.44m≈3m²，标准厚度为 100mm，平均自重为 90kg/m²，阻热为 0.64W/(m²·K)(其热损失比 360mm 厚的砖墙小 50%)。由于所用钢丝网骨架构造及夹芯层材料、厚度的差别等，该类板材有多种名称，如 GY 板、三维板、3D 板、钢丝网节能板，但它们的性能和基本结构相似。

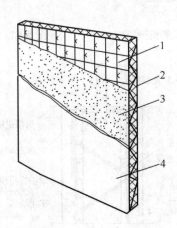

图 5.37　泰柏板的构造

1—14#镀锌钢丝制成的桁条网龙骨架；2—中间厚 57mm 聚苯乙烯泡沫塑料

3—水泥砂浆层；4—外表面层可做成各种饰面

泰柏板具有轻质高强、隔热隔声、防火防潮、耐久性好、易于加工、施工方便等特点，适用于自承重墙、内隔墙、屋面板、3m 跨内的楼板等。

泰柏板隔墙板与板的连接如图 5.38 所示，转角的构造如图 5.39 所示，丁字墙的构造如图 5.40 所示。泰柏板墙与实体墙的连接如图 5.41 所示，与楼板或吊顶的连接如图 5.42 所示，与地板的连接如图 5.43 所示。

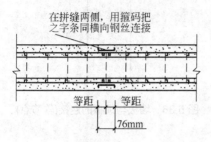

图 5.38　泰柏板隔墙板与板的连接

在拼缝两侧，用箍码把之字条同横向钢丝连接

等距　等距

76mm

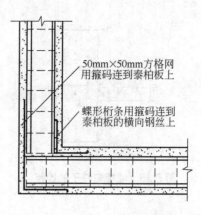

图 5.39　泰柏板墙转角的构造

50mm×50mm方格网用箍码连到泰柏板上

蝶形桁条用箍码连到泰柏板的横向钢丝上

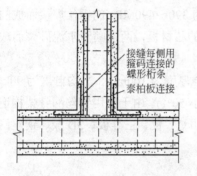

图 5.40　泰柏板隔墙丁字墙的构造

接缝每侧用箍码连接的蝶形桁条

泰柏板连接

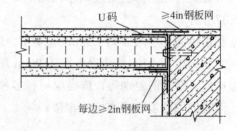

图 5.41　泰柏板墙与实体墙的连接

U码　≥4in钢板网

每边≥2in钢板网

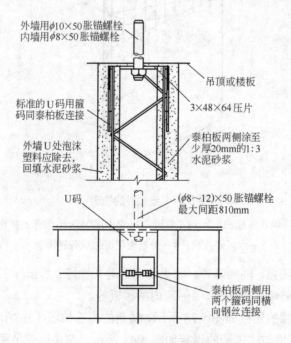

外墙用φ10×50胀锚螺栓内墙用φ8×50胀锚螺栓

标准的U码用箍码同泰柏板连接

外墙U处泡沫塑料应除去，回填水泥砂浆

U码

吊顶或楼板

3×48×64压片

泰柏板两侧涂至少厚20mm的1:3水泥砂浆

(φ8~12)×50胀锚螺栓最大间距810mm

泰柏板两侧用两个箍码同横向钢丝连接

图 5.42　泰柏板墙与楼板或吊顶的连接

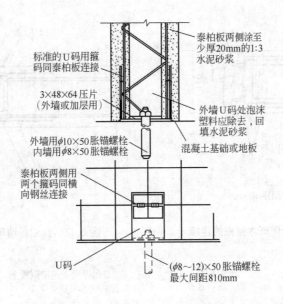

图 5.43　泰柏板墙与地板的连接

泰柏板曲面墙的构造是：首先按所需圆弧曲率半径进行分裁，即按一定的间距将泰柏板一面的横向钢丝剪断。板材分裁后，按既定曲率进行弯曲，然后对分裁部位的钢丝网进行补强。当间距小于等于 400mm 时，沿横向用"之"字条配件补强。当间距大于 400mm 时，则用"之"字条沿纵向将分裁板缝进行补强，如图 5.44 和图 5.45 所示。

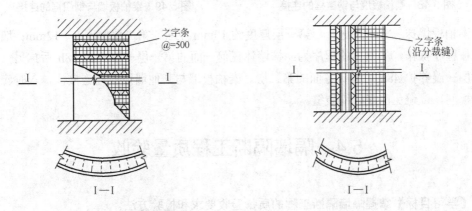

图 5.44　$R \leqslant 500$cm 曲面墙构造　　　　图 5.45　$R > 500$cm 曲面墙构造

泰柏板墙与木窗框的连接如图 5.46 所示；泰柏板墙与木门框的连接如图 5.47 所示；泰柏板墙与钢窗框的连接如图 5.48 所示；泰柏板墙与钢门框的连接如图 5.49 所示。

泰柏板隔墙安装时，应当注意墙板与其他墙板、楼面、顶棚、门窗框之间的连接，一定要紧密牢固。

泰柏板墙对抹灰的材料，有以下基本要求：水泥选用硅酸盐水泥或强度等级为 42.5MPa 的普通硅酸盐水泥，砂采用符合质量要求的中砂，采用砂浆泵喷涂时，可加入不多于水泥用量 25%的石膏。

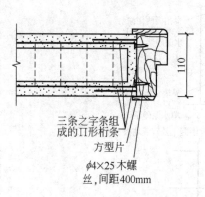

图 5.46　泰柏板墙与木窗框的连接

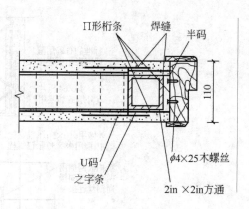

图 5.47　泰柏板墙与木门框的连接

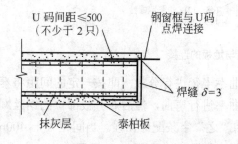

图 5.48　泰柏板墙与钢窗框的连接

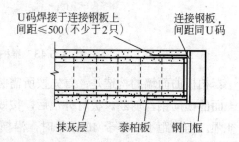

图 5.49　泰柏板墙与钢门框的连接

泰柏板墙抹灰分两层进行，第一层厚度约 10mm 左右，第二层厚度 8～12mm；墙体抹灰应按程序操作，其具体的程序为：抹墙体任何一面的第一层→湿养护 48h 后抹另一面的第一层→湿养护 48h 后再抹各面的第二层。泰柏板墙与其他墙体或柱连接，抹灰时应设置补强板网，以避免出现收缩裂缝。

5.4　隔墙隔断工程质量验收

【学习目标】掌握隔墙隔断工程的质量验收要求和检验方法。

5.4.1　一般规定

1) 轻质隔墙

轻质隔墙是指非承重轻质内隔墙。轻质隔墙工程所用材料的种类和隔墙的构造方法很多，本章将其归纳为板材隔墙、骨架隔墙、活动隔墙、玻璃隔墙四种类型。加气混凝土砌块、空心砌块及各种小型砌块等先进砌体类轻质隔墙不含在本章范围内。

2) 轻质隔墙工程验收时应检查的文件和记录

(1) 轻质隔墙工程的施工图、设计说明及其他设计文件。

(2) 材料的产品合格证书、性能检测报告、进场验收记录和复验报告。

(3) 隐蔽工程验收记录。

(4) 施工记录。

3) 轻质隔墙工程应复验的项目

轻质隔墙施工要求对所使用人造木板的甲醛含量进行进场复验，目的是避免对室内空气环境造成污染。

4) 轻质隔墙工程应验收的隐蔽工程项目

(1) 骨架隔墙中设备管线的安装及水管试压。

(2) 木龙骨防火、防腐处理。

(3) 预埋件或拉结筋。

(4) 龙骨安装。

(5) 填充材料的设置。

轻质隔墙工程中的隐蔽工程施工质量是这一分项工程质量的重要组成部分。本条规定了轻质隔墙工程中的隐蔽工程验收内容，其中设备管线安装的隐蔽工程验收属于设备专业施工配合的项目，要求在骨架隔墙封面板前，对骨架中设备管线的安装进行隐蔽工程验收，隐蔽工程验收合格后才能封面板。

5) 各分项工程检验批的划分

同一品种的轻质隔墙工程每 50 间(大面积房间和走廊按轻质隔墙的墙面 $30m^2$ 为一间)应划分为一个检验批，不足 50 间也应划分为一个检验批。

6) 应采取防开裂措施的部位

轻质隔墙与顶棚或其他材料墙体的交接处容易出现裂缝，因此，要求轻质隔墙的这些部位要采取防裂缝的措施。

7) 民用建筑轻质隔墙工程的隔声性能规定

民用建筑轻质隔墙工程的隔声性能应符合现行国家标准《民用建筑隔声设计规范》(GBJ 118)的规定。

5.4.2　板材隔墙工程

板材隔墙是指不需设置隔墙龙骨，由隔墙板材自承重，将预制或现制的隔墙板材直接固定于建筑主体结构上的隔墙工程。目前这类轻质隔墙的应用范围很广，使用的隔墙板材通常分为复合板材、单一材料板材、空心板材等类型。常见的隔墙板材有金属夹芯板、预制或现制的钢丝网水泥板、石膏夹芯板、石膏水泥板、石膏空心板、泰柏板(舒乐舍板)、增强水泥聚苯板(GRC 板)、加气混凝土条板、水泥陶粒板等等。随着建材行业的技术进步，这类轻质隔墙板材的性能会不断提高，板材的品种也会不断变化。

板材隔墙工程的检查数量应符合下列规定：每个检验批应至少抽查 10%，并不得少于 3 间；不足 3 间时应全数检查。

1. 主控项目

(1) 隔墙板材的品种、规格、性能、颜色应符合设计要求。有隔声、隔热、阻燃、防潮等特殊要求的工程，板材应有相应性能等级的检测报告。

检验方法：观察；检查产品合格证书、进场验收记录和性能检测报告。

(2) 安装隔墙板材所需预埋件、连接件的位置、数量及连接方法应符合设计要求。

检验方法：观察；尺量检查；检查隐蔽工程验收记录。

(3) 隔墙板材安装必须牢固。现制钢丝网水泥隔墙与周边墙体的连接方法应符合设计要求，并应连接牢固。

检验方法：观察；手扳检查。

(4) 隔墙板材所用接缝材料的品种及接缝方法应符合设计要求。

检验方法：观察；检查产品合格证书和施工记录。

2. 一般项目

(1) 隔墙板材安装应垂直、平整、位置正确，板材不应有裂缝或缺损。

检验方法：观察；尺量检查。

(2) 板材隔墙表面应平整光滑、色泽一致、洁净，接缝应均匀、顺直。

检验方法：观察；手摸检查。

(3) 隔墙上的孔洞、槽、盒应位置正确，套割方正、边缘整齐。

检验方法：观察。

(4) 板材隔墙安装的允许偏差和检验方法应符合表 5.1 中的规定。

表 5.1　板材隔墙安装的允许偏差和检验方法

项次	项　目	允许偏差/mm				检验方法
		复合轻质墙板		石膏空心板	钢丝网水泥板	
		金属夹芯板	其他复合板			
1	立面垂直度	2	3	3	3	用2m垂直检测尺检查
2	表面平整度	2	3	3	3	用2m靠尺和塞尺检查
3	阴阳角方正	3	3	3	4	用直角检测尺检查
4	接缝高低差	1	2	2	3	用钢直尺和塞尺检查

5.4.3　骨架隔墙工程

骨架隔墙包括以轻钢龙骨、木龙骨等为骨架，以纸面石膏板、人造木板、水泥纤维板等为墙面板的隔墙工程。骨架隔墙是指在隔墙龙骨两侧安装墙面板以形成墙体的轻质隔墙。这一类隔墙主要由龙骨作为受力骨架固定于建筑主体结构上。目前大量应用的轻钢龙骨石膏板隔墙就是典型的骨架隔墙。龙骨骨架中根据隔声或保温设计要求可以设置填充材料，根据设备安装要求安装一些设备管线等等。龙骨常见的有轻钢龙骨系列、其他金属龙骨以及木龙骨。常见的墙面板有纸面石膏板、人造木板、防火板、金属板、水泥纤维板以及塑料板等。

骨架隔墙工程的检查数量应符合下列规定：每个检验批应至少抽查 10%，并不得少于 3 间；不足 3 间时应全数检查。

1. 主控项目

(1) 骨架隔墙所用龙骨、配件、墙面板、填充材料及嵌缝材料的品种、规格、性能和木材的含水率应符合设计要求。有隔声、隔热、阻燃、防潮等特殊要求的工程，材料应有相应性能等级的检测报告。

检验方法：观察；检查产品合格证书、进场验收记录、性能检测报告和复验报告。

(2) 骨架隔墙工程边框龙骨必须与基体结构连接牢固，并应平整、垂直、位置正确。

检验方法：手扳检查；尺量检查；检查隐蔽工程验收记录。

(3) 龙骨体系沿地面、顶棚设置的龙骨及边框龙骨，是隔墙与主体结构之间重要的传力构件，要求这些龙骨必须与基体结构连接牢固、垂直、平整，交接处平直，位置准确。由于这是骨架隔墙施工质量的关键部位，故应作为隐蔽工程项目加以验收。

(4) 骨架隔墙中龙骨间距和构造连接方法应符合设计要求。骨架内设备管线的安装、门窗洞口等部位加强龙骨应安装牢固、位置正确，填充材料的设置应符合设计要求。

检验方法：检查隐蔽工程验收记录。

目前我国的轻钢龙骨主要有两大系列，一种是仿日本系列，一种是仿欧美系列。这两种系列的构造不同，仿日本龙骨系列要求安装贯通龙骨并在竖向龙骨竖向开口处安装支撑卡，以增强龙骨的整体性和刚度，而仿欧美系列则没有这项要求。在对龙骨进行隐蔽工程验收时可根据设计选用不同龙骨系列的有关规定进行检验，并符合设计要求。

骨架隔墙在有门窗洞口、设备管线安装或其他受力部位，应安装加强龙骨，增强龙骨骨架的强度，以保证在门窗开启使用或受力时隔墙的稳定。

一些有特殊结构要求的墙面，如曲面、斜面等，应按照设计要求进行龙骨安装。

(5) 木龙骨及木墙面板的防火和防腐处理必须符合设计要求。

检验方法：检查隐蔽工程验收记录。

(6) 骨架隔墙的墙面板应安装牢固，无脱层、翘曲、折裂及缺损。

检验方法：观察；手扳检查。

(7) 墙面板所用接缝材料的接缝方法应符合设计要求。

检验方法：观察。

2. 一般项目

(1) 骨架隔墙表面应平整光滑、色泽一致、洁净、无裂缝，接缝应均匀、顺直。

检验方法：观察；手摸检查。

(2) 骨架隔墙上的孔洞、槽、盒应位置正确、套割吻合、边缘整齐。

检验方法：观察。

(3) 骨架隔墙内的填充材料应干燥，填充应密实、均匀、无下坠。

检验方法：轻敲检查；检查隐蔽工程验收记录。

(4) 骨架隔墙安装的允许偏差和检验方法应符合表 5.2 中的规定。

表 5.2 骨架隔墙安装的允许偏差和检验方法

项次	项　目	允许偏差/mm		检验方法
		纸面石膏板	人造木板、水泥纤维板	
1	立面垂直度	3	4	用 2m 垂直检测尺检查
2	表面平整度	3	3	用 2m 靠尺和塞尺检查
3	阴阳角方正	3	3	用直角检测尺检查
4	接缝直线度	—	3	拉 5m 线，不足 5m 拉通线，用钢直尺检查
5	压条直线度	—	3	拉 5m 线，不足 5m 拉通线，用钢直尺检查
6	接缝高低差	1	1	用钢直尺和塞尺检查

课 堂 实 训

实训内容

进行轻钢龙骨纸面石膏板隔墙工程的装饰施工实训(指导教师选择一个真实的施工现场或学校实训工厂，带学生实地操作实训)，熟悉轻钢龙骨纸面石膏板隔墙工程施工的基本知识，从技术交底、施工准备、材料制备、施工操作和质量验收方面进行全程模拟训练，熟悉轻钢龙骨纸面石膏板隔墙工程施工操作要点和国家相应的规范要求。

实训目的

通过课堂学习结合课下实训使学生达到熟练掌握轻钢龙骨纸面石膏板隔墙工程项目的技术交底、施工准备、材料制备、施工操作和质量验收整个运行过程的施工操作要点和国家相应的规范要求，提高学生进行轻钢龙骨纸面石膏板隔墙工程技术管理的综合能力。

实训要点

(1) 通过轻钢龙骨纸面石膏板隔墙工程施工项目实训，使学生加深对轻钢龙骨纸面石膏板隔墙工程国家标准的理解，掌握轻钢龙骨纸面石膏板隔墙工程施工过程和工艺要点，进一步加强对专业知识的理解。

(2) 分组制订计划与实施，培养学生团队协作的能力，并获取轻钢龙骨纸面石膏板隔墙工程施工管理经验。

实训过程

1) 实训准备要求

(1) 做好实训前相关资料的查阅，熟悉轻钢龙骨纸面石膏板隔墙工程施工有关的规范要求。

(2) 准备实训所需的工具与材料。

2) 实训要点

(1) 实训前做好技术交底。

(2) 制定实训计划。

(3) 分小组进行，小组内部分工合作。

3) 实训操作步骤

(1) 按照施工图要求，确定轻钢龙骨纸面石膏板隔墙工程施工要点，并进行相应技术交底。

(2) 利用轻钢龙骨纸面石膏板隔墙工程加工设备统一进行隔墙工程施工。

(3) 在实训场地进行轻钢龙骨纸面石膏板隔墙工程实操训练。

(4) 做好实训记录和相关技术资料整理。

(5) 养护一定时间后，进行小组互评和最终评定。

4) 教师指导点评和疑难解答

5) 实地观摩

6) 总结

实训项目基本步骤

步　骤	教师行为	学生行为
1	交代工作任务背景，引出实训项目	(1) 分好小组；
2	布置轻钢龙骨纸面石膏板隔墙工程实训应做的准备工作	(2) 准备实训工具、材料和场地
3	使学生明确轻钢龙骨纸面石膏板隔墙工程施工实训的步骤	
4	学生分组进行实训操作，教师巡回指导	完成轻钢龙骨纸面石膏板隔墙工程实训全过程
5	结束指导点评实训成果	自我评价或小组评价
6	实训总结	小组总结并进行经验分享

实 训 小 结

项目：ㅤㅤㅤㅤㅤㅤㅤㅤㅤㅤㅤ		指导老师：ㅤㅤㅤㅤㅤㅤㅤㅤ
项目技能	技能达标分项	备　注
隔墙工程施工	1. 交底完善ㅤㅤㅤㅤㅤ得 0.5 分 2. 准备工作完善ㅤㅤㅤ得 0.5 分 3. 操作过程准确ㅤㅤㅤ得 1.5 分 4. 工程质量合格ㅤㅤㅤ得 1.5 分 5. 分工合作合理ㅤㅤㅤ得 1 分	根据职业岗位所需，技能需求，学生可以补充完善达标项
自我评价	对照达标分项ㅤㅤ得 3 分为达标 对照达标分项ㅤㅤ得 4 分为良好 对照达标分项ㅤㅤ得 5 分为优秀	客观评价
评议	各小组间互相评价 取长补短，共同进步	提供优秀作品观摩学习

自我评价＿＿＿＿＿＿＿＿＿＿ㅤㅤㅤㅤㅤㅤㅤㅤ个人签名＿＿＿＿＿＿＿＿＿＿＿＿＿

小组评价ㅤ达标率＿＿＿＿＿＿ㅤㅤㅤㅤㅤㅤㅤㅤ组长签名＿＿＿＿＿＿＿＿＿＿＿＿＿

ㅤㅤㅤㅤ良好率＿＿＿＿＿＿

ㅤㅤㅤㅤ优秀率＿＿＿＿＿＿

ㅤㅤㅤㅤㅤㅤㅤㅤㅤㅤㅤㅤㅤㅤㅤㅤㅤㅤㅤㅤㅤ年ㅤㅤ月ㅤㅤ日

习　题

一、案例题

工程背景：某大学图书馆进行装修改造，根据施工设计和使用功能的要求，采用大量的轻质隔墙。承揽该装修改造工程的施工单位根据《建筑装饰装修工程质量验收规范》规定，对工程细部构造施工质量的控制做了大量的工作。该施工单位在轻质隔墙施工过程中提出以下技术要求。

(1) 板材隔墙施工过程中如遇到门洞，应从两侧向门洞处依次施工。

(2) 石膏板安装牢固时，隔墙端部的石膏板与周围的墙、柱应留有 10 mm 的槽口，槽口处加注嵌缝膏，使面板与邻近表面接触紧密。

(3) 当轻质隔墙下端用木踢脚覆盖时，饰面板应与地面留有 5～10mm 缝隙。

(4) 石膏板的接缝缝隙应保证为 8～10mm。施工单位在施工过程中特别注重现场文明施工和现场的环境保护，工程竣工后，被评为优质工程。

问题:

(1) 建筑装饰装修工程细部构造是指哪些子分部工程中的细部节点构造?

(2) 轻质隔墙按构造方式和所用材料的种类不同可分为哪几种类型?石膏板属于哪种轻质隔墙?

(3) 逐条判断该施工单位在轻质隔墙施工过程中提出的技术要求正确与否,若不正确,请改正。

(4) 描述板材隔墙的施工工艺流程。

(5) 轻质隔墙的节点处理主要包括哪几项?

二、思考题

1. 室内隔墙与隔断有何作用?如何对其进行分类?

2. 木龙骨隔断墙龙骨架有哪几种类型?

3. 简述木隔墙门窗构造做法。

4. 简述隔墙轻钢龙骨的安装顺序及施工方法。

5. 简述隔墙铝合金龙骨的安装顺序及施工方法。

6. 在隔墙中常见的板材式隔墙有哪几种?

7. 简述石膏空心条板隔墙的安装顺序及施工方法。

8. 简述石膏复合隔墙的安装顺序及施工方法。

9. 简述泰柏板隔墙在安装时的注意事项。

项目6 饰面板(砖)工程

内容提要

本项目以饰面板(砖)工程为对象，主要讲述饰面砖工程、石材饰面板工程和金属、木材饰面板工程的材料选择、施工条件和准备、施工程序和工艺、工程质量标准和验收等过程，并在实训环节提供饰面砖工程(低标号黏结砂浆)施工项目，作为本教学单元的实践训练项目，以供学生训练和提高。

技能目标

- 通过对饰面板(砖)工程施工工艺的学习，巩固已学的相关建筑装饰材料与构造的基本知识以及明确饰面板(砖)工程施工的种类、特点、过程方法及有关规定。
- 通过对饰面板(砖)工程施工项目的实训操作，锻炼学生对饰面板(砖)工程施工操作和技术管理的能力。培养学生团队协作的精神，并使学生获取饰面板(砖)工程施工管理经验。
- 重点掌握饰面砖工程、石材饰面板工程的施工方法步骤和质量要求。

本项目是为了全面训练学生对饰面板(砖)工程施工操作与技术管理的能力，检查学生对饰面板(砖)工程施工内容知识的理解和运用程度而设置的。

项目导入

饰面板(砖)工程是采用天然或人造的块材粘贴或贴挂在墙体上的饰面。饰面板工程采用的石材有花岗石、大理石、青石板和人造石材；采用的瓷板有抛光和磨边板两种，面积不大于 1.2m^2，不小于 0.5m^2；金属饰面板有钢板、铝板等品种；木材饰面板主要用于内墙裙。陶瓷面砖主要包括釉面瓷砖、外墙面砖、陶瓷锦砖、陶瓷壁画、劈裂砖等；玻璃面砖主要包括玻璃锦砖、彩色玻璃面砖、釉面玻璃等。饰面板(砖)工程是最为常用的装饰项目之一。

6.1 饰面材料及施工机具

【学习目标】了解饰面材料及适用范围、贴面装饰的常用机具设备。

6.1.1 饰面材料及适用范围

1. 饰面砖

饰面砖包括外墙面砖、内墙釉面砖和陶瓷锦砖等。

1) 外墙面砖

外墙面砖饰面由陶土煅烧而成,有上釉的(无光釉、有光釉)和不上釉的,平滑的和有纹理的。外墙面离缝粘贴,采用嵌条嵌缝或水泥砂浆勾缝。

2) 釉面砖(瓷砖)

又称瓷砖,多用于厨房、卫生间等墙面。要求粘贴紧密,不留缝隙。

3) 玻璃锦砖(玻璃马赛克)

又称玻璃马赛克,背面有沟槽,以加强黏结力。

2．石材饰面板

石材饰面板包括天然石材饰面板和人造石饰面板。

(1) 天然石材饰面板。为增加石板的牢固性,在石板的背面或边缘伸出钢丝或铜丝埋入黏结砂浆内。

(2) 人造石饰面板。人造石材料的形式包括聚酯型、无机胶结型、复合型、烧结型。粘贴构造:水泥砂浆粘贴、聚酯砂浆粘贴、有机胶粘剂、贴挂法。

3．木质护墙板

木质护墙板包括实木板、胶合板、细木工板、微薄木贴面板、硬质纤维板、硬木格条、圆竹、劈竹等。基本构造做法如下。

(1) 在墙体中预埋木砖或预埋铁件。

(2) 刷热沥青或粘贴油毡防潮层。

(3) 固定木骨架或金属骨架。

(4) 在骨架上钉面板(或钉垫层板再做饰面材料)。

(5) 粘贴各种饰面板。

(6) 清漆罩面。

4．金属饰面板

用轻金属(铜、铝、铝合金、不锈钢等)制成薄板装饰墙面。金属板墙面的构造做法如下。

(1) 在墙体中打膨胀螺栓或预埋件。

(2) 固定金属骨架(型钢、铝管等)。

(3) 固定金属薄板。

(4) 密封胶嵌缝或压条盖缝。

6.1.2　贴面装饰的常用机具

1．饰面装饰施工的手工机具

湿作业贴面装饰施工除一般抹灰常用的手工工具外,根据饰面的不同,还需要一些专用的手工工具,如镶贴饰面砖缝用的开刀、镶贴陶瓷锦砖用的木垫板、安装或镶贴饰面板敲击振实用的木锤和橡胶锤、用于饰面砖和饰面板手工切割剔槽用的錾子、磨光用的磨石、钻孔用的合金钻头等，如图 6.1 所示。

2．饰面装饰施工的机械机具

饰面装饰施工用的机械机具有专门切割饰面砖用的手动切割器(如图 6.2 所示)，饰面砖打眼用的打眼器(如图 6.3 所示)，钻孔用的手电钻，切割大理石饰面板用的台式切割机和电动切割机，以及饰面板安装硬质基层上钻孔安放膨胀螺栓用的电锤等。

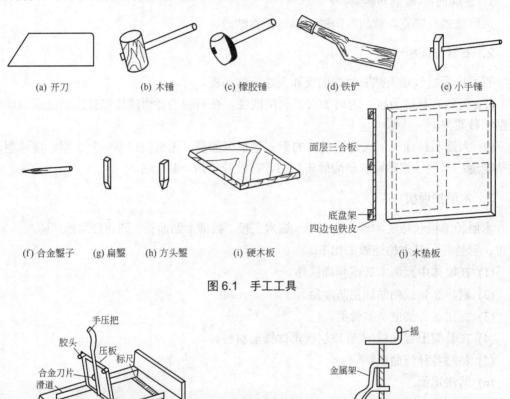

| (a) 开刀 | (b) 木锤 | (c) 橡胶锤 | (d) 铁铲 | (e) 小手锤 |

| (f) 合金錾子 | (g) 扁錾 | (h) 方头錾 | (i) 硬木板 | (j) 木垫板 |

图 6.1　手工工具

图 6.2　手动切割器

图 6.3　打眼器

6.2　饰面砖的镶贴施工

【学习目标】通过对饰面砖镶贴施工的材料准备工作、内墙面砖镶贴施工工艺、外墙面砖的施工工艺、陶瓷锦砖的施工工艺的学习，掌握饰面砖镶贴施工技术要点。

6.2.1　材料准备工作

(1) 对已到场的饰面材料进行数量清点核对。

(2) 按设计要求，进行外观检查。检查内容主要包括以下方面。

① 进料与选定样品的图案、花色、颜色是否相符，有无色差。

② 各种饰面材料的规格是否符合质量标准规定的尺寸和公差要求。

③ 各种饰面材料是否有表面缺陷或破损现象。

(3) 检测饰面材料所含污染物是否符合规定。

6.2.2 内墙面砖镶贴施工工艺

内墙面砖镶贴的施工工艺流程为：基层处理→测设基准线、基准面→抹底层砂浆→选砖→排砖→弹控制线→贴陶瓷锦砖→揭纸、调缝→擦缝。

1) 基层处理

(1) 基层为现浇混凝土或混凝土砌块墙面时，先剔平凸出墙面的混凝土，若墙面有油污，可用清洗剂刷除，随之用清水冲净、晾干，然后将 1∶1 的聚合物水泥砂浆(掺加水重20%界面剂)，用笤帚甩到墙上，甩点要均匀，终凝后浇水养护至有较高的强度(用手掰不动)，即可抹底子灰或贴陶瓷锦砖。

(2) 基层为砖砌体墙面时，先剔除、清扫干净墙面上的残存砂浆、舌头灰，堵好脚手眼，然后浇水湿润基层墙面，即可抹底子灰。

(3) 基层为加气混凝土、陶粒混凝土空心砌块墙面时，先剔除、清扫干净墙面上的残存砂浆、舌头灰，分几遍浇水湿润，然后修补缺棱、掉角、凹凸不平处。修补时先用水湿润待修补处的墙面，再刷一道掺加界面剂的水泥聚合物砂浆(界面剂∶水泥∶砂子=1∶1∶1)，最后用混合砂浆(水泥∶白灰膏∶砂子=1∶3∶9)分层修补平整，然后抹底子灰。

(4) 在基层不同的材质交接处，应钉钢板网，通常采用 20mm×20mm 孔的钢板网，厚度应不小于 0.7mm，两边与基体搭接应不小于 100mm，用扒钉间距不大于 400mm 绷紧钉牢，然后抹底子灰。

2) 测设基准线、基准面

根据建筑物的高度选用不同的测设方法。高层建筑用经纬仪在墙面阴阳角、门窗口等处测设垂直基准线，多层建筑用钢丝吊大线坠从顶层向下绷钢丝方法测设垂直基准线。水平方向按照标高控制点和水平控制线来测设分格基准线，竖向以四个大角为基准控制各分格线的垂直位置。抹灰前，先按各基准线进行抹灰饼、冲筋，间距以 1200～1500mm 为宜，抹灰饼、冲筋应做到顶面平齐且在同一垂直平面内，作为抹灰的基准控制面。

最好从墙面一侧端部开始，以便将不足模数的面砖贴于阴角或阳角处。弹线分格示意如图 6.4 所示。

3) 抹底层砂浆

抹灰按设计要求进行，设计无要求时厚度一般为 10～15mm。抹灰应分二层进行，每层厚度一般为 5～9mm。抹灰总厚度大于 35mm 时，应采取钉钢板网或其他加强措施。抹灰应确保窗台、腰线、檐口、雨篷等部位的流水坡度。

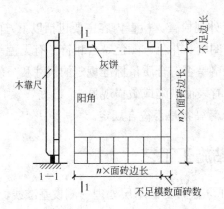

图 6.4　饰面砖弹线分格示意

4) 选面砖

选面砖是保证饰面砖镶贴质量的关键工序。必须在镶贴前按颜色的深浅、尺寸的大小不同进行分选。

5) 浸砖

如果用陶瓷釉面砖作为饰面砖，在铺贴前应充分浸水湿润，防止用干砖铺贴上墙后，吸收砂浆(灰浆)中的水分，致使砂浆中水泥不能完全水化，造成黏结不牢或面砖浮滑。

一般浸水时间不少于 2h，取出后阴干到表面无水膜再进行镶贴，通常为 6h 左右，以手摸无有水感为宜。

6) 做标志块

用面砖按镶贴厚度，在墙面上下左右合适位置作标志，并以砖棱角作为基准线，上下靠尺吊垂直，横向用靠尺或细线拉平。

标志块的间距一般为 1500mm。阳角处除正面做标志块外，侧面也相应有标志块，即所谓双面挂直，如图 6.5 所示。

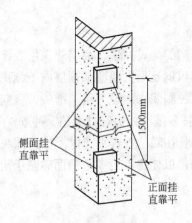

图 6.5　双面吊直

7) 镶贴方法

(1) 预排饰面砖。排砖时可用适当调整砖缝宽度的方法解决，一般饰面砖的缝宽可在 1mm 左右变化。内墙面砖镶贴排列方法，主要有直缝镶贴和错缝镶贴两种，如图 6.6 所示。

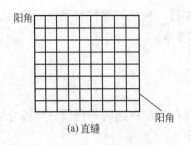
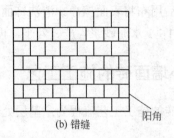

(a) 直缝   (b) 错缝

图6.6　内墙饰面砖贴法示意

(2) 掌握镶贴顺序。每一施工层必须由下往上镶贴，而整个墙面可采用从下往上，也可采用从上往下的施工顺序。

在镶贴施工的过程中，应随粘贴、随敲击、随用靠尺检查表面平整度和垂直度。

如果遇到面砖几何尺寸差异较大，应在铺贴中注意随时调整。最佳的调整方法是将相近尺寸的饰面砖贴在一排上，但镶最上面一排时，应保证面砖上口平直，以便最后贴压条砖。无压条砖时，最好在上口贴圆角面砖，如图 6.7 所示，卫生间设备处饰面砖镶贴示意如图 6.8 所示。

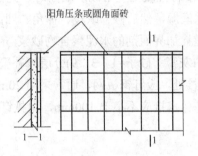

图6.7　圆角面砖铺贴示意

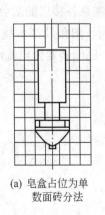
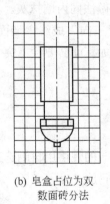

(a) 皂盒占位为单　　　　　　　　(b) 皂盒占位为双
　　数面砖分法　　　　　　　　　　　数面砖分法

图6.8　卫生间设备处饰面砖镶贴示意

8) 勾缝擦洗

饰面砖粘贴 48h 后，用素水泥浆或专用勾缝剂擦缝(颜色按设计要求配色，通常选用与饰面砖同色或近似色)，用抹子把素水泥浆或专用勾缝剂浆抹到饰面砖表面，并将其压挤进砖缝内，然后用布将表面擦净。清洗饰面砖表面时，应待勾缝材料硬化后方可进行。起出米厘条，用 1∶1 水泥砂浆勾严、勾平，再用布擦净。

6.2.3 外墙面砖的施工工艺

外墙面砖的施工工艺流程为：基层处理→抹找平层→选砖→预排→弹线分格→镶贴→勾缝。

1. 基层处理

(1) 基层为现浇混凝土或混凝土砌块墙面时，先剔平凸出墙面的混凝土，若墙面有油污，可用清洗剂刷除，随之用清水冲净、晾干，然后将 1∶1 的聚合物水泥砂浆(掺加水重20%界面剂)，用笤帚甩到墙上，甩点要均匀，终凝后浇水养护至有较高的强度(用手掰不动)，即可抹底子灰或贴面砖。

(2) 基层为砖砌体墙面时，先剔除、清扫干净墙面上的残存砂浆、舌头灰，然后浇水湿润墙面，即可抹底子灰。

(3) 基层为加气混凝土、陶粒混凝土空心砌块墙面时，先剔除、清扫干净墙面上的残存砂浆、舌头灰，分几遍浇水润湿，然后修补缺棱、掉角、凹凸不平处。修补时先用水湿润待修补处的墙面，再刷一道掺加界面剂的水泥聚合物砂浆(界面剂∶水泥∶砂子=1∶1∶1)，最后用混合砂浆(水泥∶白灰膏∶砂子=1∶3∶9)分层修补平整，然后抹底子灰。

(4) 在基层不同的材质交接处，应钉钢板网，通常采用 20mm×20mm 孔的钢板网，厚度应不小于 0.7mm，两边与基体搭接应不小于 100mm，用扒钉间距不大于 400mm 绷紧钉牢，然后抹底子灰。

2. 抹底、中层灰

抹底层和中层灰的做法同内墙抹灰。只是应特别注意各楼层的阳台和窗口的水平向、竖向和进出方向必须"三向"成线，墙面的窗台腰线、阳角及滴水线等部位饰面层镶贴排砖方法和换算关系。如正面砖往下突 3mm 左右，底面砖要做出流水坡度等，如图 6.9所示。

3. 选砖与预排

1) 选择面砖

面砖进场后，根据砖的规格用自制选砖套板进行选砖，剔除尺寸、平整度超差的砖，按不同规格、颜色分类码放。

2) 预排面砖

按照立面分格的设计要求进行预排，以确定面砖的皮数、块数和具体位置，作为弹线和细部作法的依据。

外墙面砖镶贴排砖的方法较多，常用的矩形面砖排列方法，有矩形长边水平排列和竖直排列两种。按砖缝的宽度，又可分为密缝排列(缝宽 1～3mm)与疏缝排列(大于 4mm、小于 20mm)。

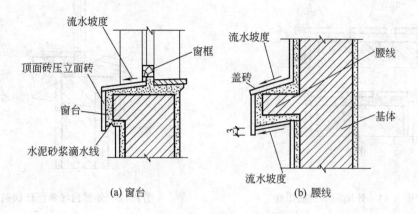

(a) 窗台   (b) 腰线

图 6.9 窗台、腰线找平示意图

此外，还可采用密缝与疏缝，按水平、竖直方向排列。图 6.10 为外墙矩形面砖排缝示意。

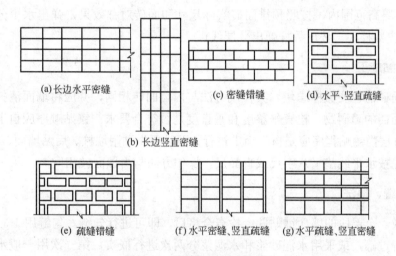

(a) 长边水平密缝   (c) 密缝错缝   (d) 水平、竖直疏缝

(b) 长边竖直密缝

(e) 疏缝错缝   (f) 水平密缝、竖直疏缝   (g) 水平疏缝、竖直密缝

图 6.10 外墙矩形面砖排缝

在外墙面砖的预排中应遵循如下原则：阳角部位都应当是整砖，且阳角处正立面整砖应盖住侧立面整砖。对大面积墙面砖的镶贴，除不规则部位外，其他部位不允许裁砖。除柱面镶贴外，其余阳角不得对角粘贴，如图 6.11 所示。

在预排中，对突出墙面的窗台、腰线、滴水槽等部位的排砖，应注意台面砖须做出一定的坡度(一般 $i=3\%$)，台面砖应盖立面砖。底面砖应贴成滴水鹰嘴，如图 6.12 所示。

4. 弹线分格

弹线与做分格条应根据预排结果画出大样图，按照缝的宽窄大小(主要指水平缝)做出分格条，作为镶贴面砖的辅助基准线。弹线的步骤如下。

(1) 在外墙阳角处(大角)用大于 5kg 的线锤吊垂线并用经纬仪进行校核，最后用花篮螺栓将线锤吊正的钢丝固定绷紧上下端，作为垂线的基准线。

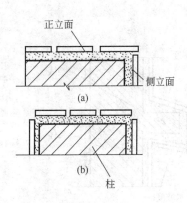

图 6.11　外墙阳角镶贴排砖

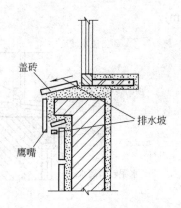

图 6.12　外窗台线角面砖镶贴

(2) 以阳角基线为准，每隔 1500～2000mm 作标志块，定出阳角方正，抹灰找平。

(3) 在找平层上，按照预排大样图先弹出顶面水平线，在墙面的每一部分，根据外墙水平方向面砖数，每隔约 1000mm 弹一垂线。

(4) 在层高范围内，按照预排面砖实际尺寸和面砖对称效果，弹出水平分缝、分层皮数(或先做皮数杆，再按皮数杆弹出分层线)。

5. 镶贴施工

镶贴面砖前也要做标志块，其挂线方法与内墙面砖相同，并应将墙面清扫干净，清除妨碍铺贴面砖的障碍物，检查平整度和垂直度是否符合要求。镶贴顺序应自上而下分层分段进行，每层内镶贴程序应是自下而上进行，而且要先贴附墙柱、后贴墙面、再贴窗间墙。镶贴时，先按水平线垫平八字尺或直靠尺，操作方法与内墙面砖相同。

6. 勾缝、擦洗

在完成一个层段的墙面铺贴并经检查合格后，即可进行勾缝。勾缝用 1∶1 水泥砂浆，砂子要进行过筛，或采用水泥砂浆和水泥浆分两次进行嵌实，第一次用一般水泥砂浆，第二次按设计要求用彩色水泥浆或普通水泥浆勾缝。

6.2.4　陶瓷锦砖的施工工艺

陶瓷锦砖又称陶瓷马赛克，其施工工艺流程为：基层处理→抹找平层→排砖、分格、放线→镶贴→揭纸→调整→擦缝。

1) 基层处理

基层处理同内墙面砖工程。

2) 排砖、分格和放线

陶瓷锦砖的施工排砖、分格，是按照设计要求，根据门窗洞口横竖装饰线条的布置，首先明确墙角、墙垛、出檐、线条、分格、窗台、窗套等节点的细部处理，按整砖模数排砖确定分格线。

3) 镶贴施工

镶贴陶瓷锦砖饰面时，一般由下而上进行，按已弹好的水平线安放八字靠尺或直靠尺，并用水平尺校正垫平。

上述工作完成后，即可在黏结层上铺贴陶瓷锦砖。

4) 揭纸

陶瓷锦砖贴到墙上后，在混合灰黏结层未完全凝固之前，用木拍板靠在贴好的陶瓷锦砖上，用小锤敲击拍板，满敲一遍使其黏结牢固。然后用软毛刷蘸水满刷陶瓷锦砖上的纸面使其湿润，约 30min 即可揭纸。揭纸时应从上向下揭，揭纸后检查各条缝子大小是否均匀顺直、宽窄一致。

5) 调整

经检查不合要求的缝必须调整，对歪斜、不正的缝子，用开刀拨正调直，先调横缝，后调竖缝。调整砖缝的工作，要在黏结层砂浆初凝前进行。

6) 擦缝

待黏结水泥浆凝固后，用素水泥浆找补擦缝。其方法是先用橡胶刮板将水泥浆在陶瓷锦砖表面刮一遍，嵌实缝隙，接着加些干水泥，进一步找补擦缝，全面清理擦干净后，次日喷水养护。

擦缝用水泥，如为浅色陶瓷锦砖应使用白水泥。

上述工作完成后，即可在黏结层上铺贴陶瓷锦砖。陶瓷锦砖铺贴常采用缝中灌浆的做法，如图 6.13 所示。

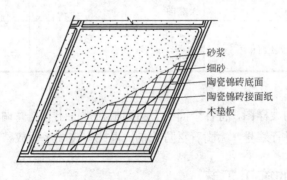

图 6.13 缝中灌砂做法

6.2.5 玻璃锦砖的施工工艺

玻璃锦砖的施工工艺流程为：基层处理→抹找平层→弹线、分格→马赛克刮浆→铺贴→拍板赶缝→揭纸、调整→勾缝。

玻璃锦砖又称玻璃马赛克，因其表面光滑、吸水率极低，其粘贴施工与陶瓷锦砖有所不同，尤其是有的玻璃锦砖外露明面大，黏结面小，且四面成八字形，给粘贴带来一定困难。

另外，玻璃锦砖的施工选材很重要，应有专人负责逐张剔选，要按颜色、规格、棱角

建筑装饰施工技术

等分类装箱，其余准备工作与陶瓷锦砖相同。

6.3 饰面板的安装施工

【学习目标】掌握石材饰面板构造要求和安装施工要点。

6.3.1 饰面板安装前的施工准备

1) 放施工大样图

按设计要求对各立面分格及安装节点(如门套、柱根、柱头、阴阳角对接方法、粘贴工艺等)进行深化设计，绘制大样图，经设计、监理、建设单位确认后，委托订货。为防止不同批次的面砖出现色差，订货时应一次订足，留出适当的备用量。饰面板的接缝宽度如表 6.1 所示。

表 6.1　饰面板的接缝宽度

项　次	名　称		接缝宽度/mm
1	天然石	光面、镜面	1
2		粗磨面、麻面、条纹面	5
3		天然面	10
4	人造石	水磨石	2
5		水刷石	10

2) 选板与预拼

按照深化设计的大样图，将各个面的石材面板在地面上预排，调整尺寸、纹理和色差，然后在板背面统一进行编号，涂刷石材防护剂，再按安装顺序码放整齐，为施工做好准备。

6.3.2 饰面板的施工工艺

1. 钢筋网挂贴施工法

又称钢筋网挂贴湿作业法，这是一种传统的施工方法，但至今仍在采用，可用于混凝土墙和砖墙。由于其施工费用较低，所以很受施工单位的欢迎。但是，其存在施工进度慢，工期比较长，对工人的技术水平要求高，饰面板容易变色、锈斑、空鼓、裂缝等，而且对不规则及几何形体复杂的墙面不易施工等缺点。

钢筋网片锚固灌浆法，其施工方法比较复杂，主要的施工工艺流程为：墙体基层处理→绑扎钢筋网片→饰面石板选材编号→石板钻孔剔槽→绑扎铜丝→安装饰面板→临时固定→灌浆→清理→嵌缝。

1) 绑扎钢筋网片

按施工大样图要求的横竖距离焊接或绑扎安装用的钢筋骨架。其方法是先剔凿出墙面或柱面结构施工时的预埋钢筋，使其外露于墙、柱面，然后连接绑扎(或焊接)直径 8mm 竖向钢筋(竖向钢筋的间距，如设计无规定，可按饰面板宽度距离设置)，随后绑扎好横向钢筋，其间距要比饰面板竖向尺寸低 2~3cm 为宜，如图 6.14 所示。

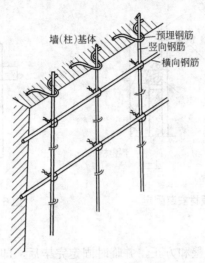

图 6.14　墙面、柱面绑扎钢筋网

2) 钻孔、剔槽、挂丝

在板材截面上钻孔打眼，孔径 5mm 左右，孔深 15~20mm，孔位一般距板材两端 L/3~L/4，L 为边长。

钻孔后，用合金钢錾子在板材背面与直孔正面轻打凿，剔出深 4mm 小槽，以便挂丝时绑扎丝不露出，以免造成拼缝间隙。近年来，亦有在装饰板材厚度面上与背面的边长 L/3~L/4 处锯三角形锯口，在锯口内挂丝。饰面板各种钻孔如图 6.15 所示。

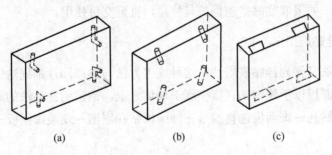

(a)　　　　　　　(b)　　　　　　　(c)

图 6.15　饰面板各种钻孔

挂丝宜用铜丝，因铁丝易腐蚀断脱，镀锌铝丝在拧紧时镀层易损坏，在灌浆不密实、勾缝不严的情况下，也会很快锈断。

3) 安装饰面板

安装饰面板时应首先确定下部第一层板的安装位置，如图 6.16 所示。

4) 临时固定

板材自上而下安装完毕后，为防止水泥砂浆灌缝时板材游走、错位，必须采取临时固定措施。例如，柱面固定可用方木或小角钢，依柱饰面截面尺寸略大 30～50mm 夹牢，然后用木楔塞紧，如图 6.17 所示。

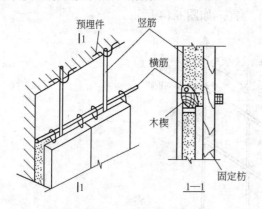

图 6.16 饰面板材安装固定

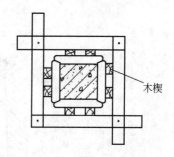

图 6.17 柱饰面临时固定夹具

5) 灌浆

板材经过校正垂直、平整和方正，并临时固定完毕后，即可进行灌浆。灌浆一般采用 1：3 的水泥砂浆，其稠度为 5～15cm，将砂浆向板材背面与基体间的缝隙中徐徐注入。

6) 清理

第三次灌浆完毕，待砂浆初凝后，即可清理板材上口的余浆，并用棉丝擦拭干净，隔天再清理板材上口木楔和有碍安装上层板材的石膏。

7) 嵌缝

全部板材安装完毕后，应将表面清理干净，并按板材颜色调制水泥色浆进行嵌缝，边嵌缝边擦干净，使缝隙密实干净，颜色一致。安装固定后的板材，如面层光泽受到影响，要重新打蜡上光，并采取临时措施保护其棱角，直至交付使用。

2. 钢筋钩挂贴施工法

钢筋钩挂贴法又称为挂贴楔固法，这种施工方法与钢筋网片锚固法大体相同，其不同之处在于它将饰面板以不锈钢钩直接楔固于墙体之上。钢筋钩挂贴法的施工工艺流程为：基层处理→墙体钻孔→饰面板选材编号→饰面板钻孔剔槽→安装饰面板→灌浆→清理→灌缝→打蜡。

1) 饰面板钻孔剔槽

先在板厚度中心打深为 7mm 的直孔。板长 L 小于 500mm 的钻两个孔，大于等于 500mm 但小于等于 800mm 的钻三个孔，大于 800mm 的钻四个孔。钻孔后，再在饰面板两个侧边下部开直径 8mm 横槽各一个，如图 6.18 所示。

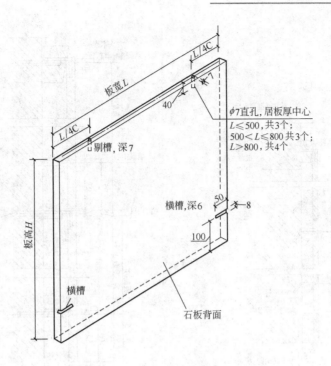

图 6.18　石板上钻孔剔槽示意

2) 安装饰面板

饰面板须由下向上进行安装，方法有以下两种。

第一种方法是：先将饰面板安放就位，将直径 6mm 不锈钢斜脚直角钩(如图 6.19 所示)刷胶，把 45°斜角一端插入墙体斜洞内，直角钩一端插入石板顶边的直孔内，同时将不锈钢斜角 T 形钉(如图 6.20 所示)刷胶，斜脚放入墙体内，T 形一端扣入石板直径 8mm 横槽内，最后用大头硬木楔楔入石板与墙体之间，将石板固定牢靠，石板固定后将木楔取出。

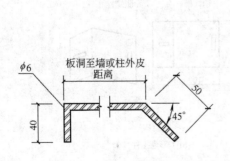

图 6.19　不锈钢斜脚直角钩

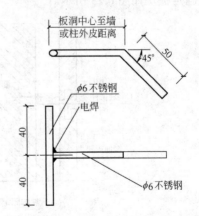

图 6.20　不锈钢斜角 T 形钉

第二种方法是：将不锈钢斜脚直角钩改为不锈钢直角钩，不锈钢斜角 T 形钉改为不锈钢 T 形钉，一端放入石板内，一端与预埋在墙内的膨胀螺栓焊接。其他工艺同第一种方法。钩挂法构造如图 6.21 和图 6.22 所示。

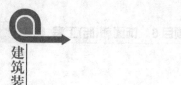
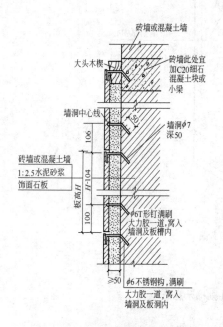

图 6.21　钩挂法构造示意(一)

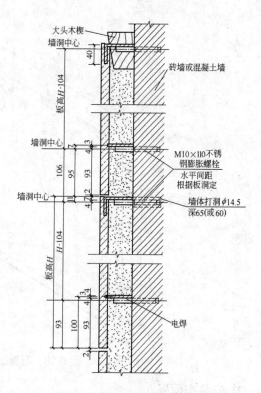

图 6.22　钩挂法构造示意(二)

3. 膨胀螺栓锚固施工法

膨胀螺栓锚固施工法施工工艺包括选材、钻孔、基层处理、弹线、板材铺贴和固定五道工序。这种方法除钻孔和板材固定工序外，其余做法均与钢筋钩挂法相同。膨胀螺栓锚固法固定板块如图 6.23 所示。

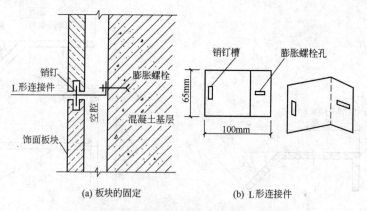

(a) 板块的固定　　　　　(b) L形连接件

图 6.23　膨胀螺栓锚固法固定板块

1) 板材钻孔

由于膨胀螺栓锚固施工法相邻板材是用不锈钢销钉连接的，因此钻孔位置一定要准确，以便使板材之间的连接水平一致、上下平齐。钻孔前应在板材侧面按要求定位后，用电钻钻成直径为 5mm、深度为 12～15mm 的圆孔，然后将直径为 5mm 的销钉插入孔内。

2) 板材固定

4．大理石胶粘贴施工法

大理石胶粘贴法是当代石材饰面装修简捷、经济、可靠的一种新型装修施工工艺，它摆脱了传统粘贴施工方法中受板块面积和安装高度限制的缺点。

饰面板与墙面距离仅 5mm 左右，从而也缩小了建筑装饰所占空间，增加了使用面积；施工简便、速度较快，综合造价比其他工艺低。

大理石胶粘贴施工法的施工工艺流程为：基层处理→弹线、找规矩→选板预拼→打磨→调涂胶→铺贴→检查、校正→清理嵌缝→打蜡上光。

当装修高度虽然不大于 9m，但饰面板与墙面净距离大于 5mm(小于 20mm)时，须采用加厚粘贴法施工，如图 6.24 所示。

当贴面高度超过 9m 时，应采用粘贴锚固法。即在墙上设计位置钻孔、剔槽，埋入直径为 10mm 的钢筋，将钢筋与外面的不锈钢板焊接，在钢板上满涂大理石胶，将饰面板与之粘牢，如图 6.25 所示。

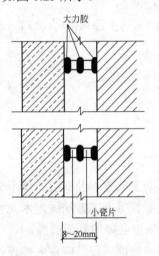

图 6.24　大理石胶加厚处理示意

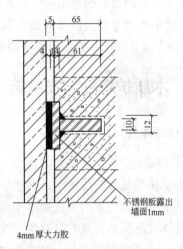

图 6.25　粘贴锚固法示意

6.4　木质护墙板的施工

【学习目标】掌握木质饰面板构造要求和安装施工要点。

6.4.1　施工准备及材料要求

1．施工准备工作

施工准备工作主要包括以下事项。

(1) 对于未进行饰面处理的半成品实木护墙板及其配套的细木装饰制品(如装饰线脚、木雕图案镶板、横档冒头及边框或压条等)，应预先涂刷一遍干性底油，以防止受潮变形，影响装饰施工质量。

(2) 护墙板制品及其安装配件在包装、运输、堆放和搬动过程中，要轻拿轻放，不得暴晒和受潮，防止开裂变形。

(3) 检查结构墙面质量，其强度、稳定性及表面的垂直度、平整度应符合装饰面的要求。有防潮要求的墙面，应按设计要求进行防潮处理。

(4) 根据设计要求，安装护墙板骨架需要预埋防腐木砖时，应事先埋入墙体；当工程需要有其他后置埋件时，也应准确到位。埋件的位置、数量，应符合龙骨布置的要求。

(5) 对于采用木楔进行安装的工程，应按设计弹出标高和竖向控制线、分格线，打孔埋入木楔，木楔的埋入深度一般应大于等于 50mm，并应作防腐处理。

2．材料选用工作

(1) 工程中使用的人造木板和胶粘剂等材料，应检测甲醛及其他有害物质含量。

(2) 各种木制材料的含水率，应符合国家标准的有关规定。

(3) 所用木龙骨骨架以及人造木板的板背面，均应涂刷防火涂料(防火涂料一般也具有防潮性能)，按具体产品的使用说明确定涂刷方法。

6.4.2　木质护墙板的安装施工

1．墙面木骨架的安装施工

1) 基层处理

结构基体和基层表面质量，对于护墙板龙骨与罩面的安装方法及安装质量十分重要，特别是当不采用预埋木砖而采用木楔圆钉、水泥钢钉及射钉等方式方法固定木龙骨时，要求建筑墙体基面层必须具有足够的刚性和强度，否则应采取必要的补强措施。

对于有特殊要求的墙面，尤其是建筑外墙的内立面护墙板工程，应首先按设计规定进行防潮、防渗漏等功能性保护处理；同时，建筑外窗的窗台流水坡度、洞口窗框的防水密封等，均对该部位护墙板工程具有重要影响。

对于有预埋木砖的墙体，应检查防腐木砖的埋设位置是否符合安装的要求。

2) 木龙骨的固定

墙面有预埋防腐木砖的，应将木龙骨钉固于木砖部位，并且要钉平、钉牢，保证立筋(竖向龙骨)垂直。龙骨间距应符合设计要求，一般竖向间距宜为 400mm，横向间距宜为 300mm。

当采用木楔圆钉法固定龙骨时，可用 16～20mm 的冲击钻头在墙面上钻孔，钻孔深度最小应等于 40mm，钻孔位置按事先所做的龙骨布置分格弹线确定，在孔内打入防腐木楔，再将木龙骨与木楔用圆钉固定。

在龙骨安装操作过程中，要随时吊垂线和拉水平线校正骨架的垂直度及水平度，并检查木龙骨与基层表面的靠平情况，然后再将木龙骨钉牢。

2. 木质板材罩面铺装施工

(1) 采用显示木纹图案的饰面板作为罩面时,安装前应进行选配板材,使其颜色、木纹自然协调、基本一致;有木纹拼花要求的罩面应按设计规定的图案分块试排,按照预排编号上墙就位铺装。

(2) 为确保罩面板接缝落在龙骨上,罩面铺装前可在龙骨上弹好中心控制线,板块就位安装时其边缘应与控制线吻合,并保持接缝平整、顺直。

(3) 胶合板用圆钉固定时,钉长根据胶合板的厚度选用,一般为25~35mm,钉距宜为80~150mm,钉帽应敲扁冲入板面0.5~1mm,钉眼用油性腻子抹平。当采用钉枪固定时,钉枪钉的长度一般采用15~20mm,钉距宜为80~100mm。

(4) 硬质纤维板应预先用水浸透,自然晾干后再进行安装。纤维板用圆钉固定时,钉长一般为20~30mm,钉距宜为80~120mm,钉帽应敲扁冲入板面内0.5mm,钉眼用油性腻子抹平。

(5) 当采用胶黏剂固定饰面板时,应按照胶黏剂产品的使用要求进行操作。

(6) 安装封边收口条时,钉的位置应在线条的凹槽处或背视线的一侧,以保证其装饰的美观。

(7) 在曲面墙或弧形造型体上固定胶合板时(一般选用材质优良的三夹板),应先进行试铺。如果胶合板弯曲有困难或设计要求采用较厚的板块(如五夹板)时,可在胶合板背面用刀割竖向的卸力槽,等距离划割槽深1mm,在木龙骨表面涂胶,将胶合板横向(整幅板的长边方向)围住龙骨骨架进行包覆粘贴,而后用圆钉或钉枪从一侧开始向另一侧顺序铺钉。圆柱体罩面铺装时,圆曲面的包覆应准确交圈。

(8) 采用木质企口装饰板罩面时,可根据产品配套材料及其应用技术要求进行安装,使用异形板卡或带槽口的压条(上下横板、压顶条、冒头板条)等对板块进行嵌装固定。对于硬木压条或横向设置的腰线,应先钻透眼,然后再用钉固定。

6.5 金属饰面板的安装施工

【学习目标】掌握金属饰面板构造要求和安装施工要点。

6.5.1 铝合金墙板的安装施工

1. 施工前的准备工作

1) 施工材料的准备

铝合金板材可选用生产厂家的各种定型产品,也可以根据设计要求,与铝合金型材生产厂家协商订货。

2) 施工机具的准备

铝合金饰面板安装中所用的施工机具也较简单,主要包括小型机具和手工工具。

2．铝合金墙板安装工艺

1) 用螺钉固定方法

(1) 铝合金板条的安装固定。将已加工好的铝合金板条，用不锈钢自攻螺钉，通过板边角码直接固定到构架上，并进行调整后紧固。

(2) 铝合金蜂窝板的安装固定。铝合金蜂窝板不仅具有良好的装饰效果，而且还具有保温、隔热、隔声等功能。图 6.26 所示为断面加工成蜂窝空腔状的铝合金蜂窝板，图 6.27 所示为用于外墙装饰的蜂窝板。铝合金蜂窝板的固定与连接的连接件，在铝合金制造过程中，同板一起完成，周边用图 6.27 所示的封边框进行封堵，封边框同时也是固定板的连接件。

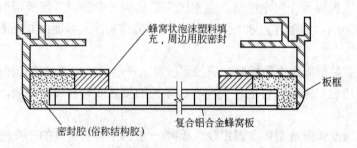

图 6.26　铝合金蜂窝板

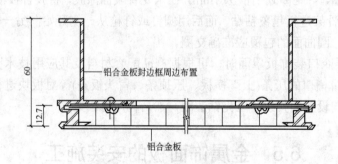

图 6.27　铝合金外墙蜂窝板

安装时，两块板之间有 20mm 的间隙，用一条挤压成型的橡胶带进行密封处理。两板用一块 5mm 的铝合金板压住连接件的两端，然后用螺钉拧紧，螺钉的间距一般为 300mm 左右，其固定节点如图 6.28 所示。

当铝合金蜂窝板用于建筑窗下墙面时，在铝合金板的四周，均用如图 6.29 所示的连接件与骨架进行固定。这种周边固定的方法，可以有效地约束板在不同方向的变形，其安装构造如图 6.30 所示。

从图 6.30 中可以看出，墙板是固定在骨架上，骨架采用方钢管，通过角钢连接件与结构连接成整体。

(3) 柱子外包铝合金板的安装固定如图 6.31 所示。

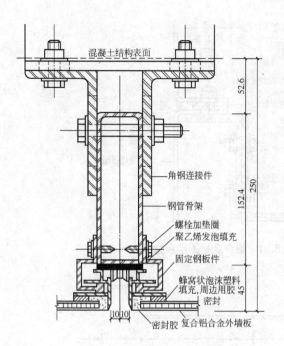

图 6.28　固定节点

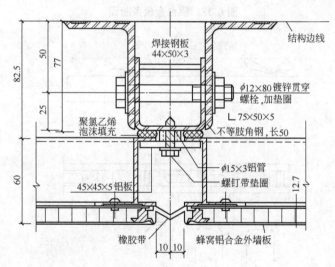

图 6.29　连接件断面

图 6.30　安装节点

2) 将板条卡在特制的龙骨上的安装

(1) 铝合金板条一般采用嵌装, 其断面形式如图 6.32 所示。

(2) 采用特制龙骨及板条进行安装固定如图 6.33 所示。

3. 收口细部的处理

(1) 转角处收口处理如图 6.34 和图 6.35 所示。

(2) 窗台、女儿墙上部处理如图 6.36 所示。

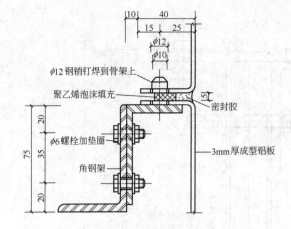

图 6.31　铝合金板固定示意

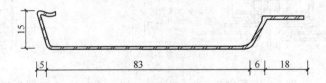

图 6.32　铝合金板条断面

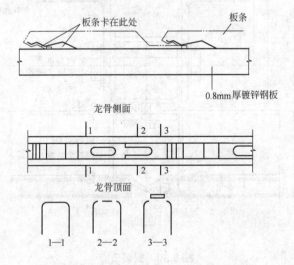

图 6.33　特制龙骨及板条安装固定示意

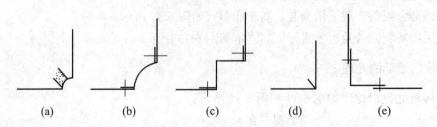

图 6.34　转角部位的处理方法

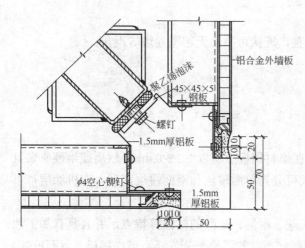

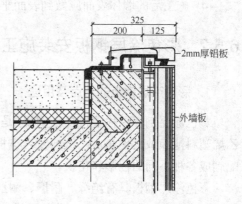

图 6.35 转角部位节点　　　　图 6.36 水平部位的盖板构造

(3) 墙面边缘部位收口处理如图 6.37 所示。

(4) 墙面下端收口处理如图 6.38 所示。

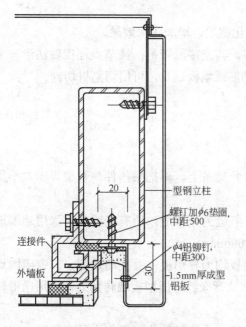

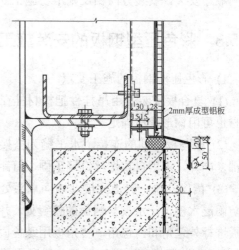

图 6.37 边缘部位收口处理　　　图 6.38 铝合金板墙下端收口处理

4．施工中的注意事项

(1) 施工前应检查所选用的铝合金板材料及型材是否符合设计要求，规格是否齐全，表面有无划痕，有无弯曲现象。选用的材料最好一次进货(同批)，这样可保证规格型号统一、色彩一致。

(2) 铝合金板的支承骨架应进行防腐(木龙骨)、防锈(型钢龙骨)处理。

(3) 连接杆及骨架的位置，最好与铝合金板的规格尺寸一致，以减少施工现场材料的

切割。

(4) 施工后的墙体表面应做到表面平整，连接可靠，无起翘卷边等现象。

6.5.2　彩色涂层钢板安装施工

1. 彩色涂层钢板的特点及用途

彩色涂层钢板也称塑料复合钢板，是在原材钢板上覆以 0.2～0.4mm 软质或半硬质聚氯乙烯塑料薄膜或其他树脂。塑料复合钢板可分为单面覆层和双面覆层两种，有机涂层可以配制成各种不同的色彩和花纹。

彩色涂层钢板具有绝缘、耐磨、耐酸碱、耐油、耐醇的侵蚀等特点，并且具有加工性能好，易切断、弯曲、钻孔、铆接、卷边等优点，其用途十分广泛，可作样板、屋面板等。

2. 彩色涂层钢板的施工工艺

(1) 按照设计节点详图，检查墙筋的位置，计算板材及缝隙宽度，进行排板、划线定位，然后进行安装。

(2) 在窗口和墙转角处应使用异形板，以简化施工，增加防水效果。

(3) 墙板与墙筋用铁钉、螺钉及木卡条连接。其连接原则是：按节点连接做法沿一个方向顺序安装。安装方向相反则不易施工。如墙筋或墙板过长，可用切割机切割。

6.5.3　彩色压型钢板的安装施工

1) 彩色压型钢板的施工要点

(1) 复合板安装是用吊挂件把板材挂在墙身骨架条上，再把吊挂件与骨架焊牢，小型板材也可用钩形螺栓固定。

(2) 板与板之间的连接。水平缝为搭接缝，竖缝为企口缝，所有接缝处，除用超细玻璃棉塞严外，还用自攻螺丝钉钉牢固，钉距为 200mm。

(3) 门窗孔洞、管道穿墙及墙面端头处，墙板均为异形板。女儿墙顶部，门窗周围均设防雨泛水板，泛水板与墙板的接缝处，用防水油膏嵌缝。压型板墙转角处，均用槽形转角板进行外包角和内包角，转角板用螺栓固定。

(4) 安装墙板可采用脚手架，或利用檐口挑梁加设临时单轨，操作人员在吊篮上安装和焊接。板的起吊可在墙的顶部设滑轮，然后用小型卷扬机或人力吊装。

(5) 墙板的安装顺序是从墙边部竖向第 1 排下部第 1 块板开始，自下而上安装。安装完第 1 排再安装第 2 排。每安装铺设 10 排墙板后，用吊线锤检查一次，以便及时消除误差。

(6) 为了保证墙面的外观质量，须在螺栓位置画线，按线开孔，采用单面施工的钩形螺栓固定，使螺栓的位置横平竖直。

(7) 墙板的外、内包角及钢窗周围的泛水板，须在施工现场加工的异形件等，应参考图样，对安装好的墙面进行实测，确定其形状尺寸，使其加工准确，便于安装。

2) 彩色压型钢板的施工注意事项

(1) 安装墙板骨架之后，应注意参考设计图样进行一次实测，确定墙板和吊挂件的尺寸及数量。

(2) 为了便于吊装，墙板的长度不宜过长，一般应控制在 10m 以下。板材如果过大，会引起吊装困难。

(3) 对于板缝及特殊部位异形板材的安装，应注意做好防水处理。

(4) 复合板材吊装及焊接为高空作业，施工时应特别注意安全问题。

6.6　饰面板(砖)工程质量验收

【学习目标】掌握饰面板(砖)工程质量验收要求和检验方法。

6.6.1　一般规定

饰面板工程采用的石材有花岗石、大理石、青石板和人造石材；采用的瓷板有抛光和磨边板两种，面积不大于 $1.2m^2$，不小于 $0.5\ m^2$；金属饰面板有钢板、铝板等品种；木材饰面板主要用于内墙裙。陶瓷面砖主要包括釉面瓷砖、外墙面砖、陶瓷锦砖、陶瓷壁画、劈裂砖等；玻璃面砖主要包括玻璃锦砖、彩色玻璃面砖、釉面玻璃等。

1) 饰面板(砖)工程验收时应检查的文件和记录

(1) 饰面板(砖)工程的施工图、设计说明及其他设计文件。

(2) 材料的产品合格证书、性能检测报告、进场验收记录和复验报告。

(3) 后置埋件的现场拉拔检测报告。

(4) 外墙饰面砖样板件的黏结强度检测报告。

(5) 隐蔽工程验收记录。

(6) 施工记录。

2) 饰面板(砖)工程应复验的材料及其性能指标

(1) 室内用花岗石的放射性。

(2) 粘贴用水泥的凝结时间、安定性和抗压强度。

(3) 外墙陶瓷面砖的吸水率。

(4) 寒冷地区外墙陶瓷面砖的抗冻性。

本条仅规定对人身健康和结构安全有密切关系的材料指标进行复验。天然石材中花岗石的放射性超标的情况较多，故规定对室内用花岗石的放射性进行检测。

3) 饰面板(砖)工程应验收的隐蔽工程项目

(1) 预埋件(或后置埋件)。

(2) 连接节点。

(3) 防水层。

4) 各分项工程检验批的划分

(1) 相同材料、工艺和施工条件的室内饰面板(砖)工程每50间(大面积房间和走廊按施工面积 $30m^2$ 为一间)应划分为一个检验批,不足50间也应划分为一个检验批。

(2) 相同材料、工艺和施工条件的室外饰面板(砖)工程每500~1000m^2 应划分为一个检验批,不足 $500m^2$ 也应划分为一个检验批。

5) 检查数量应符合的规定

(1) 室内每个检验批应至少抽查10%,并不得少于3间;不足3间时应全数检查。

(2) 室外每个检验批每100 m^2 应至少抽查一处,每处不得小于10 m^2。

6) 外墙饰面板(砖)样板

外墙饰面贴前和施工过程中,均应在相同基层上做样板件,并对样板件的饰面砖黏结强度进行检验,其检验方法和结果判定应符合《建筑工程饰面砖黏结强度检验标准》(JGJ 110)的规定。

7) 外墙饰面板(砖)变形缝节点处理

饰面板(砖)工程的抗震缝、伸缩缝、沉降缝等部位的处理应保证缝的使用功能和饰面的完整性。

6.6.2 饰面砖粘贴工程

饰面砖粘贴工程包括内墙饰面砖粘贴工程和高度不大于100m、抗震设防烈度不大于8度、采用满粘法施工的外墙饰面砖粘贴工程。

1. 主控项目

(1) 饰面砖的品种、规格、图案颜色和性能应符合设计要求。

检验方法:观察;检查产品合格证书、进场验收记录、性能检测报告和复验报告。

(2) 饰面砖粘贴工程的找平、防水、黏结和勾缝材料及施工方法应符合设计要求及国家现行产品标准和工程技术标准的规定。

检验方法:检查产品合格证书、复验报告和隐蔽工程验收记录。

(3) 饰面砖粘贴必须牢固。

检验方法:检查样板件黏结强度检测报告和施工记录。

(4) 满粘法施工的饰面砖工程应无空鼓、裂缝。

检验方法:观察;用小锤轻击检查。

2. 一般项目

(1) 饰面砖表面应平整、洁净、色泽一致,无裂痕和缺损。

检验方法:观察。

(2) 阴阳角处搭接方式、非整砖使用部位应符合设计要求。

检验方法:观察。

(3) 墙面突出物周围的饰面砖应整砖套割吻合,边缘应整齐。墙裙、贴脸突出墙面的厚度应一致。

检验方法：观察；尺量检查。

(4) 饰面砖接缝应平直、光滑，填嵌应连续、密实；宽度和深度应符合设计要求。

检验方法：观察；尺量检查。

(5) 有排水要求的部位应做滴水线(槽)。滴水线(槽)应顺直，流水坡向应正确，坡度应符合设计要求。

检验方法：观察；用水平尺检查。

(6) 饰面砖粘贴的允许偏差和检验方法应符合表 6.2 中的规定。

表 6.2 饰面砖粘贴的允许偏差和检验方法

项 次	项 目	允许偏差/mm		检验方法
		外墙面砖	风墙面砖	
1	立面垂直度	3	2	用 2m 垂直检测尺检查
2	表面平整度	4	3	用 2m 靠尺和塞尺检查
3	阴阳角方正	3	3	用直角检测尺检查
4	接缝直线度	3	2	拉 5m 线，不足 5m 拉通线，用钢直尺检查
5	接缝高低差	1	0.5	用钢直尺和塞尺检查
6	接缝宽度	1	1	用钢直尺检查

6.6.3 饰面板安装工程

包括内墙饰面板安装工程和高度不大于 24 m、抗震设防烈度不大于 7 度的外墙饰面板安装工程。

1. 主控项目

(1) 饰面板的品种、规格、颜色和性能应符合设计要求，木龙骨、木饰面板和塑料饰面板的燃烧性能等级应符合设计要求。

检验方法：观察；检查产品合格证书、进场验收记录和性能检测报告。

(2) 饰面板孔、槽的数量、位置和尺寸应符合设计要求。

检验方法：检查进场验收记录和施工记录。

(3) 饰面板安装工程的预埋件(或后置埋件)、连接件的数量、规格、位置、连接方法和防腐处理必须符合设计要求。后置埋件的现场拉拔强度必须符合设计要求。饰面板安装必须牢固。

检验方法：手扳检查；检查进场验收记录、现场拉拔检测报告、隐蔽工程验收记录和施工记录。

2. 一般项目

(1) 饰面板表面应平整、洁净、色泽一致，无裂痕和缺损。石材表面应无泛碱等污染。

检验方法：观察。

(2) 饰面板嵌缝应密实、平直，宽度和深度应符合设计要求，嵌填材料色泽应一致。

检验方法：观察；尺量检查。

(3) 采用湿作业法施工的饰面板工程，石材应进行了碱背涂处理。饰面板与基体之间的灌注材料应饱满、密实。

检验方法：用小锤轻击检查；检查施工记录。

采用传统的湿作业法安装天然石材时，由于水泥砂浆在水化时析出大量的氢氧化钙，泛到石材表面，产生不规则的花斑，俗称泛碱现象，严重影响建筑物室内外石材饰面的装饰效果。因此，在天然石材安装前，应对石材饰面采用"防碱背涂剂"进行背涂处理。

(4) 饰面板上的孔洞应套割吻合，边缘应整齐。

检验方法：观察。

(5) 饰面板安装的允许偏差和检验方法应符合表 6.3 中的规定。

表 6.3　饰面板安装的允许偏差和检验方法

项次	项　目	允许偏差/mm							检验方法
		石　材			瓷板	木材	塑料	金属	
		光面	剁斧石	蘑菇石					
1	立面垂直度	2	3	3	2	1.5	2	2	用 2m 垂直检测尺检查
2	表面平整度	2	3	—	1.5	1	3	3	用 2m 靠尺和塞尺检查
3	阴阳角方正	2	4	4	2	1.5	3	3	用直角检测尺检查
4	接缝直线度	2	4	4	2	1	1	1	拉 5m 线，不足 5m 拉通线，用钢直尺检查
5	墙裙、勒脚上口直线度	2	3	3	2	2	2	2	拉 5m 线，不足 5m 拉通线，用钢直尺检查
6	接缝高低差	0.5	3	—	0.5	0.5	1	1	用钢直尺和塞尺检查
7	接缝宽度	1	2	2	1	1	1	1	用钢直尺检查

课 堂 实 训

实训内容

进行饰面板(砖)工程(低标号黏结砂浆)的装饰施工实训(指导教师选择一个真实的施工现场或学校实训工厂，带学生实地操作实训)，熟悉饰面板(砖)工程施工的基本知识，从技术交底、施工准备、材料制备、施工操作和质量验收方面进行全程模拟训练，熟悉饰面板(砖)工程施工操作要点和国家相应的规范要求。

实训目的

通过课堂学习结合课下实训使学生达到熟练掌握饰面板(砖)工程项目的技术交底、施

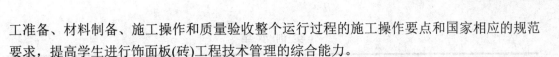

工准备、材料制备、施工操作和质量验收整个运行过程的施工操作要点和国家相应的规范要求，提高学生进行饰面板(砖)工程技术管理的综合能力。

实训要点

(1) 通过饰面板(砖)工程施工项目实训，使学生加深对饰面板(砖)工程国家标准的理解，掌握饰面板(砖)工程施工过程和工艺要点，进一步加强对专业知识的理解。

(2) 分组制订计划与实施，培养学生团队协作的能力，并获取饰面板(砖)工程施工管理经验。

实训过程

1) 实训准备要求

(1) 做好实训前相关资料的查阅，熟悉饰面板(砖)工程施工有关的规范要求。

(2) 准备实训所需的工具与材料。

2) 实训要点

(1) 实训前做好技术交底。

(2) 制定实训计划。

(3) 分小组进行，小组内部分工合作。

3) 实训操作步骤

(1) 按照施工图要求，确定饰面板(砖)工程施工要点，并进行相应技术交底。

(2) 利用饰面板(砖)工程加工设备统一进行隔墙工程施工。

(3) 在实训场地进行饰面板(砖)工程实操训练。

(4) 做好实训记录和相关技术资料整理。

(5) 养护一定时间后，进行小组互评和最终评定。

4) 教师指导点评和疑难解答

5) 实地观摩

6) 总结

实训项目基本步骤

步　骤	教师行为	学生行为
1	交代工作任务背景，引出实训项目	(1) 分好小组 (2) 准备实训工具、材料和场地
2	布置饰面板(砖)工程实训应做的准备工作	
3	使学生明确饰面板(砖)工程施工实训的步骤	
4	学生分组进行实训操作，教师巡回指导	完成饰面板(砖)工程实训全过程
5	结束指导点评实训成果	自我评价或小组评价
6	实训总结	小组总结并进行经验分享

实 训 小 结

项目：   指导老师：

项目技能	技能达标分项		备 注
饰面砖工程施工	1. 交底完善	得 0.5 分	根据职业岗位所需，技能需求，学生可以补充完善达标项
	2. 准备工作完善	得 0.5 分	
	3. 操作过程准确	得 1.5 分	
	4. 工程质量合格	得 1.5 分	
	5. 分工合作合理	得 1 分	
自我评价	对照达标分项	得 3 分为达标	客观评价
	对照达标分项	得 4 分为良好	
	对照达标分项	得 5 分为优秀	
评议	各小组间互相评价 取长补短，共同进步		提供优秀作品观摩学习

自我评价＿＿＿＿＿＿＿＿＿＿　　　　　个人签名＿＿＿＿＿＿＿＿＿

小组评价　达标率＿＿＿＿＿＿　　　　　组长签名＿＿＿＿＿＿＿＿＿

　　　　　良好率＿＿＿＿＿＿

　　　　　优秀率＿＿＿＿＿＿

　　　　　　　　　　　　　　　　　　　　　　　年　　月　　日

习　题

一、案例题

工程背景：某办公楼建筑装饰施工阶段，墙地砖铺贴工程经检验存在以下问题：墙地砖铺贴出现较大阴角缝，收头地砖严重偏小，易漏水。

原因分析：

① 铺贴前未事先排版或下料不准确。

② 对操作工人技术交底不明确，铺贴工人责任心不强，铺贴工艺不规范，未墙砖压地砖铺贴，施工单位未组织"三检"工作。

③ 工程部、监理在施工过程中没有跟踪检查，未制止错误施工。

预控措施或方法：

① 墙地砖事前应进行排版，合理、准确下料。

② 墙地砖铺贴规则应为墙砖压地砖铺贴，底部墙砖尺寸不得出现小于 1/3 的条砖，且应最后铺贴。

③ 施工过程中施工单位应组织加强"三检"工作，跟踪检查，及时督促整改。

二、思考题

1. 装饰工程上常用的饰面装饰材料的种类、适用范围及施工机具？

2. 木质护墙板的施工准备工作及材料要求？其安装施工工艺？

3. 饰面板钢筋网片法的施工工艺？

4. 饰面板钢筋钩挂贴法的施工工艺？

5. 饰面板膨胀螺栓锚固法的施工工艺？

6. 饰面板大理石胶粘贴法的施工工艺？

7. 金属饰面板铝合金墙板的施工工艺？

8. 金属饰面板彩色涂层钢板的施工工艺？

9. 金属饰面板彩色压型钢板的施工工艺？

项目7　幕　墙　工　程

内容提要

本项目以幕墙工程为对象，主要讲述玻璃幕墙、石材幕墙和金属幕墙的材料选择、构造组成、施工条件和准备、施工程序和工艺、工程质量标准和验收等过程，并在实训环节提供玻璃幕墙施工项目，作为本教学单元的实践训练项目，供学生训练和提高。

技能目标

- 通过对幕墙工程施工工艺的学习，巩固已学的相关建筑装饰材料与构造的基本知识以及明确幕墙工程施工的种类、特点、过程方法及有关规定。
- 通过对幕墙工程施工项目的实训操作，锻炼学生对幕墙工程施工操作和技术管理的能力，培养学生团队协作的精神，并使学生获取幕墙工程施工管理经验。
- 重点掌握一般玻璃幕墙、石材幕墙和金属幕墙工程的施工方法步骤和质量要求。

本项目是为了全面训练学生对幕墙工程施工操作与技术管理的能力，检查学生对幕墙工程施工内容知识的理解和运用程度而设置的。

项目导入

由金属构件与各种板材组成的悬挂在主体结构上、不承担主体结构荷载与作用的建筑物外围护结构，称为建筑幕墙。按建筑幕墙的面板可将其分为玻璃幕墙、金属幕墙、石材幕墙、混凝土幕墙及组合幕墙等。按建筑幕墙的安装形式又可将其分为散装建筑幕墙、半单元建筑幕墙、单元建筑幕墙、小单元建筑幕墙等。建筑幕墙是高层建筑和大型公共建筑采用的最大的外装饰做法。

7.1　幕墙工程的基本知识

【学习目标】了解建筑幕墙的基本概念、分类和特点，掌握幕墙工程的重要规定。

7.1.1　建筑幕墙的基本概念、分类和特点

1. 建筑幕墙的基本概念

建筑幕墙是一种由面板与支承结构体系(支承装置与支承结构)组成、相对主体结构有一定位移能力、不分担主体结构所受作用力的建筑外围护或装饰性结构。

2．建筑幕墙的分类

(1) 按面板材料分类包括玻璃幕墙、金属板幕墙、石材幕墙、人造板材幕墙和组合面板幕墙。

(2) 按密闭形式分类包括封闭式幕墙和开放式幕墙。

(3) 按幕墙施工方法分类包括单元式幕墙和构件式幕墙。

建筑幕墙的详细分类如图 7.1 所示。

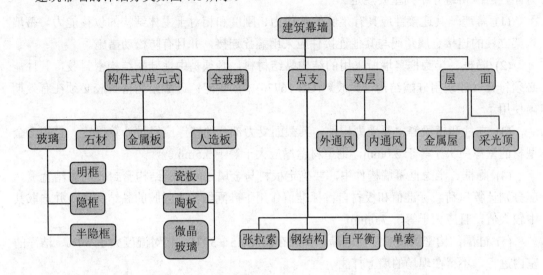

图 7.1　建筑幕墙的分类

3．建筑幕墙的特点

(1) 建筑幕墙是外围护结构，不是填充墙，它自身具有完整的结构系统，通常包括主体结构。面板与梁柱面之间的距离通常为 150～200mm，设计上多用 180mm。

(2) 在自身平面内可承受较大的变形，相对主体结构有足够的变形能力。如果设计上采取适当的措施，甚至当主体结构侧移达到 1/60 时，幕墙也不会发生破坏。

(3) 只承受本身的荷载且传给主体结构，不分担、也不传递主体结构荷载。

(4) 重量轻，节省主体结构与基础的费用。

(5) 由于幕墙本身的特点，它赋予主体结构抵抗温度变化的能力，提高抵抗地震的能力。

(6) 保护主体结构温度变化时应力小。

(7) 理论化及系统化，如雨屏原理，解决了长期存在的雨水渗漏的理论问题。

(8) 高层建筑需要建筑幕墙。

(9) 降低了劳动力，因为材料品种少，可以工业化生产。

(10) 降低了运输费用。

(11) 维修简单，可替换性强。

7.1.2　幕墙工程的重要规定

幕墙工程是外墙非常重要的装饰工程，其设计计算、所用材料、结构型式、施工方法等，关系到幕墙的使用功能、装饰效果、结构安全、工程造价、施工难易等各个方面。因此，为确保幕墙工程的装饰性、安全性、易装性和经济性，在幕墙的设计、选材和施工等方面，应严格遵守下列重要规定。

(1) 幕墙及其连接件应具有足够的承载力、刚度和相对于主体结构的位移能力。幕墙构架立柱的连接金属角码与其他连接件应采用螺栓连接，并且有防松动措施。

(2) 隐框、半隐框幕墙所采用的结构黏结材料，必须是中性硅酮结构密封胶，其性能必须符合《建筑用硅酮结构密封胶》(GB 16776)中的规定；硅酮结构密封胶必须在有效期内使用。

(3) 立柱和横梁等主要受力构件，其截面受力部分的壁厚应经过计算确定，且铝合金型材的壁厚应大于等于 3.0mm，钢型材壁厚应大于等于 3.5mm。

(4) 隐框、半隐框幕墙构件中，要确定板材与金属之间硅酮结构密封胶的黏结宽度，应分别计算风荷载标准值和板材自重标准值作用下硅酮结构密封胶的黏结宽度，并选取其中较大值，且应大于等于 7.0mm。

(5) 硅酮结构密封胶应打注饱满，并应在温度 15～30℃、相对湿度大于 50%、洁净的室内进行，不得在现场的墙上打注。

(6) 幕墙的防火除应符合现行国家标准《建筑设计防火规范》(GBJ 16)和《高层建筑设计防火规范》(GB 50045)的有关规定外，还应符合下列规定。

① 应根据防火材料的耐火极限决定防火层的厚度和宽度，并应在楼板处形成防火带。

② 防火层应采取隔离措施。防火层的衬板应采用经过防腐处理，且厚度大于等于 1.5mm 的钢板，但不得采用铝板。

③ 防火层的密封材料应采用防火密封胶。

④ 防火层与玻璃不应直接接触，一块玻璃不应跨两个防火分区。

(7) 主体结构与幕墙连接的各种预埋件，其数量、规格、位置和防腐处理必须符合设计要求。

(8) 幕墙的金属框架与主体结构预埋件的连接、立柱与横梁的连接及幕墙面板的安装，必须符合设计要求，安装必须牢固。

(9) 单元幕墙连接处和吊挂处的铝合金型材的壁厚应通过计算确定，并应大于等于 5.0mm。

(10) 幕墙的金属框架与主体结构应通过预埋件连接，预埋件应在主体结构混凝土施工时埋入，预埋件的位置必须准确。当没有条件采用预埋件连接时，应采用其他可靠的连接措施，并应通过试验确定其承载力。

(11) 立柱应采用螺栓与角码连接，螺栓的直径应经过计算确定，并应大于等于 10mm。不同金属材料接触时应采用绝缘垫片分隔。

(12) 幕墙上的抗裂缝、伸缩缝、沉降缝等部位的处理，应保证缝的使用功能和饰面的完整性。

(13) 幕墙工程的设计应满足方便维护和清洁的要求。

7.2　玻璃幕墙施工

【学习目标】通过对玻璃幕墙的基本技术要求，有框玻璃幕墙、点式玻璃幕墙和全玻幕墙的构造组成、工作流程、工艺要点和质量要求的学习，掌握玻璃幕墙的施工工艺。

7.2.1　玻璃幕墙的基本技术要求

1. 对玻璃的基本技术要求

玻璃幕墙所用的单层玻璃厚度，一般为 6mm、8mm、10mm、12mm、15mm、19mm；夹层玻璃的厚度，一般为(6+6)mm、(8+8)mm(中间夹聚氯乙烯醇缩丁醛胶片，干法合成)；中空玻璃厚度为(6+d+5)mm、(6+d+6)mm、(8+d+8)mm 等(d 为空气厚度，可取 6mm、9mm、12mm)。幕墙宜采用钢化玻璃、半钢化玻璃、夹层玻璃。有保温隔热性能要求的幕墙宜选用中空玻璃。

2. 对骨架的基本技术要求

用于玻璃幕墙的骨架，除了应具有足够的强度和刚度外，还应具有较高的耐久性，以保证幕墙的安全使用和寿命。如铝合金骨架的立梃、横梁等要求表面氧化膜的厚度不应低于 AA15 级。

为了减少能耗，目前提倡应用断桥铝合金骨架。如果在玻璃幕墙中采用钢骨架，除不锈钢外其他应进行表面热渗镀锌。黏结隐框玻璃的硅酮密封胶(工程中简称结构胶)十分重要，结构胶应有与接触材料的相容性试验报告，并有保险年限的质量证书。

点式连接玻璃幕墙的连接件和连系杆件等，应采用高强金属材料或不锈钢精加工制作，有的还要承受很大的预应力，技术要求比较高。

7.2.2　有框玻璃幕墙施工

1. 有框玻璃幕墙的组成

有框玻璃幕墙包括明框、隐框和半隐框玻璃幕墙等。其结构主要由幕墙立柱、横梁、玻璃、主体结构、预埋件、连接件，以及连接螺栓、垫杆和胶缝、开启扇等组成，其中隐框玻璃幕墙如图 7.2(a)所示。

2．有框玻璃幕墙的构造

1）基本构造

从图 7.2(b)中可以看到，立柱两侧角码是 $100mm \times 60mm \times 10mm$ 的角钢，它通过 $M12 \times 110mm$ 的镀锌连接螺栓将铝合金立柱与主体结构预埋件焊接，立柱又与铝合金横梁连接，在立柱和横梁的外侧再用连接压板通过 $M6 \times 25mm$ 的圆头螺钉将带副框的玻璃组合件固定在铝合金立柱上。

为了提高幕墙的密封性能，在两块中空玻璃之间填充直径为 $18mm$ 的泡沫条并填耐候胶，形成 $15mm$ 宽的缝，使得中空玻璃发生变形时有位移的空间。《玻璃幕墙工程技术规范》(JGJ 102—1996)中规定，隐框玻璃幕墙拼缝宽度不宜小于 $15mm$。

图 7.2(c)反映了横梁与立柱的连接构造，以及玻璃组合件与横梁的连接关系。玻璃组合件应在符合洁净要求的车间中生产，然后运至施工现场进行安装。

幕墙构件应连接牢固，接缝处须用密封材料使连接部位密封(图 7.2(b)中的玻璃副框与横梁、主柱相交均有胶垫)，用于消除构件间的摩擦声，防止串烟串火，并消除由于温差变化引起的热胀冷缩应力。

2）防火构造

为了保证建筑物的防火能力，玻璃幕墙与每层楼板、隔墙处以及窗间墙、窗槛墙的缝隙应采用不燃烧材料(如填充岩棉等)填充严密，形成防火隔层。如图 7.3 所示，在横梁位置安装厚度不小于 $100mm$ 的防护岩棉，并用 $1.5mm$ 钢板包制。

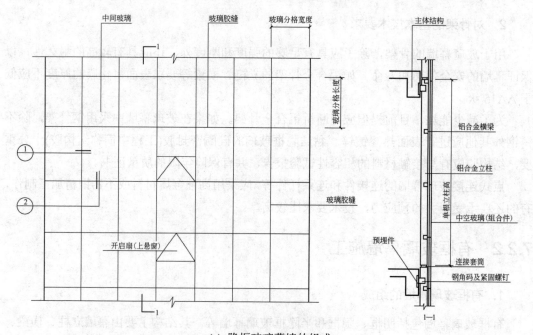

(a) 隐框玻璃幕墙的组成

图 7.2　隐框玻璃幕墙的组成及节点

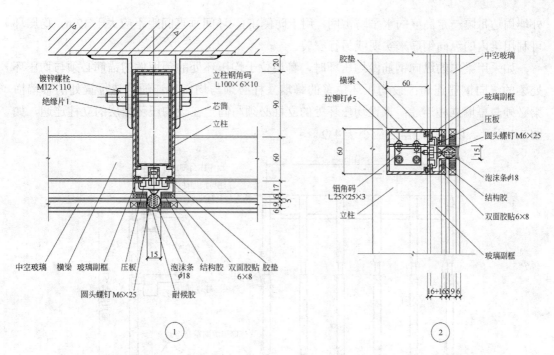

(b) 隐框玻璃幕墙水平节点

(c) 隐框玻璃幕墙垂直节点

图 7.2　隐框玻璃幕墙的组成及节点(续)

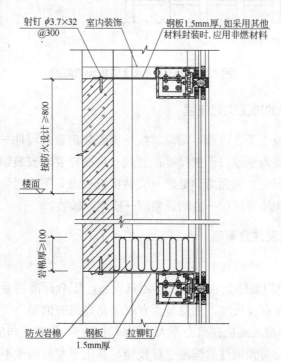

图 7.3　隐框玻璃幕墙防火构造节点

3) 防雷构造

《建筑物防雷设计规范》(GB 50057)规定,高层建筑应设置防雷用的均压环(沿建筑物外墙周边每隔一定高度的水平防雷网，用于防侧雷)，环间垂直间距不应大于 12m，均压环可利用梁内的纵向钢筋来实现或另行安装。

如采用梁内的纵向钢筋做均压环时，幕墙位于均压环处的预埋件的锚筋必须与均压环处梁的纵向钢筋连通；设均压环位置的幕墙立柱必须与均压环连通，该位置处的幕墙横梁必须与幕墙立柱连通；未设均压环处的立柱必须与固定在设均压环楼层的立柱连通，如图 7.4 所示。以上接地电阻应小于 4Ω。

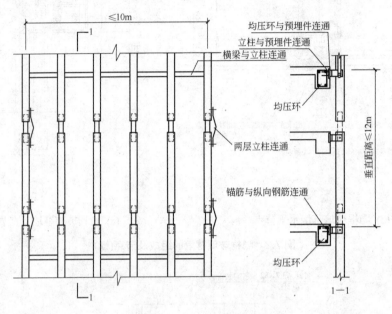

图 7.4　隐框玻璃幕墙防雷构造简图

3．有框玻璃幕墙的施工工艺流程

有框玻璃幕墙的施工工艺流程：测量放线→调整和后置预埋件→确认主体结构轴线和各面中心线→以中心线为基准向两侧排基准竖线→按图样要求安装钢连接件和立柱、校正误差→钢连接件满焊固定、表面防腐处理→安装横框→上、下边封修→安装玻璃组件→安装开启窗扇→填充泡沫棒并注胶→清洁、整理→检查、验收。

4．施工安装要点及注意事项

1) 测量放线

(1) 放线定位前使用经纬仪、水准仪等测量设备，配合标准钢卷尺、重锤、水平尺等复核主体结构轴线、标高及尺寸，注意是否有超出允许值的偏差。

(2) 高层建筑的测量放线应在风力不大于四级时进行，测量工作应每天定时进行。

测量放线时，还应对预埋件的偏差进行校验，其上下左右偏差不应大于 45mm，超出允许范围的预埋件必须进行适当处理或重新设计，应把处理意见上报监理、业主和项目部。

2) 立柱安装

(1) 安装前应认真核对立柱的规格、尺寸、数量、编号是否与施工图纸一致。单根立柱长度通常为一层楼高，上下立柱之间用铝合金套筒连接，在该处形成铰接、构成变形缝，从而适应和消除幕墙的挠度变形和温度变形，保证幕墙的安全性和耐久性。

(2) 施工人员必须进行有关高空作业的培训，并取得上岗证书后方可参与施工活动。在施工过程中，应严格遵守《建筑施工高处作业安全技术规范》(JGJ 1980)的有关规定。特别注意在风力超过六级时，不得进行高空作业。

(3) 立柱和连接杆(支座)接触面之间一定要加防腐隔离垫片。

(4) 立柱初步定位后应进行自检，对合格的部分应进行调整修正，自检完全合格再报质检人员进行抽检。

焊缝质量必须符合现行《钢结构工程施工验收规范》。焊接好的连接件必须采取可靠的防腐措施。焊工是一种技术性很强的特殊工种，需经专业安全技术的学习和训练，考试合格获得"特殊工种操作证书"后，才能参与施工。

(5) 玻璃幕墙立柱安装就位后应及时固定，并及时拆除原来的临时固定螺栓。

3) 横梁安装

(1) 横梁安装定位后应进行自检，对不合格的应进行调整修正；自检合格后再报质检人员进行抽检。

(2) 在安装横梁时，应注意设计中如果有排水系统，冷凝水排出管及附件应与横梁预留孔连接严密，与内衬板出水孔连接处应设橡胶密封条，其他通气孔、雨水排出口，应按设计进行施工，不得出现遗漏。

4) 玻璃安装

(1) 玻璃安装前应将表面及四周尘土、污物擦拭干净，保证嵌缝耐候胶可靠黏结。玻璃的镀膜面朝向室内，如果发现玻璃色差明显或镀膜脱落等，应及时向有关部门反映，得到处理方案后方可安装。

(2) 用于固定玻璃组合件的压块或其他连接件及螺钉等，应严格按设计或有关规范执行，严禁少装或不装紧固螺钉。

(3) 玻璃组合件安装时应注意保护，避免碰撞、损伤或跌落。当玻璃面积较大或自身重量较大时，应采用机械安装，或利用中空吸盘帮助提升安装。

5) 拼缝及密封

(1) 每幅幕墙抽检 5% 的分格，且不少于 5 个分格。允许偏差项目有 80% 抽检实测值合格，其余抽检实测值不影响安全和使用的，则判为合格。抽检合格后才能进行泡沫条嵌填和耐候胶灌注。

(2) 耐候胶在缝内相对两面黏结，不得三面黏结，较深的密封槽口应先嵌填聚乙烯泡沫条。耐候胶施工厚度应大于 3.5mm，施工宽度不应小于施工厚度的 2 倍。注胶后胶缝饱满、表面光滑细腻，不污染其他表面，注胶前应在可能导致污染的部位贴上纸基胶带(即美纹纸条)，注胶完成后再将其揭除。

(3) 玻璃幕墙的密封材料，常用的是耐候硅酮密封胶，立柱、横梁等交接部位填胶一定要密实、无气泡。当采用明框玻璃幕墙时，在铝合金的凹槽内玻璃应用定形的橡胶压条进行嵌填，然后再用耐候胶嵌缝。

6) 窗扇安装

(1) 安装时应注意窗扇与窗框的配合间隙是否符合设计要求，窗框胶条应安装到位，以保证其密封性。图 7.5 所示为隐框玻璃幕墙开启扇的竖向节点详图。

(2) 窗扇连接件的品种、规格、质量一定要符合设计要求，并采用不锈钢或轻钢金属制品，以保证窗扇的安全、耐用。

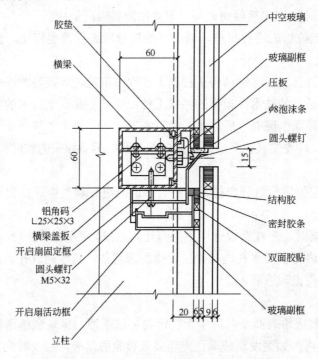

图 7.5　隐框玻璃幕墙开启扇的竖向节点详图

7) 保护和清洁

(1) 在整个施工过程中的玻璃幕墙，应采取适当的措施加以保护，防止产生污染、碰撞和变形受损。

(2) 工程完工后应从上到下用中性洗涤剂对幕墙表面进行清洗，清洗剂在清洗前要进行腐蚀性试验，确实证明对玻璃、铝合金无腐蚀作用后方可使用。清洗剂清洗后应用清水冲洗干净。

5．玻璃幕墙安装的安全措施

(1) 安装玻璃幕墙用的施工机具，应进行严格检验。手电钻、电动螺钉旋具、射钉枪等电动工具应作绝缘性试验，手持玻璃吸盘、电动玻璃吸盘应进行吸附重量和吸附持续时间的试验。

(2) 施工人员进入施工现场，必须佩带安全帽、安全带、工具袋等。

(3) 在高层玻璃幕墙安装与上部结构施工同时进行时，结构施工下方应设安全防护网。在离地 3m 处，应搭设挑出 6m 的水平安全网。

(4) 在施工现场进行焊接时，在焊件下方应吊挂接渣斗。

7.2.3 点式玻璃幕墙施工

1. 点式玻璃幕墙的概念和特点

由玻璃面板、点支撑装置和支撑结构构成的玻璃幕墙称为点式玻璃幕墙。

特点：效果通透，可使室内空间和室外环境自然和谐。构件精巧，结构美观，实现精美的金属构件与玻璃装饰艺术的完美融合。支承结构多样，可满足不同建筑结构和装饰效果的需要。它的缺点是不易实现开启通风及工程造价偏高。

2. 点式玻璃幕墙的结构类型

点式玻璃幕墙的结构类型包括玻璃肋点式玻璃幕墙、钢桁架点式玻璃幕墙、拉索点式玻璃幕墙等。

(1) 玻璃肋点式幕墙如图 7.6 所示。

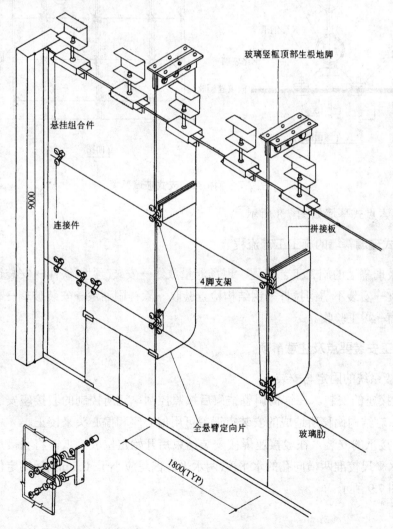

图 7.6 玻璃肋点支式玻璃幕墙

(2) 钢桁架点式幕墙如图 7.7 所示。

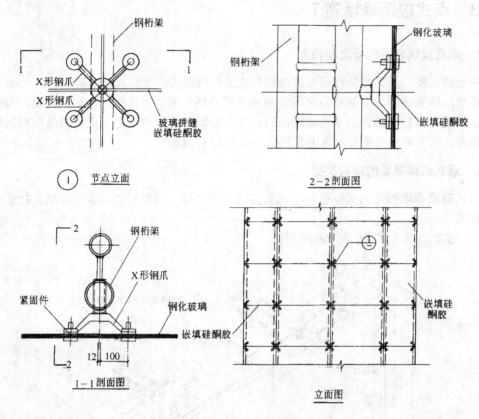

图 7.7　钢桁架点支式玻璃幕墙

(3) 拉索点式幕墙如图 7.8 所示。

3. 点式玻璃幕墙的施工工艺流程

点式玻璃幕墙的施工工艺流程：现场测量放线→安装(预埋)铁件→安装钢管立柱→安装钢管横梁→安装不锈钢拉杆→钢结构检查验收→除锈刷油漆→安装玻璃→玻璃打胶→清理玻璃表面→竣工验收。

4. 施工安装要点及注意事项

1) 驳接系统的固定与安装

(1) 驳接座的安装。在结构调整结束后按照控制单元所控制的驳接座安装点进行驳接座的安装，对结构偏移所造成的安装点误差可用偏心座和偏心头来校正。

(2) 驳接爪的安装。在驳接座焊接安装结束后开始定位驳接爪，将驳接爪的受力孔向下，并用水平尺校准两横向孔的水平度(两水平孔偏差应小于 0.5mm)配钻定位销孔，安装定位销如图 7.9 所示。

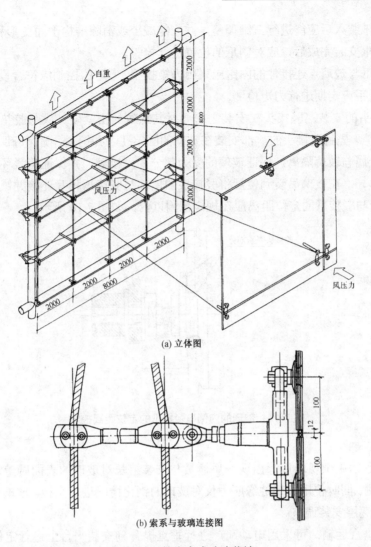

(a) 立体图

(b) 索系与玻璃连接图

图 7.8 拉索点式玻璃幕墙

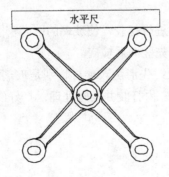

图 7.9 定位销

点式玻璃幕墙驳接爪的安装施工应符合下列要求。

① 驳接爪安装前，应精确定出其安装位置，驳接爪的允许偏差应符合设计要求。

② 驳接爪装入后应能进行三维调整，并应能减少或消除结构平面变形和温差的影响。

③ 驳接爪安装完成后，应对钢爪的位置进行检验。

④ 驳接爪与玻璃点连接件的固定应采用力矩扳手，力矩的控制应符合设计要求及有关规定。力矩扳手应定期进行力矩检测。

(3) 驳接头的安装。驳接头在安装之前要对其螺纹的松紧度、头与胶垫的配合情况进行 100%的检查。先将驳接头的前部安装在玻璃的固定孔上并销紧，确保每件驳接头内的衬垫齐全，使金属与玻璃隔离，保证玻璃的受力部分为面接触，并保证锁紧环锁紧密封，锁紧扭矩 10N•m，在玻璃吊装到位后将驳接头的尾部与驳接爪相互连接并锁紧，同时要注意玻璃的内侧与驳接爪的定位距离应在规定范围以内，如图 7.10 所示。

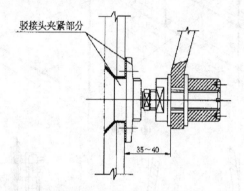

图 7.10　玻璃的内侧与驳接爪的定位距离控制

2) 玻璃安装

(1) 玻璃到达施工现场后，由现场质检员与安装组长对玻璃的表面质量、公称尺寸进行 100%的检测。同时使用玻璃边缘应力仪对玻璃的钢化情况进行全检。玻璃安装顺序可采取先上后下，逐层安装调整。

(2) 玻璃垂直运输：可采用电动葫芦进行垂直提升到安装平台上进行定位、安装。在整个过程中可以减少尺寸积累误差，在每个控制单元内尺寸公差带为±3mm。

3) 打胶

(1) 在玻璃安装调整结束后进行打胶，使玻璃的缝隙密封。

(2) 打胶顺序是先上后下，先竖向后横向。

(3) 打胶过程中的注意事项：先清洗玻璃，特别是玻璃边部与胶连接处的污迹要清洗擦干，在贴美纹纸后要 24 小时之内打胶并及时处理，打好的胶不得有外溢、毛刺等现象。

7.2.4　全玻幕墙的施工

1. 全玻幕墙的分类

1) 吊挂式全玻幕墙

为了提高玻璃的刚度、安全性和稳定性，避免产生压屈破坏，在超过一定高度的通高玻璃上部设置专用的金属夹具，将玻璃和玻璃肋吊挂起来形成玻璃墙面，这种玻璃幕墙称为吊挂式全玻幕墙。

吊挂式全玻幕墙的下部需镶嵌在槽口内，以利于玻璃板的伸缩变形，吊挂式全玻幕墙的玻璃尺寸和厚度，要比坐落式全玻幕墙大，而且构造复杂、工序较多，因此造价也较高。

2) 坐落式全玻幕墙

当全玻幕墙的高度较低时，可以采用坐落式安装。这种幕墙的通高玻璃板和玻璃肋上下均镶嵌在槽内，玻璃直接支撑在下部槽内的支座上，上部镶嵌玻璃的槽与玻璃之间留有空隙，使玻璃有伸缩的余地。这种做法构造简单、工序较少、造价较低，但只适用于建筑物层高较小的情况。

根据工程实践证明，下列情况可采用吊挂式全玻幕墙：玻璃厚度为 10mm，幕墙高度在 4～5m 时；玻璃厚度为 12mm，幕墙高度为 5～6m；玻璃厚度为 15mm，幕墙高度为 6～8m；玻璃厚度为 19mm，幕墙高度为 8～10m。

2. 全玻幕墙的构造

1) 坐落式全玻幕墙的构造

坐落式全玻幕墙的构造组成：上下金属夹槽、玻璃板、玻璃肋、弹性垫块、聚乙烯泡沫垫杆或橡胶嵌条、连接螺栓、硅酮结构胶及耐候胶等，如图 7.11(a)所示。

玻璃肋应垂直于玻璃板面布置，间距根据设计计算确定。图 7.11(b)为坐落式全玻幕墙平面。从图中可看到玻璃肋均匀设置在玻璃板面的一侧，并与玻璃板垂直相交，玻璃竖缝嵌填结构胶或耐候胶。玻璃肋的布置方式有以下几种。

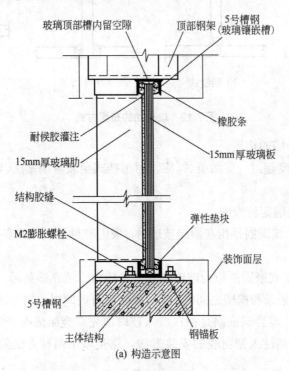

(a) 构造示意图

图 7.11 坐落式全玻幕墙的构造

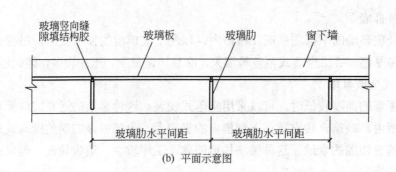

(b) 平面示意图

图 7.11　坐落式全玻幕墙的构造(续)

(1) 后置式。后置式是玻璃肋置于玻璃板的后部，用密封胶与玻璃板黏结成为一个整体，如图 7.12(a)所示。

(2) 骑缝式。骑缝式是玻璃肋位于两玻璃板的板缝位置，在缝隙处用密封胶将三块玻璃黏结，如图 7.12(b)所示。

(3) 平齐式。平齐式玻璃肋位于两块玻璃之间，玻璃肋前端与玻璃板面平齐，两侧缝隙用密封胶嵌填、黏结，如图 7.12(c)所示。

(4) 突出式。突出式玻璃肋夹在两玻璃板中间、两侧均突出玻璃表面，两面缝隙内用密封胶嵌填、黏结，如图 7.12(d)所示。

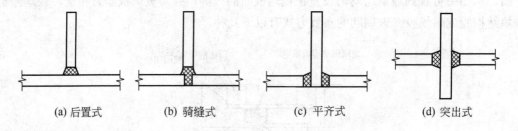

(a) 后置式　　　(b) 骑缝式　　　(c) 平齐式　　　(d) 突出式

图 7.12　玻璃肋的布置方式

2) 吊挂式全玻幕墙的构造

当幕墙的玻璃高度超过一定数值时，应采用吊挂式全玻幕墙做法。现以图 7.13 和图 7.14 为例说明其构造做法。

3) 全玻幕墙的玻璃定位嵌固

(1) 干式嵌固。干式嵌固是指在固定玻璃时，采用密封条嵌固的安装方法，如图 7.15(a)所示。

(2) 湿式嵌固。湿式嵌固是指当玻璃插入金属槽内、填充垫条后，采用密封胶(如硅酮密封胶等)注入玻璃、垫条和槽壁之间的空隙，凝固后将玻璃固定的方法，如图 7.15(b)所示。

(3) 混合式嵌固。混合式嵌固是指在放入玻璃前先在金属槽内一侧装入密封条，然后再放入玻璃，在另一侧注入密封胶的安装方法，这是以上两种方法的结合，如图 7.15(c)所示。

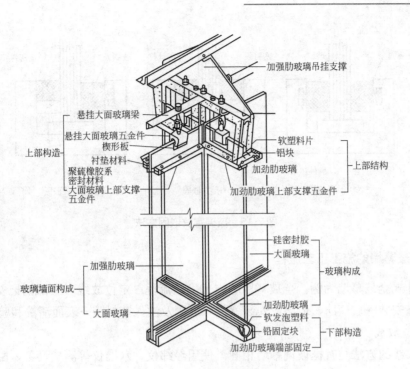

图 7.13 吊挂式全玻幕墙的构造

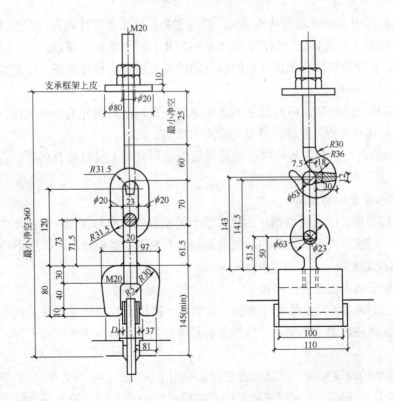

图 7.14 全玻幕墙吊具的构造

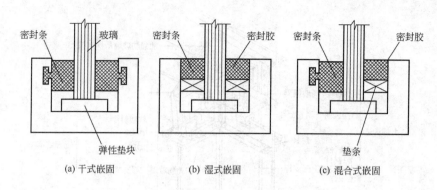

图 7.15　玻璃定位嵌固方法

3．全玻幕墙的施工工艺流程

以吊挂式全玻幕墙为例，全玻幕墙的施工工艺流程：定位放线→上部钢架安装→下部和侧面嵌槽安装→玻璃肋、玻璃板安装就位→嵌固及注入密封胶→表面清洗和验收。

1）定位放线

定位放线的方法与有框玻璃幕墙相同。使用经纬仪、水准仪等测量设备，配合标准钢卷尺、重锤、水平尺等复核主体结构轴线、标高及尺寸，对原预埋件进行位置检查、复核。

2）上部钢架安装

上部钢架用于安装玻璃吊具的支架，强度和稳定性要求都比较高，应使用热渗镀锌钢材，严格按照设计要求施工、制作。在安装过程中，应注意以下事项。

(1) 钢架安装前要检查预埋件或钢锚板的质量是否符合设计要求，锚栓位置离开混凝土外缘不小于 50mm。

(2) 相邻柱间的钢架、吊具的安装必须通顺平直，吊具螺杆的中心线在同一铅垂平面内，应分段拉通线检查、复核，吊具的间距应均匀一致。

(3) 钢架应进行隐蔽工程验收，需要经监理公司有关人员验收合格后，方可对施焊处进行防锈处理。

3）下部和侧面嵌槽安装

嵌固玻璃的槽口应采用型钢，如尺寸较小的槽钢等，应与预埋件焊接牢固，验收后做防锈处理。下部槽口内每块玻璃的两角附近放置两块氯丁橡胶垫块，长度不小于 100mm。

4）玻璃板的安装

在玻璃板安装中的主要工序如下。

(1) 检查玻璃。在将要吊装玻璃前，需要再一次检查玻璃质量，尤其注意检查有无裂纹和崩边，黏结在玻璃上的铜夹片位置是否正确，用干布将玻璃表面擦干净，用记号笔做好中心标记。

(2) 安装电动玻璃吸盘。玻璃吸盘要对称吸附于玻璃面，吸附必须牢固。

(3) 在安装完毕后，先进行试吸，即将玻璃试吊起 2～3m，检查各个吸盘的牢固度，试吸成功才能正式吊装玻璃。

(4) 在玻璃适当位置安装手动吸盘、拉缆绳和侧面保护胶套。手动吸盘用于在不同高度工作的工人能够用手协助玻璃就位，拉缆绳是为玻璃在起吊、旋转、就位时，能控制玻璃的摆动，防止因风力作用和吊车转动发生玻璃失控。

(5) 在嵌固玻璃的上下槽口内侧粘贴低发泡垫条，垫条宽度同嵌缝胶的宽度，并且留有足够的注胶深度。

(6) 吊车将玻璃移动至安装位置，并将玻璃对准安装位置徐徐靠近。

(7) 上层的工人把握好玻璃，防止玻璃就位时碰撞钢架。等下层工人都能握住深度吸盘时，可将玻璃一侧的保护胶套去掉。

上层工人利用吊挂电动吸盘的手动吊链慢慢吊起玻璃，使玻璃下端略高于下部槽口，此时下层工人应及时将玻璃轻轻拉入槽内，并利用木板遮挡，防止碰撞相邻玻璃。

另外应有人用木板轻轻托扶玻璃下端，保证在吊链慢慢下放玻璃时，能准确落入下部的槽口中，并防止玻璃下端与金属槽口碰撞。

(8) 玻璃定位。安装好玻璃夹具，各吊杆螺栓应在上部钢架的定位处，并与钢架轴线重合，上下调节吊挂螺栓的螺钉，使玻璃提升和准确就位。第一块玻璃就位后要检查其侧边的垂直度，以后玻璃只需要检查其缝隙宽度是否相等、符合设计尺寸即可。

(9) 做好上部吊挂后，嵌固上下边框槽口外侧的垫条，使安装好的玻璃嵌固到位。

5) 灌注密封胶

(1) 在灌注密封胶之前，所有注胶部位的玻璃和金属表面，均用丙酮或专用清洁剂擦拭干净，但不得用湿布和清水擦洗，所有注胶面必须干燥。

(2) 为确保幕墙玻璃表面清洁美观，防止在注胶时污染玻璃，在注胶前需要在玻璃上粘贴美纹纸加以保护。

(3) 安排受过训练的专业注胶工施工，注胶时内外两侧同时进行。注胶的速度要均匀，厚度要均匀，不要夹带气泡。胶道表面要呈凹曲面。

(4) 耐候硅酮胶的施工厚度为 3.5～4.5mm，胶缝太薄对保证密封性能不利。

(5) 胶缝厚度应遵守设计中的规定，结构硅酮胶必须在产品有效期内使用。

6) 清洁幕墙表面

打胶后对幕墙玻璃进行清洁。拆除脚手架前进行全面检查。

4．全玻幕墙施工注意事项

(1) 玻璃磨边。每块玻璃四周均需要进行磨边处理，不要因为上下不露边而忽视玻璃的安全和质量。玻璃在吊装中下部可能临时落地受力；在玻璃上端有夹具夹固，夹具具有很大的应力；吊挂后玻璃又要整体受拉，内部存在着应力。如果玻璃边缘不进行磨边，在复杂的外力、内力共同作用下，玻璃很容易产生裂缝而损坏。

(2) 夹持玻璃的铜夹片一定要用专用胶黏结牢固，密实且无气泡，并按说明书要求充分养护后，才可进行吊装。

(3) 在安装玻璃时应严格控制玻璃板面的垂直度、平整度及玻璃缝隙尺寸，使之符合设计及规范要求，并保证外观效果的协调、美观。

7.3 石材幕墙施工

【学习目标】通过对石材幕墙的种类、组成和构造、工艺流程、工艺要点和质量要求，以及对石材的基本要求的学习，掌握石材幕墙的施工工艺。

7.3.1 石材幕墙的种类

1) 短槽式石材幕墙

短槽式石材幕墙是在幕墙石材侧边中间开短槽，用不锈钢挂件挂接、支撑石板的做法。短槽式做法的构造简单，技术成熟，目前应用较多。

2) 通槽式石材幕墙

通槽式石材幕墙是在幕墙石材侧边中间开通槽，嵌入和安装通长金属卡条，石板固定在金属卡条上的做法。此种做法施工复杂，开槽比较困难，目前应用较少。

3) 钢销式石材幕墙

钢销式石材幕墙是在幕墙石材侧面打孔，穿入不锈钢钢销将两块石板连接，钢销与挂件连接，将石材挂接起来的做法，这种做法目前应用也较少。

4) 背栓式石材幕墙

背栓式石材幕墙是在幕墙石材背面钻四个扩底孔，孔中安装柱锥式锚栓，然后再把锚栓通过连接件与幕墙的横梁相接的幕墙做法。背栓式是石材幕墙的新型做法，它受力合理、维修方便、更换简单，是引进的一项新技术，目前正在推广应用。

7.3.2 石材幕墙对石材的基本要求

1. 幕墙石材的选用

1) 石材的品种

石材包括花岗岩、大理岩、石灰岩、砂岩、洞石等多种品种。

2) 石材的厚度

幕墙石材的常用厚度一般为 25~30mm。为满足强度计算的要求，幕墙石材的厚度最薄应为25mm。火烧石材的厚度应比抛光石材厚 3mm。石材经过火烧加工后，在板材表面会形成细小的不均匀麻坑效果而影响板材厚度，同时也影响了板材的强度，故规定在设计计算强度时，对同厚度火烧板一般需要按减薄 3mm 进行。

2. 板材的表面处理

石板的表面处理方法，应根据环境和用途决定。其表面应采用机械加工，加工后的表面应用高压水冲洗或用水和刷子清理。

3．石材的技术要求

1) 吸水率

由于幕墙石材处于比较恶劣的使用环境中，尤其是冬季冻胀的影响，容易损伤石材，因此用于幕墙的石材吸水率要求较高，应小于 0.80%。

2) 弯曲强度

用于幕墙的花岗石板材弯曲强度，应经相应资质的检测机构进行检测确定，其弯曲强度应大于等于 8.0MPa。

3) 技术性能

幕墙石板材的技术要求和性能试验方法，应符合国家现行标准的有关规定。

(1) 石材的技术要求应符合行业标准《天然花岗石荒料》(JC 204)、国家标准《天然花岗石建筑板材》(GB/T 18601—2001)的规定。

(2) 石材的主要性能试验方法，应符合下列现行国家标准的规定：《天然饰面石材试验方法　干燥、水饱和、冻融循环后压缩强度试验方法》(GB/T 9966.1)；《天然饰面石材试验方法　弯曲强度试验方法》(GB/T 9966.2)；《天然饰面石材试验方法　体积密度、真密度、真气孔率、吸水率试验方法》(GB/T 9966.3)；《天然饰面石材试验方法　耐磨性试验方法》(GB/T 9966.5)；《天然饰面石材试验方法　耐酸性试验方法》(GB/T 9966.6)。

7.3.3　石材幕墙的组成和构造

石材幕墙主要是由石材面板、不锈钢挂件、钢骨架(立柱和横撑)及预埋件、连接件和石材拼缝嵌胶等组成。石材幕墙的横梁、立柱等骨架，是承担主要荷载的框架，可以选用型钢或铝合金型材，并由设计计算确定其规格、型号，同时也要符合有关规范的要求。

图 7.16 为有金属骨架的石材幕墙的组成；图 7.17 为短槽式石材幕墙的构造；图 7.18 为钢销式石材幕墙的构造；图 7.19 为背栓式石材幕墙的构造。

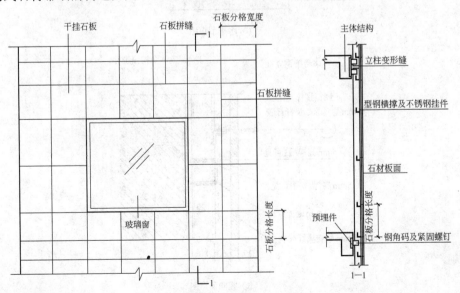

图 7.16　石材幕墙的组成

石材幕墙的防火、防雷等构造与有框玻璃幕墙基本相同。

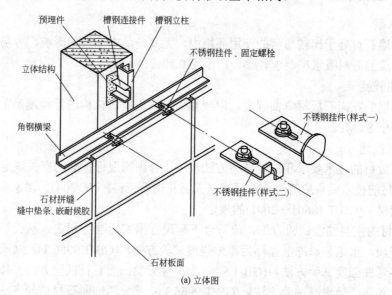

(a) 立体图

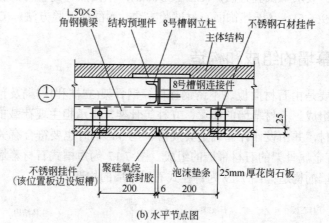

(b) 水平节点图

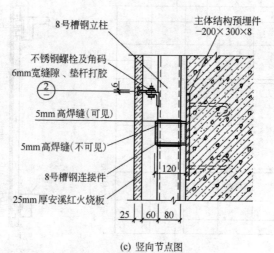

(c) 竖向节点图

图 7.17　短槽式石材幕墙的构造

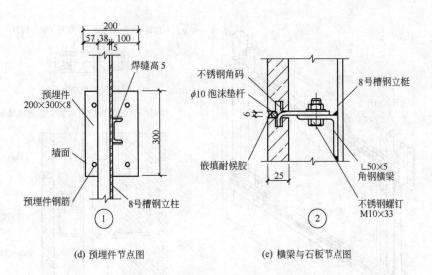

(d) 预埋件节点图　　　　　　　(e) 横梁与石板节点图

图 7.17　短槽式石材幕墙的构造(续)

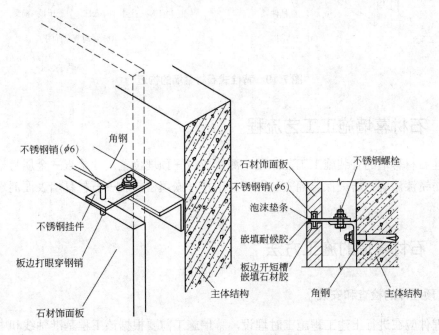

图 7.18　钢销式石材幕墙的构造

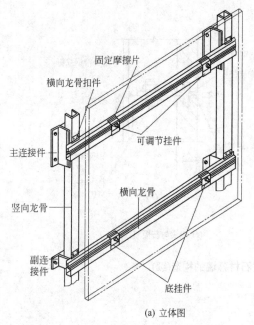

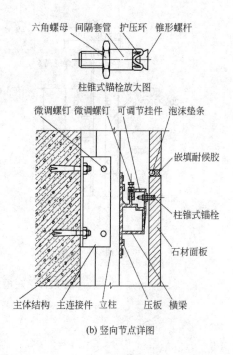

六角螺母　间隔套管　护压环　锥形螺杆

柱锥式锚栓放大图

微调螺钉　微调螺钉　可调节挂件　泡沫垫条

嵌填耐候胶

柱锥式锚栓

石材面板

主体结构　主连接件　立柱　压板　横梁

固定摩擦片

横向龙骨扣件

主连接件

可调节挂件

横向龙骨

竖向龙骨

副连接件

底挂件

(a) 立体图

(b) 竖向节点详图

图 7.19　背栓式石材幕墙的构造

7.3.4　石材幕墙施工工艺流程

干挂石材幕墙的安装施工工艺流程：测量放线→预埋位置尺寸检查→金属骨架安装→钢结构防锈漆涂刷→防火保温棉安装→石材干挂→嵌填密封胶→石材幕墙表面清理→工程验收。

7.3.5　石材幕墙的施工方法

1. 预埋件的检查和安装

预埋件应在进行土建工程施工时埋设，幕墙施工前要根据该工程基准轴线和中线以及基准水平点对预埋件进行检查、校核，当设计无明确要求时，一般位置尺寸的允许偏差为±20mm，预埋件的标高允许偏差为±10mm。

2. 测量放线

(1) 根据干挂石材幕墙施工图，结合土建施工图复核轴线尺寸、标高和水准点，予以校正。

(2) 按照设计要求，在底层确定幕墙定位线和分格线位置。

(3) 用经纬仪将幕墙的阳角和阴角位置及标高线定出，并用固定在屋顶钢支架上的钢丝线做标志控制线。

(4) 使用水平仪和标准钢卷尺等引出各层标高线。

(5) 确定好每个立面的中线。

(6) 测量时应控制分配测量误差，不能使误差积累。

(7) 测量放线应在风力不大于 4 级情况下进行，并要采取避风措施。

(8) 放线定位后要对控制线定时校核，以确保幕墙垂直度和金属立柱位置的正确。

3. 金属骨架的安装

(1) 根据施工放样图检查放线位置。

(2) 安装固定立柱上的铁件。

(3) 先安装同立面两端的立柱，然后拉通线顺序安装中间立柱，使同层立柱安装在同一水平位置上。

(4) 将各施工水平控制线引至立柱上，并用水平尺校核。

(5) 按照设计尺寸安装金属横梁，横梁一定要与立柱垂直。

(6) 钢骨架中的立柱和横梁采用螺栓连接。如采用焊接时，应对下方和临近的已完工装饰饰面进行成品保护。

(7) 待金属骨架完工后，应通过隐蔽工程检查后，方可进行下道工序。

4. 防火、保温材料的安装

(1) 必须采用合格的材料，即要求有出厂合格证。

(2) 在每层楼板与石材幕墙之间不能有空隙，应用 1.5mm 厚镀锌钢板和防火岩棉形成防火隔离带，用防火胶密封。

(3) 在北方寒冷地区，保温层最好应有防水、防潮保护层，在金属骨架内填塞固定，要求严密牢固。

(4) 幕墙保温层施工后，保温层最好应有防水、防潮保护层，以便在金属骨架内填塞固定后严密可靠。

5. 石材饰面板的安装

(1) 将运至工地的石材饰面板按编号分类，检查尺寸是否准确和有无破损、缺棱、掉角等问题。按施工要求分层次将石材饰面板运至施工面附近，并注意摆放可靠。

(2) 按幕墙墙面基准线仔细安装好底层第一层石材。

(3) 注意每层金属挂件安放的标高，金属挂件应紧托上层饰面板(背栓式石板安装除外)而与下层饰面板之间留有间隙(间隙留待下道工序处理)。

(4) 安装时，要在饰面板的销钉孔或短槽内注入石材胶，以保证饰面板与挂件的可靠连接。

(5) 安装时，宜先完成窗洞口四周的石材镶边。

(6) 安装到每一楼层标高时，要注意调整垂直误差，使得误差不积累。

(7) 在搬运石材时，要有安全防护措施，摆放时下面要垫木方。

6. 嵌胶封缝

(1) 要按设计要求选用合格且未过期的耐候嵌缝胶。最好选用含硅油少的石材专用嵌缝胶，以免硅油渗透污染石材表面。

(2) 用带有凸头的刮板填装聚乙烯泡沫圆形垫条，保证胶缝的最小宽度和均匀性。选用的圆形垫条直径应稍大于缝宽。

(3) 在胶缝两侧粘贴胶带纸保护，以免嵌缝胶迹污染石材表面。

(4) 用专用清洁剂或草酸擦洗缝隙处石材表面。

(5) 安排受过训练的注胶工注胶。注胶应均匀无流淌，边打胶边用专用工具勾缝，使嵌缝胶成型后呈微弧形凹面。

(6) 施工中要注意不能有漏胶污染墙面，如墙面上粘有胶液应立即擦去，并用清洁剂及时擦净余胶。

(7) 在刮风和下雨时不能注胶，因为刮起的尘土及水渍进入胶缝会严重影响密封质量。

7. 清洗和保护

施工完毕后，除去石材表面的胶带纸，用清水和清洁剂将石材表面擦洗干净，按要求进行打蜡或刷防护剂。

8. 施工注意事项

(1) 严格控制石材质量，材质和加工尺寸都必须合格。

(2) 要仔细检查每块石材有没有裂纹，防止石材在运输和施工时发生断裂。

(3) 测量放线要精确，各专业施工要组织统一放线、统一测量，避免各专业施工因测量和放线误差发生施工矛盾。

(4) 预埋件的设计和放置要合理，位置要准确。

(5) 根据现场放线数据绘制施工放样图，落实实际施工和加工尺寸。

(6) 安装和调整石材板位置时，可用垫片适当调整缝宽，所用垫片必须与挂件是同质材料。

(7) 固定挂件的不锈钢螺栓要加弹簧垫圈，在调平、调直、拧紧螺栓后，在螺母上抹少许石材胶固定。

7.3.6　石材幕墙安装施工的安全措施

(1) 应符合《建筑施工高处作业安全技术规范》的规定，还应遵守施工组织设计确定的各项要求。

(2) 安装幕墙的施工机具和吊篮在使用前应进行严格检查，符合规定后方可使用。

(3) 施工人员应佩带安全帽、安全带、工具袋等。

(4) 工程上下部交叉作业时，结构施工层下方应采取可靠的安全防护措施。

(5) 现场焊接时，在焊件下方应设接渣斗。

(6) 脚手架上的废弃物应及时清理，不得在窗台、栏杆上放置施工工具。

7.4　金属幕墙施工

【学习目标】通过对金属幕墙的种类、组成和构造、工艺流程、工艺要点和质量要求的学习，掌握金属幕墙的施工工艺。

7.4.1　金属幕墙的分类

金属幕墙按照面板的材质不同，可以分为铝单板、蜂窝铝板、搪瓷板、不锈钢板幕墙等。有的还用两种或两种以上材料构成金属复合板，如铝塑复合板、金属夹心板幕墙等。

按照表面处理不同，金属幕墙又可分为光面板、亚光板、压型板、波纹板幕墙等。

7.4.2　金属幕墙的组成和构造

1．金属幕墙的组成

金属幕墙主要由金属饰面板、连接件、金属骨架、预埋件、密封条和胶缝等组成。

2．金属幕墙的构造

按照安装方法不同，分为直接安装和骨架式安装两种。与石材幕墙构造不同的是金属面板采用折边加副框的方法形成组合件，然后再进行安装。图 7.20 为铝塑复合板面板的骨架式幕墙构造示例，它是用镀锌钢方管作为横梁立柱，用铝塑复合板做成带副框的组合件，用直径为 4.5mm 自攻螺钉固定，板缝垫杆嵌填硅酮密封胶。

7.4.3　金属幕墙的施工工艺流程

金属幕墙的施工工艺流程：测量放线→预埋件位置尺寸检查→金属骨架安装→钢结构刷防锈漆→防火保温棉安装→金属板安装→注密封胶→幕墙表面清理→工程验收。

7.4.4　金属幕墙的施工方法和质量注意事项

1．施工准备

在施工之前做好科学规划，熟悉图样，编制单项工程施工组织设计，做好施工方案部署，确定施工工艺流程和工、料、机安排等。

2．预埋件检查

该项内容同石材幕墙做法。

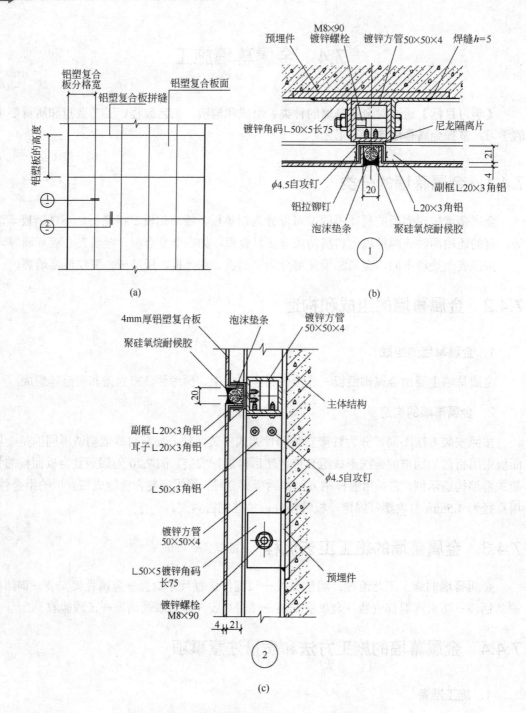

图 7.20　铝塑复合板面板的骨架式幕墙构造

3．测量放线

　　幕墙安装质量很大程度上取决于测量放线的准确与否，如轴网和结构标高与图样有出入时，应及时向业主和监理工程师报告，得到处理意见进行调整，由设计单位做出设计变更。

4．金属骨架安装

做法同石材幕墙。注意在两种金属材料接触处应垫好隔离片，防止接触腐蚀，不锈钢材料除外。

5．金属板制作

金属饰面板种类多，一般是在工厂加工后运至工地安装。铝塑复合板组合件一般在工地制作、安装。现在以铝单板、铝塑复合板、蜂窝铝板为例说明加工制作的要求。

1）铝单板

铝单板在弯折加工时弯折外圆弧半径不应小于板厚的 1.5 倍，以防止出现折裂纹和集中应力的情况。板上加劲肋的固定可采用电栓钉，但应保证铝板外表面不变形、不褪色，固定应牢固。铝单板的折边上要做耳子用于安装，如图 7.21 所示。

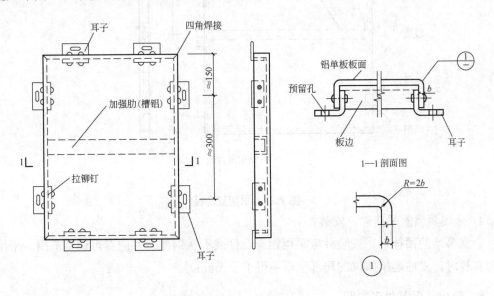

图 7.21　铝单板

2）铝塑复合板

铝塑复合板面板有内外两层铝板，中间有复合聚乙烯塑料。在切割内层铝板和聚乙烯塑料时，应保留不小于 0.3mm 厚的聚乙烯塑料，并不得划伤外层铝板的内表面，如图 7.22 所示。

3）蜂窝铝板

应根据组装要求决定切口的尺寸和形状。在去除铝芯时不得划伤外层铝板的内表面，各部位外层铝板上，应保留 0.3～0.5mm 的铝芯。直角部位的加工，应将折角内弯成圆弧，角缝应采用硅酮密封胶密封。边缘的加工，应将外层铝板折合 180°，并将铝芯包封。

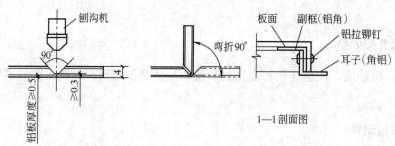

1—1 剖面图

(a) 铝塑复合板的折边

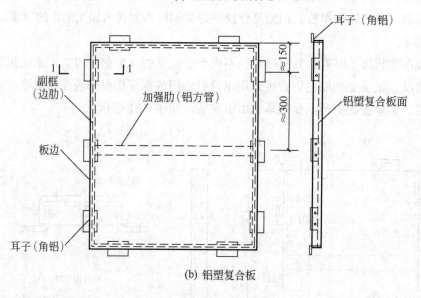

(b) 铝塑复合板

图 7.22　铝塑复合板

4) 金属幕墙的吊挂件、安装件

金属幕墙的吊挂件、安装件应采用铝合金件或不锈钢件，并应有可调整范围。采用铝合金立柱时，立柱连接部位的局部壁厚不得小于 5mm。

6. 防火、保温材料安装

同有框玻璃幕墙安装做法。

7. 金属幕墙的吊挂件、安装件

金属面板安装同有框玻璃幕墙中的玻璃组合件安装。金属面板是经过折边加工、装有耳子(有的还有加劲肋)的组合件，通过铆钉、螺栓等与横竖骨架连接。

8. 嵌胶封缝与清洁

板的拼缝的密封处理与有框玻璃幕墙相同，以保证幕墙整体有足够的、符合设计的防渗漏能力。施工时注意成品保护和防止构件污染。待密封胶完全固化后再撕去金属板面的保护膜。

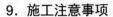

9．施工注意事项

(1) 金属面板通常由专业工厂加工成型。但因实际工程的需要，部分面板由现场加工是不可避免的。现场加工应使用专业设备和工具，由专业操作人员操作，以确保板件的加工质量和操作安全。

(2) 各种电动工具使用前必须进行性能和绝缘检查，吊篮需做荷载、各种保护装置和运转试验。

(3) 金属面板不要重压，以免发生变形。

(4) 由于金属板表面上均有防腐及保护涂层，应注意硅酮密封胶与涂层黏结的相容性问题，事先做好相容性试验，并为业主和监理工程师提供合格成品的试验报告，保证胶缝的施工质量和耐久性。

(5) 在金属面板加工和安装时，应当特别注意金属板面的压延纹理方向，通常成品保护膜上印有安装方向的标记，否则会出现纹理不顺、色差较大等现象，影响装饰效果和安装质量。

(6) 固定金属面板的压板、螺钉，其规格、间距一定要符合规范和设计要求，并要拧紧不松动。

(7) 金属板件的四角如果未经焊接处理，应当用硅酮密封胶来嵌填，保证密封、防渗漏效果。

(8) 其他注意事项与隐框玻璃幕墙和石材幕墙相同。

7.5 幕墙工程质量验收

【学习目标】掌握幕墙工程的质量验收要求和检验方法。

7.5.1 玻璃幕墙工程

主要包括建筑高度不大于150m、抗震设防烈度不大于8度的隐框玻璃幕墙、半隐框玻璃幕墙、明框玻璃幕墙、全玻璃幕墙及点支承玻璃幕墙工程。

1．主控项目

(1) 玻璃幕墙工程所使用的各种材料、构件和组件的质量，应符合设计要求及国家现行产品标准和工程技术规范的规定。

检验方法：检查材料、构件、组件的产品合格证书、进场验收记录、性能检测报告和材料的复验报告。

(2) 玻璃幕墙的造型和立面分格应符合设计要求。

检验方法：观察；尺量检查。

(3) 玻璃幕墙使用的玻璃应符合下列规定。

① 幕墙应使用安全玻璃,玻璃的品种、规格、颜色、光学性能及安装方向应符合设计要求。

② 幕墙玻璃的厚度不应小于 6.0 mm;全玻璃幕墙肋玻璃的厚度不应小于 12 mm。

③ 幕墙的中空玻璃应采用双道密封;明框幕墙的中空玻璃应采用聚硫密封胶及丁基密封胶;隐框和半隐框幕墙的中空玻璃应采用硅酮结构密封胶及丁基密封胶;镀膜面应在中空玻璃的第 2 或第 3 面上。

④ 幕墙的夹层玻璃应采用聚乙烯醇缩丁醛(PVB)胶片干法加工。点支承玻璃幕墙夹层胶片(PVB)厚度不应小于 0.76 mm。

⑤ 钢化玻璃表面不得有损伤;8.0 mm 以下的钢化玻璃应进行引爆处理。

⑥ 所有幕墙玻璃均应进行边缘处理。

检验方法:观察;尺量检查;检查施工记录。

本条规定幕墙应使用安全玻璃,安全玻璃是指夹层玻璃和钢化玻璃,但不包括半钢化玻璃。夹层玻璃是一种性能良好的安全玻璃,它的制作方法是用聚乙烯醇缩丁醛胶片(PVB)将两块玻璃牢固地黏结起来,受到外力冲击时,玻璃碎片粘在 PVB 胶片上,可以避免飞溅伤人。钢化玻璃是普通玻璃加热后急速冷却形成的,被打破时变成很多细小无锐角的碎片,不会造成割伤。半钢化玻璃虽然强度也比较大,但其破碎时仍然会形成锐利的碎片,因而不属于安全玻璃。

(4) 玻璃幕墙与主体结构连接的各种预埋件、连接件、紧固件必须安装牢固,其数量、规格、位置、连接方法和防腐处理应符合设计要求。

检验方法:观察;检查隐蔽工程验收记录和施工记录。

(5) 各种连接件、紧固件的螺栓应有防松动措施;焊接连接应符合设计要求和焊接规范的规定。

检验方法:观察;检查隐蔽工程验收记录和施工记录。

(6) 隐框或半隐框玻璃幕墙,每块玻璃下端应设置两个铝合金或不锈钢托条,其长度不应小于 100 mm,厚度不应小于 2 mm,托条外端应低于玻璃外表面 2 mm。

检验方法:观察;检查施工记录。

(7) 明框玻璃幕墙的玻璃安装应符合下列规定。

① 玻璃槽口与玻璃的配合尺寸应符合设计要求和技术标准的规定。

② 玻璃与构件不得直接接触,玻璃四周与构件凹槽底部应保持一定的空隙,每块玻璃下部应至少放置两块宽度与槽口宽度相同、长度不小于 100 mm 的弹性定位垫块;玻璃两边嵌入量及空隙应符合设计要求。

③ 玻璃四周橡胶条的材质、型号应符合设计要求,镶嵌应平整,橡胶条长度应比边框内槽长 1.5%~2.0%,橡胶条在转角处应斜面断开,并应用黏结剂黏结牢固后嵌入槽内。

检验方法:观察;检查施工记录。

(8) 高度超过 4m 的全玻璃幕墙应吊挂在主体结构上,吊夹具应符合设计要求,玻璃与玻璃,玻璃与玻璃肋之间的缝隙,应采用硅酮结构密封胶填嵌严密。

检验方法：观察；检查隐蔽工程验收记录和施工记录。

(9) 点支承玻璃幕墙应采用带万向头的活动不锈钢爪，其钢爪间的中心距离应大于250mm。

检验方法：观察；尺量检查。

(10) 玻璃幕墙四周、玻璃幕墙内表面与主体结构之间的连接节点、各种变形缝、墙角的连接节点应符合设计要求和技术标准的规定。

检验方法：观察；检查隐蔽工程验收记录和施工记录。

(11) 玻璃幕墙应无渗漏。

检验方法：在易渗漏部位进行淋水检查。

(12) 玻璃幕墙结构胶和密封胶的打注应饱满、密实、连续、均匀、无气泡，宽度和厚度应符合设计要求和技术标准的规定。

检验方法：观察；尺量检查；检查施工记录。

(13) 玻璃幕墙开启窗的配件应齐全，安装应牢固，安装位置和开启方向、角度应正确，开启应灵活，关闭应严密。

检验方法：观察；手扳检查；开启和关闭检查。

(14) 玻璃幕墙的防雷装置必须与主体结构的防雷装置可靠连接。

检验方法：观察；检查隐蔽工程验收记录和施工记录。

2．一般项目

(1) 玻璃幕墙表面应平整、洁净；整幅玻璃的色泽应均匀一致；不得有污染和镀膜损坏。

检验方法：观察。

(2) 每平方米玻璃的表面质量和检验方法应符合表 7.1 中的规定。

表 7.1　每平方米玻璃的表面质量和检验方法

项　次	项　目	质量要求	检验方法
1	明显划伤和长度＜100mm 的轻微划伤	不允许	观察
2	长度≤100mm 的轻微划伤	≤8 条	用钢尺检查
3	擦伤总面积	≤500mm²	用钢尺检查

(3) 一个分格铝合金型材的表面质量和检验方法应符合表 7.2 中的规定。

表 7.2　一个分格铝合金型材的表面质量和检验方法

项　次	项　目	质量要求	检验方法
1	明显划伤和长度＜100mm 的轻微划伤	不允许	观察
2	长度≤100mm 的轻微划伤	≤2 条	用钢尺检查
3	擦伤总面积	≤500mm²	用钢尺检查

(4) 明框玻璃幕墙的外露框或压条应横平竖直，颜色、规格应符合设计要求，压条安

装应牢固。单元玻璃幕墙的单元拼缝或隐框玻璃幕墙的分格玻璃拼缝应横平竖直、均匀一致。

检验方法：观察；手扳检查；检查进场验收记录。

(5) 玻璃幕墙的密封胶缝应横平竖直、深浅一致、宽窄均匀、光滑顺直。

检验方法：观察；手摸检查。

(6) 防火、保温材料填充应饱满、均匀，表面应密实、平整。

检验方法：检查隐蔽工程验收记录。

(7) 玻璃幕墙隐蔽节点的遮封装修应牢固、整齐、美观。

检验方法：观察；手扳检查。

(8) 明框玻璃幕墙安装的允许偏差和检验方法应符合表 7.3 中的规定。

表 7.3　明框玻璃幕墙安装的允许偏差和检验方法

项　次	项　目		允许偏差/mm	检验方法
1	幕墙垂直度	幕墙高度≤30m	10	用经纬仪检查
		30m＜幕墙高度≤60m	15	
		60m＜幕墙高度≤90m	20	
		幕墙高度＞90m	25	
2	幕墙水平度	幕墙幅宽≤35m	5	用水平仪检查
		幕墙幅宽＞35m	7	
3	构件直线度		2	用 2 m 靠尺和塞尺检查
4	构件水平度	构件长度≤2m	2	用水平仪检查
		构件长度＞2m	3	
5	相邻构件错位		1	用钢直尺检查
6	分格框对角线长度差	对角线长度≤2m	3	用钢尺检查
		对角线长度＞2m	4	

(9) 隐框、半隐框玻璃幕墙安装的允许偏差和检验方法应符合表 7.4 中的规定。

表 7.4　隐框、半隐框玻璃幕墙安装的允许偏差和检验方法

项　次	项　目		允许偏差/mm	检验方法
1	幕墙垂直度	幕墙高度≤30m	10	用经纬仪检查
		30m＜幕墙高度≤60m	15	
		60m＜幕墙高度≤90m	20	
		幕墙高度＞90m	25	
2	幕墙水平度	层高≤3m	3	用水平仪检查
		层高＞3m	5	

项　次	项　目	允许偏差/mm	检验方法
3	幕墙表面平整度	2	用 2 m 靠尺和塞尺检查
4	板材立面垂直度	2	用垂直检测尺检查
5	板材上沿水平度	2	用 1m 水平尺和钢直尺检查
6	相邻板材板角错位	1	用钢直尺检查
7	阳角方正	2	用直角检测尺检查
8	接缝直线度	3	拉 5m 线，不足 5m 拉通线，用钢直尺检查
9	接缝高低差	1	用钢直尺和塞尺检查
10	接缝宽度	1	用钢直尺检查

7.5.2　石材幕墙工程

主要包括建筑高度不大于 100m、抗震设防烈度不大于 8 度的石材幕墙工程。

1．主控项目

(1) 石材幕墙工程所用材料的品种、规格、性能等级，应符合设计要求及国家现行产品标准和工程技术规范的规定。石材的弯曲强度不应小于 8.0MPa，吸水率应小于 0.8%。石材幕墙的铝合金挂件厚度不应小于 4.0mm，不锈钢挂件厚度不应小于 3.0mm。

检验方法：观察；尺量检查；检查产品合格证书、性能检测报告、材料进场验收记录和复验报告。

石材幕墙所用的主要材料如石材的弯曲强度、金属框架杆件和金属挂件的壁厚应经过设计计算确定。本条款规定了最小限值，如计算值低于最小限值时，应取最小限值，这是为了保证石材幕墙安全而采取的双控措施。

(2) 石材幕墙的造型、立面分格、颜色、光泽、花纹和图案应符合设计要求。

检验方法：观察。

由于石材幕墙的饰面板大都是选用天然石材，同一品种的石材在颜色、光泽和花纹上容易出现很大的差异；在工程施工中，经常出现石材排版放样时，石材幕墙的立面分格与设计分格有很大的出入，这些问题都不同程度地降低了石材幕墙整体的装饰效果。本条要求石材幕墙的石材样品和石材的施工分格尺寸放样图应符合设计要求并取得设计的确认。

(3) 石材孔、槽的数量、深度、位置、尺寸应符合设计要求。

检验方法：检查进场验收记录或施工记录。

石板上用于安装的钻孔或开槽是石板受力的主要部位，加工时容易出现位置不正、数量不足、深度不够或孔槽壁太薄等质量问题，本条要求对石板上孔或槽的位置、数量、深度以及孔或槽的壁厚进行进场验收。如果是现场开孔或开槽，监理单位和施工单位应对其进行抽检，并做好施工记录。

(4) 石材幕墙主体结构上的预埋件和后置埋件的位置、数量及后置埋件的拉拔力必须符合设计要求。

检验方法：检查拉拔力检测报告和隐蔽工程验收记录。

(5) 石材幕墙的金属框架立柱与主体结构预埋件的连接、立柱与横梁的连接、连接件与金属框架的连接、连接件与石材面板的连接必须符合设计要求，安装必须牢固。

检验方法：手扳检查；检查隐蔽工程验收记录。

(6) 金属框架的连接件和防腐处理应符合设计要求。

检验方法：检查隐蔽工程验收记录。

(7) 石材幕墙的防雷装置必须与主体结构防雷装置可靠连接。

检验方法：观察；检查隐蔽工程验收记录和施工记录。

(8) 石材幕墙的防火、保温、防潮材料的设置应符合设计要求，填充应密实、均匀、厚度一致。

检验方法：检查隐蔽工程验收记录。

(9) 各种结构变形缝、墙角的连接节点应符合设计要求和技术标准的规定。

检验方法：检查隐蔽工程验收记录和施工记录。

(10) 石材表面和板缝的处理应符合设计要求。

检验方法：观察。

考虑目前石材幕墙在石材表面处理上有不同做法，有些工程设计要求在石材表面涂刷保护剂，形成一层保护膜；有些工程设计要求石材表面不作任何处理，以保持天然石材本色的装饰效果；在石材板缝的做法上也有开缝和密封缝的不同做法，在施工质量验收时应符合设计要求。

(11) 石材幕墙的板缝注胶应饱满、密实、连续、均匀、无气泡，板缝宽度和厚度应符合设计要求和技术标准的规定。

检验方法：观察；尺量检查；检查施工记录。

(12) 石材幕墙应无渗漏。

检验方法：在易渗漏部位进行淋水检查。

2. 一般项目

(1) 石材幕墙表面应平整、洁净，无污染、缺损和裂痕。颜色和花纹应协调一致，无明显色差，无明显修痕。

检验方法：观察。

石材幕墙要求石板不能有影响其弯曲强度的裂缝。石板进场安装前应进行参拼，拼对石材表面花纹纹路，以保证幕墙整体观感无明显色差，石材表面纹路协调美观。天然石材的修痕应力求与石材表面质感和光泽一致。

(2) 石材幕墙的压条应平直、洁净、接口严密、安装牢固。

检验方法：观察；手扳检查。

(3) 石材接缝应横平竖直、宽窄均匀；阴阳角石板压向应正确，板边合缝应顺直；凸凹线出墙厚度应一致，上下口应平直；石材面板上洞口、槽边应套割吻合，边缘应整齐。

检验方法：观察；尺量检查。

(4) 石材幕墙的密封胶缝应横平竖直、深浅一致、宽窄均匀、光滑顺直。

检验方法：观察。

(5) 石材幕墙上的滴水线、流水坡向应正确、顺直。

检验方法：观察；用水平尺检查。

(6) 每平方米石材的表面质量和检验方法应符合表 7.5 中的规定。

表 7.5 每平方米石材的表面质量和检验方法

项 次	项 目	质量要求	检验方法
1	明显划伤和长度>100mm 的轻微划伤	不允许	观察
2	长度≤100mm 的轻微划伤	≤8 条	用钢尺检查
3	擦伤总面积	≤500mm^2	用钢尺检查

(7) 石材幕墙安装的允许偏差和检验方法应符合表 7.6 中的规定。

表 7.6 石材幕墙安装的允许偏差和检验方法

项 次	项 目		允许偏差/mm		检验方法
			光 面	麻 面	
1	幕墙垂直度	幕墙高度≤30m	10		用经纬仪检查
		30m<幕墙高度≤60m	15		
		60m<幕墙高度≤90m	20		
		幕墙高度>90m	25		
2	幕墙水平度		3		用水平仪检查
3	板材立面垂直度		3		用水平仪检查
4	板材上沿水平度		2		用 1m 水平尺和钢直尺检查
5	相邻板材板角错位		1		用钢直尺检查
6	阳角方正		2	3	用垂直检测尺检查
7	接缝直线度		2	4	用直角检测尺检查
8	接缝高低差		3	4	拉 5m 线，不足 5m 拉通线，用钢直尺检查
9	接缝宽度		1	—	用钢直尺和塞尺检查
10	板材立面垂直度		1	2	用钢直尺检查

7.5.3 金属幕墙工程

主要指建筑高度不大于 150m 的金属幕墙工程。

1．主控项目

(1) 金属幕墙工程所使用的各种材料和配件，应符合设计要求及国家现行产品标准和工程技术规范的规定。

检验方法：检查产品合格证书、性能检测报告、材料进场验收记录和复验报告。

金属幕墙工程所使用的各种材料、配件大部分都有国家标准，应按设计要求严格检查材料产品合格证书及性能检测报告、材料进场验收记录、复验报告。不符合规定要求的严禁使用。

(2) 金属幕墙的造型和立面分格应符合设计要求。

检验方法：观察；尺量检查。

(3) 金属面板的品种、规格、颜色、光泽及安装方向应符合设计要求。

检验方法：观察；检查进场验收记录。

(4) 金属幕墙主体结构上的预埋件、后置埋件的数量、位置及后置埋件的拉拔力必须符合设计要求。

检验方法：检查拉拔力检测报告和隐蔽工程验收记录。

(5) 金属幕墙的金属框架立柱与主体结构预埋件的连接、立柱与横梁的连接、金属面板的安装必须符合设计要求，安装必须牢固。

检验方法：手扳检查；检查隐蔽工程验收记录。

(6) 金属幕墙的防火、保温、防潮材料的设置应符合设计要求，并应密实、均匀、厚度一致。

检验方法：检查隐蔽工程验收记录。

(7) 金属框架及连接件的防腐处理应符合设计要求。

检验方法：检查隐蔽工程验收记录和施工记录。

(8) 金属幕墙的防雷装置必须与主体结构的防雷装置可靠连接。

检验方法：检查隐蔽工程验收记录。

金属幕墙结构中自上而下的防雷达装置与主体结构的防雷装置可靠连接十分重要，导线与主体结构连接时应除掉表面的保护层，与金属直接连接。幕墙的防雷装置应由建筑设计单位认可。

(9) 各种变形缝、墙角的连接节点应符合设计要求和技术标准的规定。

检验方法：观察；检查隐蔽工程验收记录。

(10) 金属幕墙的板缝注胶应饱满、密实、连续、均匀、无气泡，宽度和厚度应符合设计要求和技术标准的规定。

检验方法：观察；尺量检查；检查施工记录。

(11) 金属幕墙应无渗漏。

检验方法：在易渗漏部位进行淋水检查。

2．一般项目

(1) 金属板表面应平整、洁净、色泽一致。

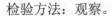

检验方法：观察。

(2) 金属幕墙的压条应平直、洁净、接口严密、安装牢固。

检验方法：观察；手扳检查。

(3) 金属幕墙的密封胶缝应横增竖直、深浅一致、宽窄均匀、光滑顺直。

检验方法：观察。

(4) 金属幕墙上的滴水线、流水坡向应正确、顺直。

检验方法：观察；用水平尺检查。

(5) 每平方米金属板的表面质量和检验方法应符合表 7.7 中的规定。

表 7.7　每平方米金属板的表面质量和检验方法

项　次	项　目	质量要求	检验方法
1	明显划伤和长度＞100mm 的轻微划伤	不允许	观察
2	长度≤100mm 的轻微划伤	≤8 条	用钢尺检查
3	擦伤总面积	≤500mm^2	用钢尺检查

(6) 金属幕墙安装的允许偏差和检验方法应符合表 7.8 中的规定。

表 7.8　金属幕墙安装的允许偏差和检验方法

项　次	项　目		允许偏差/mm	检验方法
1	幕墙垂直度	幕墙高度≤30m	10	用经纬仪检查
		30m＜幕墙高度≤60m	15	
		60m＜幕墙高度≤90m	20	
		幕墙高度＞90m	25	
2	幕墙水平度	层高≤3m	3	用水平仪检查
		层高＞3m	5	
3	幕墙表面平整度		2	用 2 m 靠尺和塞尺检查
4	板材立面垂直度		3	用垂直检测尺检查
5	板材上沿水平度		2	用 1m 水平尺和钢直尺检查
6	相邻板材板角错位		1	用钢直尺检查
7	阳角方正		2	用直角检测尺检查
8	接缝直线度		3	拉 5m 线，不足 5m 拉通线，用钢直尺检查
9	接缝高低差		1	用钢直尺和塞尺检查
10	接缝宽度		1	用钢直尺检查

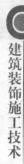

课 堂 实 训

实训内容

进行幕墙工程的装饰施工实训(指导教师选择一个真实的施工现场或学校实训工厂,带学生实地操作实训),熟悉幕墙工程施工的基本知识,从技术交底、施工准备、材料制备、施工操作和质量验收全程模拟训练,熟悉幕墙工程施工操作要点和国家相应的规范要求。

实训目的

通过课堂学习结合课下实训使学生达到熟练掌握幕墙工程项目技术交底、施工准备、材料制备、施工操作和质量验收整个运行过程施工操作要点和国家相应的规范要求,提高学生进行幕墙工程技术管理的综合能力。

实训要点

(1) 通过幕墙工程施工项目实训,使学生加深对幕墙工程国家标准的理解,掌握幕墙工程的施工过程和工艺要点,进一步加强对专业知识的理解。

(2) 分组制订计划与实施,培养学生团队协作的能力,并获取幕墙工程施工管理经验。

实训过程

1) 实训准备要求

(1) 做好实训前相关资料的查阅,熟悉幕墙工程施工有关的规范要求。

(2) 准备实训所需的工具与材料。

2) 实训要点

(1) 实训前做好技术交底。

(2) 制定实训计划。

(3) 分小组进行,小组内部分工合作。

3) 实训操作步骤

(1) 按照施工图要求,确定幕墙工程施工要点,并进行相应技术交底。

(2) 利用幕墙工程加工设备统一进行幕墙工程施工。

(3) 在实训场地进行幕墙工程实操训练。

(4) 做好实训记录和相关技术资料整理。

(5) 养护一定时间后,进行小组互评和最终评定。

4) 教师指导点评和疑难解答

5) 实地观摩

6) 总结

实训项目基本步骤

步　骤	教师行为	学生行为
1	交代工作任务背景，引出实训项目	(1) 分好小组
2	布置幕墙工程实训应做的准备工作	(2) 准备实训工具、材料和场地
3	使学生明确幕墙工程施工实训的步骤	
4	学生分组进行实训操作，教师巡回指导	完成幕墙工程实训全过程
5	结束指导点评实训成果	自我评价或小组评价
6	实训总结	小组总结并进行经验分享

实 训 小 结

项目：　　　　　　　　　　　　　　　　　指导老师：

项目技能	技能达标分项	备　注
幕墙工程施工	1．交底完善　　　　　得 0.5 分 2．准备工作完善　　　得 0.5 分 3．操作过程准确　　　得 1.5 分 4．工程质量合格　　　得 1.5 分 5．分工合作合理　　　得 1 分	根据职业岗位所需，技能需求，学生可以补充完善达标项
自我评价	对照达标分项　　得 3 分为达标 对照达标分项　　得 4 分为良好 对照达标分项　　得 5 分为优秀	客观评价
评议	各小组间互相评价 取长补短，共同进步	提供优秀作品观摩学习

自我评价_____　　　　　个人签名_____

小组评价　达标率_____　　　　　组长签名_____

　　　　　良好率_____

　　　　　优秀率_____

　　　　　　　　　　　　　　　　　　　　　　　年　　　月　　　日

习　　题

一、案例题

案例(一)

工程背景： 某高层综合楼外墙幕墙工程，主楼采用铝合金隐框玻璃幕墙，玻璃为6Low-E+12A+6中空玻璃，裙楼为12mm厚单片全玻幕墙，在现场打注硅酮结构胶。入口大厅的点支承玻璃幕墙采用钢管焊接结构。主体结构施工中已埋设了预埋件，幕墙施工时，发现部分预埋件漏埋。经设计单位同意，采用后置埋件替代。在施工中，监理工程师检查发现：

(1) 中空玻璃密封胶品种不符合要求；

(2) 点支承玻璃幕墙支承结构焊缝有裂缝；

(3) 防雷连接不符合规范要求。

根据工程背景，回答下列问题。

(1) 本工程隐框玻璃幕墙用的中空玻璃第一道和第二道密封胶应分别采用(　　)。

A. 丁基热熔密封胶，聚硫密封胶

B. 丁基热熔密封胶，硅酮结构密封胶

C. 聚硫密封胶，硅酮耐厚密封胶

D. 聚硫密封胶，丁基热熔密封胶

(2) 对本工程的后置埋件，应进行现场(　　)试验。

A. 拉拔　　　　　　B. 剥离　　　　　　C. 胶杯(拉断)　　　　　　D. 抗剪

(3) 允许在现场打注硅酮结构密封胶的是(　　)幕墙。

A. 隐框玻璃　　　B. 半隐框玻璃　　　C. 全玻　　　　　D. 石材

(4) 幕墙钢结构的焊缝裂缝产生的主要原因是(　　)。

A. 焊接内应力过大　　　　　　　　　B. 焊条药皮损坏

C. 焊接电流太小　　　　　　　　　　D. 母材有油污

(5) 幕墙防雷构造要求正确的是(　　)。

A. 每根铝合金立柱上柱与下柱连接处都应该进行防雷连通

B. 铝合金立柱上柱与下柱连接处在不大于10m范围内，宜有一根立柱进行防雷连通

C. 有镀膜层的锅型材，在进行防雷连接处，不得除去其镀膜层

D. 幕墙的金属框架不应与主体结构的防雷体系连接

案例(二)

工程背景： 某大厦外墙幕墙工程，裙楼为干挂花岗岩幕墙，主楼正面为点式玻璃幕墙，其余为复合铝板幕墙。施工单位编制幕墙施工方案如下：

(1) 在玻璃幕墙生产车间进行点式幕墙面板的注胶，按照隐框玻璃幕墙面板的制作和

施工工艺如下。

① 室温为 25℃，相对湿度为 35%。

② 清洁注胶基材，用白布蘸入溶剂中吸取溶液，用"一次擦"工艺进行清洁。

③ 清洁后的基材要求在 1h 内注胶完毕。

④ 从注胶完毕到现场安装间隔时间为 10 天。

(2) 安装复合铝板的顺序为"从下而上，先平面，后转角和窗台"，即先安装大面，再安装转角处的铝板。

问题：

① 施工方案中按照隐框玻璃幕墙面板的制作和施工工艺进行点式幕墙面板的注胶是否可行，为什么？

② 分别指出隐框玻璃幕墙面板的制作和施工工艺的不正确之处，并进行纠正。

③ 试指出复合铝板幕墙施工工艺的不正确之处。

解决方案：

① 不可行，隐框玻璃幕墙面板注胶是在室内，点式幕墙面板的注胶是在现场。

② 50%，二次擦，14~21 天。

③ 先上后下，先边角后大面。

二、思考题

1. 建筑幕墙可以从哪几个方面进行分类？

2. 幕墙工程在设计、选材和施工等方面应遵守哪些规定？

3. 玻璃幕墙的基本技术要求是什么？

4. 有框玻璃幕墙、无框玻璃幕墙、全玻璃幕墙各自的施工工艺？

5. 石材幕墙的种类及对石材的基本要求？

6. 石材幕墙的组成和构造，其主要的施工工艺？

7. 金属幕墙的分类、组成和构造，其主要的施工工艺？

8. 金属幕墙的施工注意事项和质量要求？

项目8 涂饰工程

内容提要

本项目以涂饰工程为对象，主要讲述墙面水性涂料、木器和金属溶剂型涂料以及美术涂饰的材料选择、施工条件和准备、施工程序和工艺、工程质量标准和验收等过程，并在实训环节提供涂饰工程施工项目，作为本教学单元的实践训练项目，供学生训练和提高。

技能目标

- 通过对涂饰工程施工工艺的学习，巩固已学的相关建筑装饰材料与构造的基本知识以及明确涂饰工程施工的种类、特点、过程方法及有关规定。
- 通过对涂饰工程施工项目的实训操作，锻炼学生对涂饰工程施工操作和技术管理和能力，培养学生团队协作的精神，并使学生获取涂饰工程施工管理经验。
- 重点掌握墙面水性涂料、木器和金属溶剂型涂料工程的施工方法、步骤和质量要求。

本项目是为了全面训练学生对涂饰工程施工操作与技术管理的能力，检查学生对涂饰工程施工内容的理解和运用程度而设置的。

项目导入

涂饰工程是指将涂料敷于建筑物或构件表面，并能与建筑物或构件表面材料很好地黏结，干结后形成完整涂膜(涂层)的装饰饰面工程。建筑涂料(或称建筑装饰涂料)是继传统刷浆材料之后出现的一种新型饰面材料，它具有施工方便、装饰效果好、经久耐用等优点，涂料涂饰是当今建筑饰面采用最为广泛的方式之一。涂饰在物体表面能与基体材料很好地黏结并形成完整而坚韧保护膜的物料，称为涂料。涂料与油漆是同一概念。现在的新型人造漆，已趋向于少用油或完全不用油(或以水代油)，而改用有机合成的各种树脂，统称为"涂饰材料"。

8.1 涂饰工程施工基本知识

【学习目标】了解涂料的选择及调配、涂饰工程施工对基层的一般要求、涂饰工程施工基层清理工作、涂饰工程施工环境条件、涂料施工常用工具和施涂准备工作。

8.1.1 涂料的选择及调配

1. 涂料选择的原则

涂料的选择并不是价格越高越好，而是要根据工程的实际情况进行科学选择，总的原则是：良好的装饰效果、合理的耐久性和经济性。

1）装饰效果

装饰效果是由质感、线形和色彩三个方面决定的。色彩和质感都可以通过涂料的选择来体现。

2）耐久性能

涂料的耐久性能包括两个方面：对建筑物的保护效果和对建筑物的装饰效果。

3）经济性

涂料饰面比较经济，但用量大，施涂面广，在装饰工程造价中占有一定比例。因此，要综合考虑，选择合理的涂料，确保其经济性。

2．涂料颜色调配

涂料颜色调配是一项比较细致而复杂的工作。涂料的颜色花样非常多，要进行颜色调配，首先需要了解颜色的性能。各种颜色都可由红、黄、蓝三种最基本的颜色配成。例如，黄与蓝可配成绿色，黄与红可配成橙色，红与蓝可配成紫色，黄、红、蓝可配成黑色等。

在涂料颜色调配的过程中，应注意颜色的组合比例，以量多者为主色，以量少者为副色，配制时应将副色加入主色中，由浅入深，不能相反。颜色在湿的时候比较淡，干燥后颜色则转深，因此调色时切忌过量。

8.1.2 涂饰工程施工对基层的一般要求

(1) 对于有缺陷的基层应进行修补，经修补后的基层表面不平整度及连接部位的错位状况，应限制在涂料品种、涂饰厚度及表面状态等的允许范围之内。

(2) 基层含水率应根据所用涂料产品种类，除采用允许施涂于潮湿基层的特殊涂料品种，涂饰基层的含水率应控制在允许范围之内。

(3) 基层 pH 值应根据所用涂料产品的种类，控制在允许范围之内，一般要求小于 10。

(4) 基层表面修补砂浆的碱性、含水率及粗糙度等，应与其他部位相同，如果不一致时，应进行处理并加涂封底涂料。

(5) 基层表面的强度与刚度，应高于涂料的涂层。如果基层材料为加气混凝土等疏松表面，应预先涂刷固化溶剂型封底涂料或合成树脂乳液封闭底漆等配套底涂层，以加固基层的表面。

(6) 根据国家标准《建筑装饰装修工程质量验收规范》(GB 50210—2001)的规定，新建筑物的混凝土基层在涂饰涂料前，应涂刷抗碱封闭底漆；旧墙面在涂饰涂料前，应清除疏松的旧装饰层，并涂刷界面剂。

(7) 涂饰工程基层所用的腻子，应按基层、底涂料和面涂料的性能配套使用，其塑性和易涂性应满足施工的要求，干燥后应坚实牢固，不得粉化、起皮和出现裂纹。腻子干燥后，应打磨得平整光滑并清理干净。

(8) 在涂饰基层上安装的金属件和钉件等，除不锈产品外均应进行防锈处理。

(9) 在涂饰基层上的各种构件、预埋件，以及水暖、电气、空调等设备管线或控制接口等，凡是有可能影响涂层装饰质量的工种、工序和操作项目，均应按设计要求事先完成。

8.1.3　涂饰工程施工基层清理工作

基层清理工作是确保油漆涂刷质量关键的基础性工作，即采用手工、机械、化学及物理方法，清除被涂基层面上的灰尘、油渍、旧涂膜、锈迹等各种污染和疏松物质，或者改善基层原有的化学性质，以利于油漆涂层的附着效果和涂装质量。

1. 手工清除

手工清除主要包括铲除和刷涂，所用手工工具有铲刀、刮刀、打磨块及金属刷等，如图 8.1 所示。

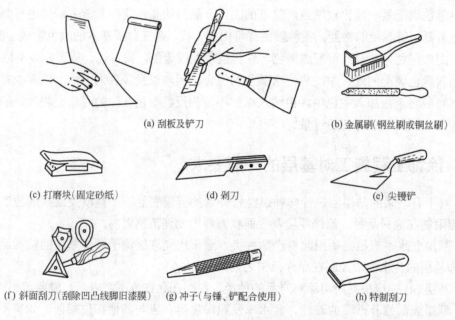

(a) 刮板及铲刀　　　　　　　　(b) 金属刷(钢丝刷或铜丝刷)

(c) 打磨块(固定砂纸)　　　　　(d) 剁刀　　　　　　　(e) 尖镘铲

(f) 斜面刮刀(刮除凹凸线脚旧漆膜)　　(g) 冲子(与锤、铲配合使用)　　　(h) 特制刮刀

图 8.1　基层清除工作常用手工工具

2. 机械清除

机械清除主要有动力钢丝刷清除、除锈枪清除、蒸汽清除，以及喷水或喷砂清除等，常用的基层清除机具如图 8.2 所示。

3. 化学清除

化学清除主要包括溶剂清除、油剂清除、碱溶液清除、酸洗清除及脱漆剂清除等，适宜于对坚实基层表面的清除。

4. 高温清除

高温清除也称为热清除，是指采用氧气、乙炔、煤气和汽油等为燃料的火焰清除，以及采用电阻丝作为热源的电热清除。主要用以清除金属基层表面的锈蚀、氧化皮和木质基体表面上的旧涂膜。

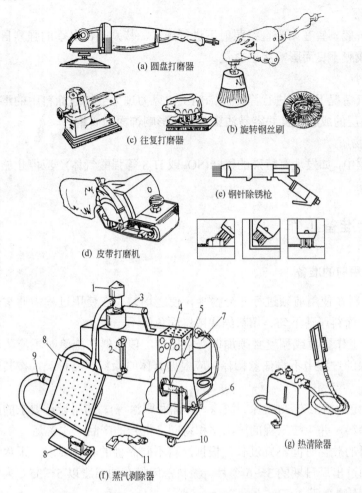

图 8.2 常用的基层清除机具设备示例

1—加水器和安全盖；2—水位计；3—提手；4—水罐；5—火焰喷嘴；6—控制阀；

7—高压气缸；8—聚能器；9—胶管；10—滚轮；11—剥除器

8.1.4 涂饰工程施工环境条件

涂饰工程施工的环境条件应注意以下几个方面。

1) 环境气温

一般要求其施工环境的温度宜在 10～35℃之间，最低温度不得低于 5℃；冬期在室内进行涂料施工时，应当采取保温和采暖措施，室温要保持均匀，不得骤然变化。溶剂型涂料宜在 5～35℃气温条件下施工，不能采用现场烘烤饰面的加温方式促使涂膜表面干燥和固化。

2) 环境湿度

建筑涂料所适宜的施工环境相对湿度一般为 60%～70%，在高湿度环境或降雨天气不宜施工,如氯乙烯-偏氯乙烯共聚乳液作为地面罩面涂布时,在湿度大于85%时就难以干燥。

3) 太阳光照

建筑涂料一般不宜在阳光直接照射下进行施工,特别是在夏季的强烈日光照射之下,会造成涂料的成膜不良而影响涂层质量。

4) 风力大小

在大风天气情况下不宜进行涂料涂饰施工,风力过大会加速涂料中的溶剂或水分的挥(蒸)发,致使涂层的成膜不良并容易沾染灰尘而影响饰面的质量。

5) 污染性物质

在施工过程中,如发现有特殊的气味(SO_2 或 H_2S 等强酸气体),应停止施工或采取有效措施。

8.1.5　施涂准备工作

1. 涂料使用前的准备

(1) 一般涂料在使用前须进行充分搅拌,使之均匀。在使用过程中通常也要不断地进行搅拌,以防止涂料厚薄不匀、填料结块或饰面色泽不一致。

(2) 涂料的工作黏度或稠度必须加以严格控制,使涂料在施涂时不流坠、不显涂刷的痕迹;但在施涂的过程中不得任意稀释。应根据具体的涂料产品种类,按其使用说明进行稠度调整。

(3) 根据规定的施工方法(喷涂、滚涂、弹涂和刷涂等),选用设计要求的品种及相应稠度或颗粒状的涂料,并应按工程的施涂面积将同一批号的产品一次备足。

应注意涂料的贮存时间不宜过长,根据涂料不同品种的具体要求,正常条件下的贮存时间一般不得超过出厂日期的3~6个月。涂料密闭封存的温度以5~35℃为宜,最低不得低于0℃,最高不得高于40℃。

(4) 对于双组分或多组分的涂料产品,施涂之前应按使用说明规定的配合比分批混合,并在规定的时间内用完。

2. 对涂层的基本要求

为确实保证涂施涂层的质量,在施工过程中应满足以下几个方面的要求。

同一墙面或同一装饰部位应采用同一批号的涂料;施涂操作的每遍涂料根据涂料产品特点一般不宜施涂过厚,而且涂层要均匀,颜色要一致。

在施涂操作过程中,应注意涂层施涂的间隔时间控制,以保证涂膜的质量。施涂溶剂型涂料时,后一遍涂料必须在前一遍涂料干燥后进行;施涂水性和乳液涂料时,后一遍涂料必须在前一遍涂料表面干燥后进行。每一遍涂料应施涂均匀,各层必须结合牢固。

8.1.6　涂料施工常用工具

(1) 涂料滚涂所用的工具如图8.3所示。

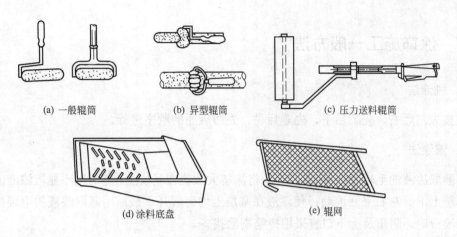

(a) 一般辊筒　　　　(b) 异型辊筒　　　　(c) 压力送料辊筒

(d) 涂料底盘　　　　　　　(e) 辊网

图 8.3　油漆滚涂所用的工具

(2) 涂料空气喷涂所用工具。空气喷涂也称为有气喷涂，即指利用压缩空气作为喷涂动力的油漆喷涂，油漆喷涂常用的喷枪形式，主要有吸出式、对嘴式和流出式三种，如图 8.4 所示。

(a) 吸出式喷枪　　　　(b) 对嘴式喷枪　　　　(c) 流出式喷枪

图 8.4　油漆喷涂常用的喷枪类型

(3) 涂料高压无气喷涂设备。高压无气喷涂通常是利用 0.4～0.8MPa 的压缩空气作为动力，带动高压泵将油漆涂料吸入，加压至 15MPa 左右通过特制的喷嘴喷出。承受高压的油漆涂料喷至空气中时，即刻剧烈膨胀雾化成扇形气流射向被涂物面。涂料高压无气喷涂设备如图 8.5 所示。

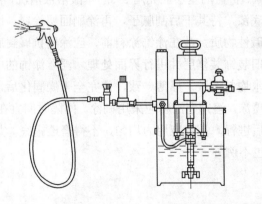

图 8.5　涂料高压无气喷涂设备

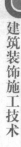

8.1.7　涂饰施工一般方法

1．刷涂法

宜按先左后右、先上后下、先难后易、先边后面的顺序进行。

2．滚涂法

将蘸取漆液的毛辊先按 W 方式运动将涂料大致涂在基层上，然后用不蘸取漆液的毛辊紧贴基层上下、左右来回滚动，使漆液在基层上均匀展开，最后用蘸取漆液的毛辊按一定方向满滚一遍。阴角及上下口宜采用排笔刷涂找齐。

3．喷涂法

喷枪压力宜控制在 0.4～0.8MPa 范围内。喷涂时喷枪与墙面应保持垂直，距离宜在500mm 左右，匀速平行移动。两行重叠宽度宜控制在喷涂宽度的 1/3。

4．木质基层涂刷清漆

木质基层上的节疤、松脂部位应用虫胶漆封闭，钉眼处应用油性腻子嵌补。在刮腻子、上色前，应涂刷一遍封闭底漆，然后反复对局部进行拼色和修色。每修完一次，刷一遍中层漆，干后打磨，直至色调谐调统一，再涂刷饰面漆。在刮腻子前涂刷一遍底漆，有三个目的：第一是保证木材含水率的稳定性；第二是避免腻子中的油漆被基层过多地吸收，影响腻子的附着力；第三是因材质所处原木的不同部位，其密度也有差异，密度大者渗透性小，反之渗透性强。因此上色前刷一遍底漆，控制渗透的均匀性，从而避免颜色因密度大者上色后浅，密度小者上色后深的弊端。

5．木质基层涂刷调和漆

先满刷清油一遍，待其干后用油腻子将钉孔、裂缝、残缺处嵌刮平整，干后打磨光滑，再刷中层和面层油漆。先刷清油的目的：一是保证木材含水率的稳定性；二是增加调和漆与基层的附着力。对泛碱、析盐的基层应先用 3%的草酸溶液清洗，然后用清水冲刷干净或在基层上满刷一遍耐碱底漆，待其干后刮腻子，再涂刷面层涂料。因新建住宅的混凝土或抹灰基层有尚未挥发的碱性物质，故在涂饰涂料前，应涂刷抗碱封底漆；因旧住宅墙面已陈旧，故应清除疏松的旧装饰装修层并进行界面处理。浮雕涂饰的中层涂料应颗粒均匀，用专用塑料辊蘸煤油或水均匀滚压，厚薄一致，待完全干燥固化后，才可进行面层涂饰。面层为水性涂料应采用喷涂，溶剂型涂料应采用刷涂。间隔时间宜在 4h 以上。涂料、油漆打磨应待涂膜完全干透后进行，打磨应用力均匀，不得磨透露底。凡未完全干透的涂膜均不能打磨，涂料、油漆也不例外。

8.2 水性涂料涂饰工程施工

【学习目标】通过对内墙面乳胶漆涂料、外墙氟碳涂料施工的准备工作、工艺流程、工艺要点和质量要求的学习,掌握水性涂料涂饰工程的施工工艺。

水性涂料涂饰工程施工主要分为内墙面涂料涂饰和外墙面涂料涂饰。内墙面的涂料施工按材料可分为乳胶漆涂料、多彩花纹涂料、喷塑涂料、仿瓷涂料;外墙面的涂料施工按材料可分为薄质类涂料、厚质类涂料、复层涂料。乳胶漆涂料施工是日常生活中常用的,性能较好。

8.2.1 内墙面乳胶漆涂料施工

1. 施工准备

1) 材料准备

涂料:乳胶漆、胶黏剂、清油、合成树脂溶液、聚醋酸乙烯乳液、白水泥、大白粉、石膏粉、滑石粉等。

室内装修所采用的涂料、胶黏剂、水性处理剂,其苯、游离甲苯、游离甲苯二异氰酸酯(TDI)、总挥发性有机化合物(TVOC)的含量,应符合有关的规定,不应采用聚乙烯醇缩甲醛胶黏剂。

2) 机具准备

滚涂、刷涂施工:涂料滚子、毛刷、托盘、手提电动搅拌器、涂料桶、高凳、脚手板等。

喷涂施工:喷枪、空气压缩机及料勺、木棍、氧气管、铁丝等。

2. 作业条件

(1) 涂刷溶剂型涂料时,含水率不得大于8%;涂刷乳液型涂料时,含水率不得大于10%。

(2) 抹灰作业已全部完成,过墙管道、洞口、阴阳角等应提前处理完毕,为确保墙面干燥,各种穿墙孔洞都应提前抹灰补平。

(3) 门窗扇已安装完,并涂刷完油漆及安装完玻璃。如采用机械喷涂涂料时,应将不喷涂的部位遮盖,以防污染。

(4) 大面积施工前应事先做好样板(间),经有关质量检查部门检查鉴定合格后,方可组织施工人员进行大面积施工。

(5) 施工现场温度宜在5~35℃之间,并应注意防尘,作业环境应通风良好,周围环境比较干燥。冬期涂料涂饰施工,应在采暖条件下进行,室内温度保持均衡,并不得突然变化。同时设专人负责测试温度和开关门窗,以利于通风排除湿气。

3. 施工工艺

工艺流程：基层处理→修补腻子→满刮腻子→涂刷第一遍乳胶漆→涂刷第二遍乳胶漆→涂刷第三遍乳胶漆→清扫

1) 基层处理

将墙面上的灰渣杂物等清理干净，用笤帚将墙面浮灰、尘土等扫净。对于泛碱、析盐的基层应先用 3%的草酸溶液清洗，然后用清水冲刷干净或在基层上满刷一遍耐碱底漆。

2) 修补腻子

用配好的石膏腻子，将墙面、窗口角等磕碰破损处，麻面、裂缝、接楼缝隙等分别找平补好，干燥后用砂纸将凸出处打磨平整。

3) 满刮腻子

用橡胶刮板横向满刮，一刮板接着一刮板，接头处不得留槎，每刮一刮板最后收头时，要收得干净利落。腻子配合比(质量比)为聚醋酸乙烯乳液∶滑石粉或大白粉∶水=1∶5∶3.5。待满刮腻子干燥后，用砂纸将墙面上的腻子残渣、斑迹等打磨平整、磨光，然后将墙面清扫干净。

4) 涂刷第一遍乳胶漆

先将墙面仔细清扫干净，用布将墙面粉尘擦净。施涂每面墙面的顺序宜按先左后右、先上后下、先难后易、先边后面的顺序进行，不得乱涂刷，以防漏涂或涂刷过厚，涂刷不均匀等。一般用排笔涂刷时，使用新排笔注意将活动的笔毛理掉。乳胶漆涂料使用前应搅拌均匀，根据基层及环境温度情况，可加 10%水稀释，以防头遍涂料施涂不开。干燥后复补腻子，待复补腻子干透后，用 1 号砂纸磨光并清扫干净。

5) 涂刷第二遍乳胶漆

其操作要求与涂刷第一遍乳胶漆涂料相同。涂刷前要充分搅拌，如涂料不很稠，不宜加水或尽量少加水，以防露底。漆膜干燥后，用细砂纸将墙面小疙瘩和排笔毛打磨掉，磨光滑后用布擦干净。

6) 涂刷第三遍乳胶漆

其操作要求与涂刷第二遍乳胶漆涂料相同。由于乳胶漆膜干燥较快，应连续迅速操作，涂刷时从左端开始，逐渐涂刷向另一端，一定要注意上下顺刷互相衔接，后一排笔紧接前一排笔，避免出现接槎明显而再另行处理。

7) 清扫

清扫飞溅乳胶，清除施工准备时预先覆盖在踢脚板、水、暖、电、卫设备及门窗等部位的遮挡物。

4. 成品保护

(1) 涂刷前应清理好周围环境，防止尘土飞扬，影响涂饰质量。

(2) 在涂刷墙面层涂料时，不得污染地面、踢脚线、窗台、阳台、门窗及玻璃等已完成的分部分项工程，必要时采取遮挡措施。

(3) 最后一遍涂料涂刷完后，设专人负责开关门窗使室内空气流通，以预防漆膜干燥后表面无光或光泽不足。

(4) 涂料未干透前,禁止打扫室内地面,严防灰尘等污染面层涂料。

(5) 涂刷完的墙面要妥善保护,不得磕碰墙面,不得在墙面上乱写乱画而造成污染。

5. 施工应注意事项

(1) 涂饰工程使用的腻子,应坚实牢固,不得粉化、起皮和出现裂纹。厨房、厕所、浴室等部位应使用具有耐水性能的腻子。

(2) 涂刷时注意不漏刷,保持涂料稠度,不可加水过多,以免产生透底现象。

(3) 涂刷时要上下顺刷,后一排笔紧接前一排笔,若时间间隔稍长,就容易看出明显接槎。因此,大面积涂刷时,应配足人员,互相衔接好。

(4) 乳胶漆稠度要适中,排笔蘸涂料量要适宜,涂刷时要多理多顺,防止刷纹过大,使得刷纹明显。

(5) 涂刷带色的乳胶漆时,配料要合适,并一次配足,保证每间或每个独立面和每遍都用同一批涂料,并宜一次用完,以确保颜色一致。

6. 安全措施

(1) 对施工操作人员进行安全教育,并进行书面交底,使其对所使用涂料的性能及安全措施有基本了解,并在操作中严格执行劳动保护制度。

(2) 涂料施涂前,检查马凳和跳板是否搭设牢固,高度是否满足操作者的要求,经鉴定合格后才能上架操作,凡不符合安全要求之处应及时修整。

(3) 施工现场严禁设油漆材料仓库。涂料仓库内应有足够的消防设施。

(4) 施工现场应有严禁烟火的安全标语,现场应设专职安全员监督,保证施工现场无明火。

(5) 每天收工后应尽量不剩涂料材料。如有剩余涂料不准乱倒,应收集后集中处理。涂料使用后,应及时封闭存放。废料应及时从室内清出并处理。

(6) 施工现场周边应根据噪声敏感区域的不同,选择低噪声设备或其他措施,同时应按国家有关规定控制施工作业时间。

(7) 施工时室内应保持良好通风,但不宜有过堂风。涂刷作业时操作工人应配戴相应的劳动保护设施,如防毒面具、口罩、手套等,以免危害施工人员的肺、皮肤等。

(8) 严禁在民用建筑工程室内用有机溶剂清洗施工用具。

8.2.2 外墙氟碳涂料施工

1. 施工准备

(1) 材料准备:E1662 弹性拉毛漆、柔性腻子、F200 封底漆、砂布、胶带、F231 中间漆、HF600AB 氟碳漆(HF800 精品氟碳漆)。

(2) 机具准备:简便水平器、喷枪、线包、毛滚、刷子、开刀、空压机等。

2. 作业条件

(1) 门窗按设计师要求安装好，并堵抹洞口四周的缝隙。

(2) 墙面基层处理完毕，并符合设计工艺要求，按抹灰面标准验收，满足喷涂条件，完成雨水管卡、设备洞口管道的安装，并将洞口四周用水泥砂浆抹平，所有的墙面需晾干。

(3) 双排架子或活动吊篮，要符合国家安全规范要求，外架排木距墙面 320cm。

(4) 要求现场提供 380V、220V 电源。

(5) 所有的成品门窗要提前保护。

3. 操作工艺

工艺流程：基层处理→刮柔性腻子 1～2 遍、打磨→弹线、分格、贴胶带→滚涂弹性拉毛漆→喷封底漆 F200→喷中间漆 F231→喷氟碳漆→局部修整。

(1) 基层处理。基层验收合格后，作局部的修补。

要求：平整、光滑、无油污、无裂纹、无空洞、无砂眼、平整、顺直。

(2) 刮腻子：打磨批刮柔性腻子 1～2 遍，打磨后用毛刷清理。

(3) 弹线、分格、粘贴胶带。按照设计方案在分色部位分格定位、弹线、粘贴胶带。

(4) 拉毛。胶带粘贴完毕后，用专业毛滚在墙面上进行弹性拉毛。

要求：纹路基本均匀、一致。

(5) 封底漆 F200。涂刷超强封底漆 F200 一道，要求涂刷均匀，无漏刷。

(6) 涂刷弹性中间漆 F231。按设计要求进行中间漆涂刷操作。

要求：涂刷均匀，无透底现象。

(7) 刷面漆 HF600/HF800。上道工序充分干燥后，在施工现场按配比配置氟碳漆。在规定时间内，用专用喷枪连续喷涂，并随时搅拌氟碳漆料，以保证涂层均匀一致。

要求：平整、厚度均匀，无漏喷。

(8) 检查施工质量，对局部质量问题进行修补。

4. 成品保护

(1) 在施工中，将门窗及不施工部位遮挡保护。

(2) 严禁从下往上的施工顺序，以免造成颜色污染。降落吊篮时，严禁碰损墙面涂层。

(3) 已施工完的成品，严禁蹬踩，以防污染。

5. 应当注意的质量问题

接槎现象：主要原因是由于涂层重叠，面漆深浅不一造成的。因此在施工中要避免接槎现象，可采取以下措施。

(1) 应把接槎甩在分格线上。

(2) 施工最好一次成活，不要修补，这就需要层层验收，严把质量关，以免造成接槎现象。

8.3 溶剂性涂饰涂料工程施工

【**学习目标**】通过对木基层磁漆涂饰施工、木材面聚酯清漆施工、金属面施涂混色油漆施工的准备工作、工艺流程、工艺要点和质量要求的学习，掌握水性涂料涂饰工程的施工工艺。

常用的溶剂性涂料有丙烯酸酯涂料、聚氨酯丙烯酸涂料、有机硅丙烯酸涂料、色漆等，木基层色漆施工属于传统的油漆施工，在建筑装饰中仍被大量采用，适用于木制家具、门窗、板壁的涂饰及钢结构表面混色磁漆饰面工程。

8.3.1 木基层磁漆涂饰施工

1. 施工准备

1) 材料准备

(1) 涂料：光油、清油、醇酸磁漆、漆片等。

(2) 填充料：石膏、大白粉、地板黄、红土子、黑烟子、立德粉、纤维素等。

(3) 稀释剂：汽油、煤油、醇酸稀料、酒精等。

(4) 催干剂：液体催干剂等材料。

(5) 抛光剂：上光蜡、砂蜡等。

(6) 腻子：所使用的腻子必须与相应的涂料配套，满足耐水性要求。

2) 机具准备

(1) 主要机械设备：圆盘打磨器、喷枪和空气压缩机等。

(2) 主要工具：棕刷、排笔、油画笔、砂纸、砂布、棉丝、擦布、铲刀、腻子刀、钢刮板、牛角刮刀、调料刀、油灰刀、刮刀、尖镘、滤漆筛、提桶等。

2. 作业条件

(1) 湿作业已完毕并有一定强度，作业面要通风良好，环境要干燥，一般施工时温度不宜低于 10℃，相对湿度不宜大于 60 %。

(2) 在室外或室内高于 3.6m 处作业时，应事先搭设好脚手架，以便于操作。

(3) 操作前应认真进行交接检查工作，并对遗留问题及时进行妥善处理。

(4) 大面积正式施工前，应事先做样板，经有关部门检查鉴定，确认合格后，方可进行大面积施工。

(5) 施工前应对门窗外形进行检查，有变形不合格的，应拆换。

(6) 刷末道油漆前必须将玻璃全部安装好。

3. 操作工艺

工艺流程：基层处理→刷封底涂料→磨光→刮腻子→刷第一遍醇酸磁漆→修补腻子→刷第二遍醇酸磁漆→刷第三遍醇酸磁漆→刷第四遍醇酸磁漆→打砂蜡→擦上光蜡。

1) 基层处理

先将木基层表面上的灰尘、斑迹、胶迹等用刮刀或碎玻璃片刮除干净，但应注意不要刮出毛刺，也不要刮破抹灰的墙面，然后用 1 号以上砂纸顺木纹精心打磨，先磨线角，后磨平面，直到光滑为止。木基层有小块活翘皮时，可用小刀撕掉。重皮的地方应用小钉子钉牢固，如重皮较大或有烤糊印疤，应由木工修补，并用酒精漆片点刷。

2) 刷封底涂料

封底涂料由清油、汽油、光油配制，略加一些红土子(避免漏刷不好区分)。对于泛碱、析盐的基层应选用耐碱底漆。涂饰时，先从框上部左边开始顺木纹涂刷，框边涂油不得碰到墙面上，厚薄要均匀，框上部刷好后，再刷亮子。刷窗扇时，如两扇窗应先刷左扇后刷右扇；三扇窗应最后刷中间扇。窗扇外面全部刷完后，用梃钩勾住不得关闭，然后再刷里面。刷门时，先刷亮子再刷门框，门扇的背面刷完后用木楔将门扇固定，最后刷门扇的正面。待全部刷完后检查一下有无遗漏，要注意里外门窗油漆分色是否正确，并将小五金等处沾染的油漆擦净。

3) 磨光

待腻子干透后，用 1 号砂纸打磨，打磨方法与底层磨砂纸相同，注意不要磨穿漆膜并保护好棱角、不留松散腻子痕迹。磨完后应打扫干净，并用潮布将磨下粉末擦净。

4) 刮腻子

刮第一遍腻子，腻子中要适量加入醇酸磁漆。待涂刷的清油干透后，将钉孔、裂缝、节疤以及边楞残缺处，用油腻子刮抹平整，腻子要不软不硬、不出蜂窝、挑丝不倒为准，刮时要横抹竖起，将腻子刮入钉孔或裂纹内。若接缝或裂缝较宽、孔洞较大时，可用开刀或铲刀将腻子挤入缝洞内使腻子嵌入后刮平收净，表面上腻子要刮光，无松散腻子、残渣。上下冒头，榫头等处均应抹到。待腻子干透后，用砂纸打磨，打磨方法与底层磨砂纸相同，注意不要磨穿漆膜并保护好棱角，不留松散腻子痕迹。磨完后应打扫干净，并用潮布将磨下粉末擦净。

刮腻子一般为两遍。刮第二遍腻子时，大面用钢片刮板刮，要平整光滑；小面处用开刀刮，阴角要直。腻子干透后，用零号砂纸磨平、磨光，清扫并用湿布擦净。

5) 刷第一遍醇酸磁漆

头道涂料中可适量加入醇酸稀料，调得稍稀一些。刷涂顺序应从外向内、从左向右、从上至下进行，并顺着木纹涂刷。刷门窗框时不得碰到墙面上，刷到接头处要轻飘，达到颜色一致；刷涂动作应快速、敏捷，要求无缕无节，横平竖直，顺刷时棕刷要轻飘，避免出现刷纹。刷木窗时，先刷好框子上部后再刷亮子；待亮子全部刷完后，将梃钩勾住，再刷窗扇；如为双扇窗，应先刷左扇后刷右扇；三扇窗应最后刷中间扇；纱窗扇先刷外面后刷里面。刷木门时，先刷亮子后刷门框、门扇背面，刷完后用小木楔子将门扇固定，最后刷门扇正面；全部刷好后检查是否有漏刷，小五金沾染的油漆要及时擦净。涂刷应厚薄均匀，不流不坠。刷纹通顺，不得漏刷。待涂料完全干透后，用 1 号或旧砂纸彻底打磨一遍，将头遍漆面上的光亮基本打磨掉，再用潮布将粉尘擦掉。

6）修补腻子

如发现凹凸不平处，要进行修补，其要求与操作方法同前。待腻子干透后，用 1 号以下砂纸打磨，其要求与操作方法同前。

7）刷第二遍醇酸磁漆

涂刷方法与第一遍相同。本遍磁漆中不加稀料，注意不得漏刷和流坠。干透后磨砂纸，如表面痒子疙瘩多时，可用 280 号水砂纸打磨。如局部有不平、不光处，应及时复补腻子，待腻子干透后，用砂纸打磨，清扫并用湿布擦净。刷完第二遍徐料后，可进行玻璃安装等工序。

8）刷第三遍醇酸磁漆

刷法与要求与第二遍相同。磨光时，可用 320 号水砂纸打磨，要注意不得磨破棱角，要达到平和光，磨好后清扫干净并擦净。

9）刷第四遍醇酸磁漆

刷油的要求与操作方法同前。刷完 7d 后用 320～400 号水砂纸打磨，打磨时用力要均匀，应将刷纹基本磨平，要注意不得磨破棱角，磨好后清扫干净并擦净。

10）打砂蜡

将配制好的砂蜡用双层呢布头蘸擦，擦时用力要均匀，不可漏擦，擦至出现暗光，大小面上下一致为准。擦后清除浮蜡。

11）擦上光蜡

用干净白布揩擦上光蜡，应擦匀擦净，直到光泽饱满为止。

4. 成品保护

(1) 每遍涂饰前，都应将地面、窗台清扫干净，防止尘土飞扬，影响油漆质量。

(2) 每遍涂饰后，都应将门窗扇用梃钩勾住，防止门窗扇、框油漆黏结，破坏漆膜，造成修补及扇活损伤。

(3) 刷油后应将滴在地面或窗台上及碰在墙上的油点清刷干净。

(4) 油漆涂完后，应派专人负责看管，以防止在其表面乱写乱画造成污染。

5. 施工注意事项

(1) 防止节疤、裂缝、钉孔、榫头、上下冒头、合页、边棱残缺等处的缺刮腻子、缺打砂纸现象，操作者应认真按照规程和工艺标准操作。

(2) 防止漏刷。漏刷是刷油操作易出现的问题，一般多发生在门窗的上、下冒头和靠合页小面以及门窗框、压缝条的上、下端部和衣柜门框的内侧等处。主要原因是内门窗安装时油工与木工配合欠佳，下冒头未刷油漆就把门扇安装了，事后油工根本刷不了(除非把门扇合页卸下来重涂刷)；其次是操作者不认真所致。

(3) 涂刷油漆时，操作者应注意避免涂料太稀、漆膜太厚或环境温度高、油漆干性慢等因素影响。并采取合理操作顺序和正确的手法，防止油漆流坠、裹楞。尤其是门窗边楞分色处，一旦油量过大和操作不注意，就容易造成流坠、裹楞。

（4）防止刷纹明显。操作者应用合适的棕刷，并把油棕刷用稀料泡软后使用。

（5）防止漆面粗糙现象。操作前必须将基层清理干净，用湿布擦净，油漆要过箩，严禁刷油时扫尘、清理或刮大风天气刷油漆。

（6）严防漆质不好，兑配不均，溶剂挥发快或催干剂过多等，以免造成涂膜表面出现皱纹。

（7）防止污染五金，操作者要认真细致，及时将小五金等污染处清擦干净，并应尽量将门锁、门窗拉手和插销等后装，以确保五金件洁净美观。

（8）在玻璃油灰上刷油，应待油灰达到一定强度后方可进行。刷完油漆后要立即检查一遍，如有缺陷应及时修整。

6. 安全措施

（1）对施工操作人员进行安全教育，并进行书面交底，使其对所使用涂料的性能及安全措施有基本了解，并在操作中严格执行劳动保护制度。

（2）施工现场严禁设涂料材料仓库。涂料仓库应有足够的消防设施。

（3）施工现场应有严禁烟火的安全标语，现场应设专职安全员监督，保证施工现场无明火。

（4）不得在有焊接作业的地方附近施涂油漆工作，以防发生火灾。

（5）每天收工后应尽量不剩涂料材料。如有剩余涂料不准乱倒，应收集后集中处理。涂料使用后，应及时封闭存放。废料应及时从室内清出并处理。

（6）施工时室内应保持良好通风，但不宜有过堂风。涂刷作业时操作工人应穿戴相应的劳动保护设施，如防毒面具、口罩、手套等，以免危害个体的肺、皮肤等。

（7）严禁在民用建筑工程室内用有机溶剂清洗施工用具。

8.3.2 木材面聚酯清漆施工

1. 施工准备

1）材料准备

（1）涂料：封闭底漆、聚酯清漆等，应有出厂合格证、质量保证书、性能检测报告等。

（2）辅料：腻子、稀释剂、砂蜡、光蜡等，应有出厂合格证质量保证书、性能检测报告等。

2）机具设备

（1）机械：喷枪、空气压缩机、打磨器等。

（2）工具：油桶、砂纸、过滤网、刮铲、打磨器等。

（3）计量检测用具：量筒、量杯、钢尺、电子秤或天平秤、温度计、湿度计、含水率检测仪等。

（4）安全防护用品：口罩、工作帽、防护手套、护目镜、呼吸保护器等。

2. 作业条件

(1) 抹灰、地面、木作工程已完，水暖、电气和设备安装完成，并验收合格。

(2) 施工时环境温度一般不低于 10℃，相对湿度不宜大于 60%。

(3) 施工环境清洁、通风、无尘埃。安装玻璃前，应有防风措施，遇大风天气不得施工。

3. 技术准备

(1) 施工前主要材料应经监理、建设单位验收并封样。

(2) 根据设计要求进行调色，确定色板并封样。

(3) 施工前先做样板，经监理、建设单位及有关质量部门验收认定合格后，再进行大面积施工。

(4) 对操作人员进行安全技术交底。

4. 操作工艺

工艺流程：基层处理→刷封闭底漆→打磨第一遍→擦色→喷第一遍底漆→打磨第二遍→刮腻子→轻磨第一遍→喷第二遍底漆→轻磨第二遍→修色→喷第一遍面漆→打磨第三遍→喷第二遍面漆→擦砂蜡、上光蜡。

1) 基层处理

首先应仔细检查基层表面，对缺棱掉角等基材缺陷应及时修整好。对基层表面上的灰尘、油污、斑点、胶渍等应用铲刀刮除干净，将钉眼内粉尘杂物剔除。然后采用打磨器或用木擦板垫砂纸(120 号)顺着木纹方向来回打磨，先磨线角裁口，后磨四边平面，磨至平整光滑(不得将基层表面打透底)，用掸灰刷将磨下的粉尘掸掉后，再用湿布将粉尘擦净并晾干。

2) 刷封闭底漆

(1) 器具清洁及刷具的选用。器具清洁：涂刷前应将所用器具清洗干净，油刷需在稀释剂内浸泡清洗。新油刷使用前应将未粘牢的刷毛去除，并在 120 号砂纸上来回磨刷几下，以使端毛柔软适度。

刷具的选用：施工时应根据涂料品种及涂刷部位选用适当的刷具。刷涂黏度较大的涂料时，宜选用刷毛弹性较大的硬毛扁刷；刷涂油性清漆应选用刷毛较薄、弹性较好的猪鬃刷。

(2) 底漆选用及调配。选用配套的封闭底漆，并按产品说明书和配比要求进行配兑，混合拌匀后用 120 目滤网过滤，静置 5min 方可施涂。

底漆的稠度应根据油漆涂料性能、涂饰工艺(手工刷或机械喷)、环境气候温度、基层状况等进行调配。

环境温度低于 15℃时应选用冬用稀释剂；25℃以上应选用夏用稀释剂；30℃以上时可适当添加"慢干水"等。

(3) 刷漆：油漆涂刷一般先刷边框线角，后刷大面，按从上至下，从左至右，从复杂到简单的顺序，顺木纹方向进行，且需横平竖直、薄厚均匀、刷纹通顺、不流坠、无漏刷。线角及边框部分应多刷 1～2 遍，每个涂刷面应一次完成。

3) 第一遍打磨

(1) 手工打磨方法：用包砂纸的木擦板进行手工打磨，磨后用除尘布擦拭干净，使基层面达到磨去多余、表面平整、手感光滑、线角分明的效果。

(2) 机械打磨方法：遇到面积较大的情况时，宜使用打磨器进行打磨作业。施工前，首先检查砂纸是否夹牢，机具各部位是否灵活，运行是否平稳正常。打磨器工作的风压在 0.5～0.7MPa 为宜。

(3) 打磨时的注意事项。打磨必须在基层或涂膜干透后进行，以免磨料钻进基层或涂膜内，达不到打磨的效果。

涂膜坚硬不平或软硬相差较大时，必须选用磨料锋利并且坚硬的磨具打磨，避免越磨越不平。

(4) 砂纸型号的选用：打磨所用的砂纸应根据不同工序阶段、涂膜的软硬等具体情况正确选用砂纸的型号，见表 8.1。

表 8.1　砂纸型号的选用

打磨 阶段	填补腻子层和白 胚基层表面	封闭底漆 满刮腻子	满刮腻子 封闭底漆	面　漆
砂纸 型号	120～240 号	240～400 号	240～400 号	600～800 号

4) 擦色

(1) 器具清洁：调色前应将调色用各种器具用清洗剂清洗干净。

(2) 调色分厂商调色和现场调色两类，优先采用前者。

厂商调色为事先按设计样板颜色要求，委托厂商调制成专门配套的着色剂和着色透明漆(或面漆)。对于厂商供应的成品着色剂或着色透明漆，应与样板进行比较，校对无误后方可使用。

现场调色一般采用稀释剂与色精调配或透明底漆与色精配制调色，稀释剂应采用与聚酯漆配套的无苯稀释剂。

(3) 擦色工艺。基层打磨清理后及时进行擦色，以免基层被污染。

擦色时，先用蘸满着色剂的洁净细棉布对基层表面来回进行涂擦，面积范围约 $0.5m^2$ 为一段，将所有的棕眼填平擦匀，各段要在 4～5s 内完成，以免时间过长着色剂干后出现接槎痕迹。然后用拧干的湿细棉面(或麻丝)顺木纹方向用力来回擦，将多余的着色剂擦净，最后用净干布擦拭一遍。

擦色后达到颜色均匀一致，无擦纹、无漏擦，并注意保护，防止污染。

5) 喷第一遍底漆

擦色后干燥 2～4h 即可喷第一遍底漆。

(1) 喷涂机具清洁及调试：喷涂前，应认真对喷涂机具进行清洗，做到压缩空气中无水分、油污和灰尘，并对机具进行检查调试，确保运行状况良好。

喷涂操作人员必须经过专业培训，熟练掌握喷涂技能，并经相关部门的考核合格后，方可上岗施喷。

(2) 喷涂底漆调配：调配方法应比刷涂底漆的配比多加入 10%～15%的稀释剂进行稀释，使其黏度适应喷涂工艺特点。

(3) 喷涂：一般采用压枪法(也叫双重喷涂法)进行喷涂。压枪法是将后一枪喷涂的涂层，压住前一枪喷涂涂层的1/2，以使涂层厚薄一致。并且喷涂一次就可得到两次喷涂的厚度。

采用压枪法喷涂的顺序和方法如下。

先将喷涂面两侧边缘纵向喷涂一下，然后再沿喷涂线路，从喷涂面的上端左角向右水平横向喷涂，喷至右端头，然后从右向左水平横向喷涂，喷至左端头，如此循环反复喷至底部末端。

第一喷路的喷束中心，必须对准喷涂面上端的边缘，以后各条路间要相互重叠一半。即后一枪喷涂的涂层，压住前一枪喷涂涂层的1/2，以使涂层厚薄一致。

各喷路未喷涂前，应先将喷枪对准喷涂面侧缘的外部，缓慢移动喷枪，在接近侧缘前时扣动扳机(即要在喷枪移动中扣动扳机)。在到达喷路末端后，不要立即放松扳机，要待喷枪移出喷涂面另一侧的边缘后，再放松扳机。

喷枪应走成直线，不能呈弧形移动，喷嘴与被喷面垂直，否则就会形成中间厚、两边薄或一边厚一边薄的涂层。

喷枪移动的速度应均匀平稳，一般控制在每分钟 10～12m，每次喷涂的长度约为 1.5m为宜。喷到接头处要轻飘，以达到颜色深浅一致。

6) 第二遍打磨

底漆干燥 2～4h 后，用 240～400 号砂纸进行打磨，磨至漆膜表面平整光滑为止。

7) 刮腻子

(1) 腻子选用及调配：应按产品说明要求选用专门配套的透明腻子，如"特清透明腻子"或"特清透明色腻子"等(前者多用于大面积满刮腻子，后者多用于修补钉眼或需对基层表面进行擦色等)。透明色腻子有浅、中、深三种，修补钉眼或擦色时可根据基层表面颜色进行掺合调配。

(2) 基层缺陷嵌补：刮腻子前应先将拼缝处及缺陷大的地方用较硬的腻子嵌补好，如钉眼、缝孔、节疤等缺陷的部位。嵌补腻子一般宜采用与基层表面相同颜色的色腻子，且需嵌牢嵌密实。腻子需嵌补得比基层表面略高一些，以免干后收缩。

(3) 批刮腻子

批刮方法选择：腻子嵌批应视基层表面情况而采取不同的批刮工艺。

对于基层表面平整光滑的木制品，一般无需满刮腻子，只需在有钉眼、缝孔、节疤等缺陷的部位上嵌补腻子即可。

对于硬材类或棕眼较深的及不太平整光滑的木制品基层表面，需大面积满刮腻子。此时，一般常采用透明腻子满刮二遍。即第一遍腻子刮完后干燥 1～2h，用 240～400 号砂纸打磨平整后再刮第二遍腻子。第二遍腻子打磨后应视其基层表面平整、光滑程度确定是否仍需批刮(或复补)第三遍腻子。

批刮腻子操作要点：批刮腻子要从上至下，从左至右，先平面后棱角，顺木纹批刮，从高处开始，一次刮下。手要用力向下按腻板，倾斜角度为 60°～80° 用力要均匀，才能使腻子既饱满又结实。不必要的腻子要收刮干净，以免影响纹理清晰。

嵌补腻子操作要点：嵌补时要用力将腻子压进缺陷内，要填满、填实，但不可一次填得太厚，要分层嵌补，一般以 2～3 道为宜。分层嵌补时必须待上道腻子充分干燥，并经打磨后再进行下道腻子的嵌补。要将整个涂饰表面的大小缺陷都填到、填严，不得遗漏，边角不明显处要格外仔细，将棱角补齐。填补范围应尽量控制在缺陷处，并将四周的腻子收刮干净，减少刮痕。填刮腻子时不可往返次数太多，否则容易将腻子中的油分挤出表面，造成不干或慢干的现象，还容易发生腻子裂缝。嵌补时，对木材面上的翘花及松动部分要随即铲除再用腻子填平补齐。

8) 轻磨第一遍

腻子干燥 2～3h 后可用 240～400 号水砂纸进行打磨，其打磨方法同前。

9) 刷第二遍底漆

打磨清擦干净后即可刷第二遍底漆。其涂刷方法同前。

10) 轻磨第二遍

底漆干燥 2～4h 后，用 400 号水砂纸进行打磨，其打磨方法同前。

11) 修色

(1) 色差检查：打磨前应仔细检查表面是否存在明显色差，对腻子疤、钉眼及板材间等色差处进行修色或擦色处理。

(2) 修色剂调配：修色剂应按样板色样采用专门配套的着色剂或用色精与稀释剂调配等方法进行调配。着色剂一般需多遍调配才可达到要求，调配时应确定着色剂的深浅程度，并将试涂小样颜色效果与样板或涂饰物表面颜色进行对比，直至调配出比样板颜色或涂饰物表面颜色略浅一些的修色剂。

(3) 修色方法。用毛笔蘸着色剂对腻子疤、钉眼等进行修色，或用干净棉布蘸着色剂对表面色差明显的地方擦色。最后将色深的修浅，色浅的修深，将深浅色差拼成一色，并绘出木纹。修好的颜色必须与原来的颜色一致，且自然、无修色痕迹。

12) 喷(刷)第一遍面漆

修色干燥 1～3h 并经打磨后即可喷(刷)面漆。喷(刷)面漆前，面漆、固化剂、稀释剂应按产品说明要求的配比混合拌匀，并用 200 目滤网过滤后，静置 5min 方可施涂。涂刷方法同前的规定，但线角及边框部分无需多刷 1～2 遍面漆，以采用喷涂为宜。

13) 打磨第三遍

面漆干燥 2～4h 后，用 800 号水砂纸进行打磨，但应注意以下几点。

(1) 漆膜表面应磨得非常平滑。

(2) 打磨前应仔细检查，若发现局部尚需找补修色的地方，需进行找补修色。

14) 喷(刷)第二遍面漆

15) 擦砂蜡、上光蜡

面漆干燥 8h 后即可擦砂蜡。擦砂蜡时先将砂蜡捻细浸在煤油内，使其成糊状。然后，

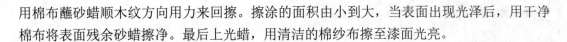

用棉布蘸砂蜡顺木纹方向用力来回擦。擦涂的面积由小到大,当表面出现光泽后,用干净棉布将表面残余砂蜡擦净。最后上光蜡,用清洁的棉纱布擦至漆面光亮。

5. 成品保护

(1) 油漆涂刷完成后,应设专人看管或采取相应措施防止成品被破坏。

(2) 刷油前首先清理好周围环境,防止尘土飞扬,影响油漆质量。

(3) 涂刷门窗油漆时,要用梃钩或木楔将门窗扇固定,以免扇框相合粘坏漆皮。

(4) 无论是刷涂还是喷涂,均应做好对不同色调、不同界面的预先遮盖保护,以防油漆越界污染。

(5) 为防止五金件污染,除了操作要细和及时将小五金件等污染处清理干净外,应尽量后装门锁、拉手和插销等(但可以事先把位置和门锁孔眼钻好),确保五金件洁净美观。

(6) 涂刷油漆时应视基层状况和涂料类型确定漆遍数,防止涂层厚度太薄而露底,更要防止过厚而引起流坠或起皱。

6. 应注意的质量问题

(1) 施涂前除应了解油漆的型号、品名、性能、用途及出厂日期外,还必须清楚所用油漆与基层表面以及各涂层之间的配套性,应严格按产品使用说明要求配套使用。

(2) 调配油漆时,应注意不同性质的油漆切忌互相配合,否则会引起离析、沉淀、浮色,造成整批材料报废。

(3) 批刮腻子动作要快,并做到刮到刮平、收净刮光,不留"野腻子"。特别是一些快干腻子,不宜过多地往返批刮,以免出现卷皮脱落或将腻子中的漆料油分挤出,封住表面,造成不易干燥的现象。

(4) 当上道油漆涂刷时间已超过24h,涂刷下道油漆时必须轻磨表层,以增加附着力。

(5) 在正式安装门窗扇前,应将上下冒头油漆刷好,以免装上后下冒头无法刷油而返工,避免门窗扇下冒头等处"漏刷"的通病。

7. 安全环保措施

(1) 严禁在油漆施工现场吸烟和使用明火。

(2) 油漆施工用人字梯、条凳、架子等应符合相关要求,做到确保安全,方便操作。

(3) 采用机械喷涂油漆时,操作人员必须戴口罩、工作帽、防护手套、护目镜,备有合适的呼吸保护器。

(4) 漆料、稀释剂等易燃易爆物品应设库单独存放,存放地点应干燥阴凉通风,远离火源,并配有灭火器材,还应有防静电措施。

(5) 聚酯涂料等易燃物应盛入有盖的金属容器内,盖严拧紧,不得放在敞口无盖或塑料容器内。

(6) 施工现场应保持适当通风,狭窄隐蔽的工作面应安置通风设备。施工时,喷涂操作人员如感到头疼、心悸、恶心时,应立即停止作业到户外呼吸新鲜空气。

(7) 喷涂时,如发现喷枪出漆不匀,严禁对着人检查。一般应在施工前用水代替进行

检查，无问题后再正式喷涂。

8.3.3 金属面施涂混色油漆施工

1. 施工准备

1) 材料准备

材料包括：调合漆、清漆、醇酸清漆、醇酸磁漆、金属漆、硝基磁漆(带配套底漆)、防锈漆等。

2) 机具准备

(1) 机械：气泵、喷枪、电动砂轮机、角磨机、钢针除锈枪等。

(2) 工具：油刷、油画笔、开刀、腻子板、钢刮板、橡皮刮板、牛角板、掏子、铜丝筛、过滤网、小油桶、油勺、砂纸、砂布、半截大桶、水桶、钢丝钳子、小锤子、錾子、钢丝刷、铲刀、钢锉等。

(3) 计量检测用具：钢尺、量筒、量杯、温度计、湿度计、天平秤或电子秤等。

(4) 安全防护用品：口罩、工作帽、防护手套、护目镜、呼吸保护器等。

2. 操作工艺

工艺流程：基层处理→涂防锈漆→刷第一遍油漆(刷铅油→抹腻子→磨砂纸→装玻璃)→刷第二遍油漆(刷铅油→擦玻璃、磨砂纸)→刷最后一遍混色油漆。

1) 基层处理

对金属表面的处理，除油脂、污垢、锈蚀外，最重要的是表面氧化皮的清除，常用的办法有三种，即机械和手工清除、火焰清除、喷砂清除。根据不同基层要彻底除锈、满刷(或喷)防锈漆1～2道。

2) 修补防锈漆

对安装过程的焊点，防锈漆磨损处，进行清除焊渣，有锈时除锈，补1～2道防锈漆。

3) 修补腻子

将金属表面的砂眼、凹坑、缺棱拼缝等处找补腻子，做到基本平整。

4) 刮腻子

用开刀或胶皮刮板满刮一遍石膏或原子灰腻子，要刮得薄，收得干净，均匀平整，无飞刺。

5) 磨砂纸

用1号砂纸轻轻打磨，将多余腻子打掉，并清理干净灰尘。注意保护棱角，达到表面平整光滑，线角平直，整齐一致。

6) 刷第一道油漆

要厚薄均匀，线角处要薄一些，但要盖底，不出现流淌，不显刷痕。

7) 刷第二道油漆

方法同刷第一道油漆，但要增加油的总厚度。

8) 磨最后一道砂纸

用 1 号或旧砂纸打磨，注意保护棱角，达到表面平整光滑，线角平直，整齐一致。由于是最后一道，砂纸要轻磨，磨完后用湿布打扫干净。

9) 刷最后一道油漆

要多刷多理，刷油饱满，不流不坠，光亮均匀，色泽一致，如有毛病要及时修整。

3. 成品保护

(1) 涂刷前应将作业场所清扫干净，防止灰尘飞扬，影响油漆质量。

(2) 涂刷作业前，做好对不同色调、不同界面及五金配件等的遮盖保护，以防油漆越界污染。

(3) 涂刷门窗油漆时，应将门窗扇固定，防止门窗扇与框相合，粘坏漆膜。

(4) 涂刷作业时，细部、五金件、不同颜色交界处要小心仔细，一旦出现越界污染，必须及时处理。

(5) 涂刷完成后，应派专人负责看管或采取有效的保护措施，防止成品破坏。

4. 应注意的质量问题

(1) 施工现场应保持清洁、通风良好，不得尘土飞扬。涂料使用前应过滤杂质，打磨作业时应仔细，保证平整光滑，避免成活的涂料表面粗糙。

(2) 调配涂料时，应注意产品的配套性，严格掌握涂料浓度，不得过稀或过稠，添加固化剂、催干剂和稀释剂的比例应适当，以防刷(喷)后出现皱纹、橘皮、流坠。

(3) 刷(喷)油漆时，每道不宜太厚太重，应严格控制时间间隔。喷涂时应控制好喷枪压力和喷涂距离，避免造成橘皮、流坠、裹楞等问题。

(4) 涂刷油漆时，应注意门窗的上下冒头、靠合页的小面和门窗框、压条的端部要涂刷到位。门窗安装前和纱门、纱窗绷纱前，应先把油漆刷好，避免安装、绷纱后油工无法作业，造成漏刷。

(5) 金属基层表面应在涂刷前认真进行除锈、涂刷防锈涂层，以防造成反锈。

(6) 涂刷油漆前应对合页槽、上下冒头、框件接头、钉孔、拼缝以及边棱伤痕等处，认真进行补腻子和砂纸打磨，防止出现不平、不光、疤痕等缺陷。

(7) 涂刷油漆时，刷毛应用稀料泡软后使用，宜用羊毛板刷，不宜用棕刷，避免因刷毛太硬，油漆太稠造成表面明显刷纹。

(8) 作业时，五金件、不同颜色分色线处要仔细施工，并遮盖保护，避免造成分色线不清晰、不顺直和涂料越界污染现象。

(9) 雨期施工应控制作业现场的空气湿度，并用湿度计进行检测。当空气湿度超过规定要求时，可在油漆中加入适量的催干剂，防止油漆完工后出现漆膜泛白现象。

8.4　美术涂饰施工工艺

【学习目标】掌握美术涂饰的施工工艺。

8.4.1　施工准备

1．材料准备

(1) 涂料：光油、清油、桐油、各色油性调和漆(酯胶调和漆、酚醛调和漆、醇酸调和漆)或各色水溶性涂料。

(2) 稀释剂：汽油、煤油、松香水、酒精、醇酸稀料等与油漆相应配套的稀料。

(3) 填充料：大白粉、滑石粉、石膏粉、双飞粉(麻斯面)、地板黄、红土子、黑烟子、立德粉、羧甲基纤维素、聚醋酸乙烯乳液等。

(4) 各色颜料：应耐碱、耐光。

2) 机具设备

(1) 机械：单斗喷枪、空气压缩机、油漆搅拌机、砂纸打磨机等。

(2) 工具：高凳子、脚手板、半截大桶、小油桶、铜丝箩、橡皮刮板、钢皮刮板、笤帚、腻子槽、开刀、刷子、排笔、砂纸、棉丝、擦布等。

8.4.2　操作工艺

1．套色花饰施工

工艺流程：清理基层→弹水平线→刷底油(清油)→刮腻子→砂纸磨光→刮腻子→砂纸磨光→弹分色线(俗称方子)→涂饰调和漆。

套色花饰，亦称为假壁纸、仿壁纸油漆。它是在墙面涂饰完油漆的基础上进行的。用特制的漏花板，按美术图案(花纹或动物图像)的形式，有规律地将各种颜色的油漆喷(刷)在墙面上。这种美术涂饰用于宾馆、会议室、影剧院以及高级住宅等抹灰墙面上，建筑艺术效果很好，给人们以柔和、舒适之感觉。

注意事项：漏花前，应仔细检查漏花的各色图案版有无损伤。图案花纹的颜色须试配，使之深浅适度、协调柔和，并有立体感。漏花时，图案版必须找好垂直，第一遍色浆干透再上第二遍色浆，以防混色。多套色者依此类推，多套色的漏花版要对准，以保持各套颜色严密，不露底子。配料稠度适宜，过稀易流淌、污染墙面；过干则易堵喷嘴。

2．仿木纹涂饰施工

工艺流程：清理基层→弹水平线→涂刷清油→刮腻子→砂纸磨光→刮色腻子→砂纸磨光→涂饰调和漆→弹分格线→刷面层油→做木纹→用干刷轻扫→划分格线→涂饰清漆。

仿木纹亦称木丝，一般是仿硬质木材的木纹。在涂饰美术装饰工程中，常把人们最喜爱的几种硬质木材的花纹，如黄菠萝、水曲柳、榆木、核桃木等，通过艺术手法用油漆把它涂到室内墙面上，花纹如同镶木墙裙一样，在门窗上亦可用同样的方法涂仿木纹。仿木纹美术涂饰多用于宾馆和影剧院的走廊、休息厅，也有用在高级饭店及住宅工程上的。

3．涂饰鸡皮皱施工

鸡皮皱是一种高级油漆涂饰工程。在东北城市的高级建筑物室内装饰中广泛采用。它的皱纹美丽、疙瘩均匀，可做成各种颜色，具有隔声、协调光的特点(有光但不反射)，给人以舒适感。适用于公共建筑及民用建筑的室内装饰，如休息室、会客室、办公室和其他高级建筑物的抹灰墙面上，也有涂饰在顶棚上的。

施工要点：在涂饰好油漆的底层上涂上拍打鸡皮皱纹的油漆，其配合比十分重要，否则拍打不成鸡皮皱纹。目前常用的配合比(质量比)为清油：大白粉：双飞粉(麻斯面)：松节油=15：26：54：5。也可由试验确定。

涂饰面层的厚度约为 1.5～2.0mm，比一般涂饰的油漆要厚一些。涂饰鸡皮皱油漆和拍打鸡皮皱纹是同时进行的，应由两人操作，即前面一人涂饰，后面一人随着拍打。拍打的刷子应平行墙面，距离 20cm 左右，刷子一定要放平，一起一落，拍击成稠密而散布均匀的疙瘩，犹如鸡皮皱纹一样。

4．涂饰墙面拉毛施工

1) 腻子拉毛施工

在腻子干燥前，用毛刷拍拉腻子，即得到表面有平整感觉的花纹。

施工要点：

墙面底层要做到表面嵌补平整。

用血料腻子加石膏粉或滑石粉，亦可用熟桐油胶腻子，用钢皮或木刮尺满批。石膏粉或滑石粉的掺入量，应根据波纹大小由试验确定。

要严格控制腻子厚度，一般办公室、卧室等面积较小的房间，腻子的厚度不应超过5mm；公共场所及大型建筑的内墙墙面，因面积大，拉毛小了不能明显看出，腻子厚度要求为 20～30mm，这样拉出的花纹才大。腻子厚度应根据波纹大小，由试验来确定。

不等腻子干燥，立即用长方形的猪鬃毛刷拍拉腻子，使其头部有尖形的花纹。再用长刮尺把尖头轻轻刮平，即成表面有平整感觉的花纹。或等平面干燥后，再用砂纸轻轻磨去毛尖。批腻子和拍拉花纹时的接头要留成弯曲状，不得留得齐直，以免影响美观。

根据需要涂饰各种油漆或粉浆。由于拉毛腻子较厚，干燥后吸收力特别强，故在涂饰油漆、粉浆前必须刷清油或胶料水润滑。涂饰时应用新的排笔或油刷，以防流坠。

2) 石膏油拉毛施工

石膏油满批后，用毛刷紧跟着进行拍拉，即形成高低均匀的毛面，称为石膏油拉毛。

施工要点：

基层清扫干净后，应涂一遍底油，以增强其附着力和便于操作。

底油干后，用较硬的石膏油腻子将墙面洞眼、低凹处及门窗边与墙间的缝隙补嵌平整，腻子干后，用铲刀或钢皮刮去残余的腻子。

批石膏油，面积大可使用钢皮或橡皮刮板，也可以用塑料板或木刮板；面积小，可用铲刀批刮。满批要严格控制厚度，表面要均匀平整。剧院、娱乐场、体育馆等大型建筑的内墙一般要求大拉毛，石膏油应批厚些，其厚度为 15~25mm；办公室等较小房间的内墙，一般为小拉毛，石膏油的厚度应控制在 5 mm 以下。

石膏油批上后，随即用腰圆形长猪鬃刷子捣平、捣匀，使石膏油厚薄一致。紧跟着进行拍拉，即形成高低均匀的毛面。

如石膏油拉毛面要求涂刷各色油漆时，应先涂刷 1 遍清油，由于拉毛面涂刷困难，最好采用喷涂法，应将油漆适当调稀，以便操作。

石膏必须先过箩。石膏油如过稀，出现流淌时，可加入石膏粉调整。

8.5　涂饰工程质量验收

【学习目标】掌握涂饰工程的质量验收要求和检测方法。

8.5.1　水性涂料涂饰工程质量

1. 主控项目

(1) 水性涂料涂饰工程所用涂料的品种、型号和性能应符合设计要求。

检验方法：检查产品合格证书、性能检测报告和进场验收记录。

(2) 水性涂料涂饰工程的颜色、图案应符合设计要求。

检验方法：观察。

(3) 水性涂料涂饰工程应涂饰均匀、黏结牢固，不得漏涂、透底、起皮和掉粉。

检验方法：观察，手摸检查。

(4) 水性涂料涂饰工程的基层处理应符合以下要求。

① 新建筑物的混凝土或抹灰基层在涂饰涂料前应涂刷抗碱封闭底漆。

② 旧墙面在涂饰涂料前应清除疏松的旧装修层，并涂刷界面剂。

③ 混凝土或抹灰基层涂刷溶剂型涂料时，含水率不得大于 8%；涂刷乳液型涂料时，含水率不得大于 10%。木材基层的含水率不得大于 12%。

④ 基层腻子应平整、坚实、牢固，无粉化、起皮和裂缝。

⑤ 厨房、卫生间墙面必须使用耐水腻子。

检验方法：观察，手摸检查，检查施工记录。

2. 一般项目

薄涂料的涂饰质量和检验方法应符合表 8.2 中的规定。

表 8.2　薄涂料的涂饰质量和检验方法

项　次	项　目	普通涂饰	高级涂饰	检验方法
1	颜色	均匀一致	均匀一致	观察
2	泛碱、咬色	允许少量轻微	不允许	
3	流坠、疙瘩	允许少量轻微	不允许	
4	砂眼、刷纹	允许少量轻微砂眼，刷纹通顺	无砂眼，无刷纹	
5	装饰线、分色线直线度允许偏差/mm	2	1	拉 5m 线，不足 5m 拉通线，用钢直尺检查

8.5.2　溶剂性涂料涂饰工程质量

1. 主控项目

(1) 溶剂性涂料涂饰工程所选用涂料的品种、型号和性能应符合设计要求。

检验方法：检查产品合格证书、性能检测报告和进场验收记录。

(2) 溶剂性涂料涂饰工程的颜色、光泽、图案应符合设计要求。

检验方法：观察。

(3) 溶剂性涂料涂饰工程应涂饰均匀、黏结牢固，不得漏涂、透底、起皮和反锈。

检验方法：观察，手摸检查。

(4) 溶剂性涂料涂饰工程的基层处理应符合水溶性涂料涂饰工程基层的要求。

检验方法：观察，手摸检查，检查施工记录。

(5) 涂层与其他装修材料和设备衔接处应吻合，界面应清晰。

检验方法：观察。

2. 一般项目

清漆的涂饰质量和检验方法应符合表 8.3 中的规定。

表 8.3　清漆的涂饰质量和检验方法

项　次	项　目	普通涂饰	高级涂饰	检验方法
1	颜色	基本一致	均匀一致	观察
2	木纹	棕眼刮平、木纹清楚	棕眼刮平、木纹清楚	观察
3	光泽、光滑	光泽基本均匀光滑无挡手感	光泽均匀一致光滑	观察、手摸检查
4	刷纹	无刷纹	无刷纹	观察
5	裹楞、流坠、皱皮	明显处不允许	不允许	观察

8.5.3　金属面施涂混色油漆

1. 主控项目

(1) 所选用涂料和材料的品种、型号、性能应符合设计要求。

检验方法：检查产品合格证书、性能检测报告、有害物质含量检测报告和进场验收记录。

(2) 涂料做法及颜色、光泽、图案等饰涂效果应符合设计及选定的样板要求。

检验方法：观察。

(3) 涂饰应均匀、黏结牢固，不得有漏刷、透底、起皮、反锈和斑迹。

检验方法：观察，手摸检查。

(4) 基层处理的质量应符合设计规定。

检验方法：观察，手摸检查，检查施工记录。

2. 一般项目

(1) 涂层与其他装修材料和设备衔接处应吻合，界面应清晰。

检验方法：观察。

(2) 金属面涂刷混色油漆的涂饰质量和检验方法见表 8.4。

表 8.4　金属面涂刷混色油漆的涂饰质量和检验方法

项　目	普通油漆		高级油漆		检验方法
	国标、行标	企　标	国标、行标	企　标	
颜色	均匀一致	均匀一致	均匀一致	均匀一致	观察
光泽，光滑	光泽基本均匀、漆面无挡手感	光泽基本均匀、漆面无挡手感	光泽均匀一致、漆面光滑	光泽均匀一致、漆面光滑	观察、手摸
刷纹	刷纹通顺	刷纹通顺	无刷纹	无刷纹	观察、手摸
裹楞、流坠、皱皮	明显处不允许	明显处不允许	不允许	不允许	观察
装饰线、分色线直顺度允许偏差/mm	2	1	1	1	拉 5m 线，不足 5m 拉通线，用钢直尺检查

注：涂刷无光漆，不检查光泽。

8.5.4　美术涂饰工程质量验收

1. 主控项目

(1) 美术涂饰所用材料的品种、型号和性能应符合设计要求。

检验方法：观察；检查产品合格证书、性能检测报告和进场验收记录。

(2) 美术涂饰工程应涂饰均匀、黏结牢固，不得漏涂、透底、起皮、掉粉和反锈。

检验方法：观察，手摸检查。

(3) 美术涂饰工程的基层处理应符合本规范的要求。

检验方法：观察，手摸检查，检查施工记录。

(4) 美术涂饰的套色、花纹和图案应符合设计要求。

检验方法：观察。

2．一般项目

(1) 美术涂饰表面应洁净，不得有流坠现象。

检验方法：观察。

(2) 仿花纹涂饰的饰面应具有被模仿材料的纹理。

检验方法：观察。

(3) 套色涂饰的图案不得移位，纹理和轮廓应清晰。

检验方法：观察。

课 堂 实 训

实训内容

进行涂饰工程的装饰施工实训(指导教师选择一个真实的施工现场或学校实训工厂，带学生实地操作实训)，熟悉涂饰工程施工的基本知识，从技术交底、施工准备、材料制备、施工操作和质量验收方面进行全程模拟训练，熟悉涂饰工程施工操作要点和国家相应的规范要求。

实训目的

通过课堂学习结合课下实训使学生达到熟练掌握涂饰工程项目的技术交底、施工准备、材料制备、施工操作和质量验收整个运行过程的施工操作要点和国家相应的规范要求，提高学生进行涂饰工程技术管理的综合能力。

实训要点

(1) 通过涂饰工程施工项目实训，使学生加深对涂饰工程国家标准的理解，掌握涂饰工程施工过程和工艺要点，进一步加强对专业知识的理解。

(2) 分组制订计划与实施，培养学生团队协作的能力，并获取涂饰工程施工管理经验。

实训过程

1) 实训准备要求

(1) 做好实训前相关资料的查阅，熟悉与涂饰工程施工有关的规范要求。

(2) 准备实训所需的工具与材料。

2）实训要点

(1) 实训前做好技术交底。

(2) 制定实训计划。

(3) 分小组进行，小组内部分工合作。

3）实训操作步骤

(1) 按照施工图要求，确定涂饰工程施工要点，并进行相应技术交底。

(2) 利用涂饰工程加工设备统一进行隔墙工程施工。

(3) 在实训场地进行涂饰工程实操训练。

(4) 做好实训记录和相关技术资料整理。

(5) 养护一定时间后，进行小组互评和最终评定。

4）教师指导点评和疑难解答

5）实地观摩

6）总结

实训项目基本步骤

步 骤	教师行为	学生行为
1	交代工作任务背景，引出实训项目	(1) 分好小组
2	布置涂饰工程实训应做的准备工作	(2) 准备实训工具、材料和场地
3	使学生明确涂饰工程施工实训的步骤	
4	学生分组进行实训操作，教师巡回指导	完成涂饰工程实训全过程
5	结束指导点评实训成果	自我评价或小组评价
6	实训总结	小组总结并进行经验分享

实 训 小 结

项目： 指导老师：

项目技能	技能达标分项		备 注
涂饰工程施工	1. 交底完善	得 0.5 分	根据职业岗位所需，技能需求，学生可以补充完善达标项
	2. 准备工作完善	得 0.5 分	
	3. 操作过程准确	得 1.5 分	
	4. 工程质量合格	得 1.5 分	
	5. 分工合作合理	得 1 分	
自我评价	对照达标分项	得 3 分为达标	客观评价
	对照达标分项	得 4 分为良好	
	对照达标分项	得 5 分为优秀	

续表

项目技能	技能达标分项	备 注
评议	各小组间互相评价 取长补短，共同进步	提供优秀作品观摩学习

自我评价＿＿＿＿＿＿＿＿＿＿　　　　个人签名＿＿＿＿＿＿＿＿＿＿

小组评价　达标率＿＿＿＿＿＿＿　　　　组长签名＿＿＿＿＿＿＿＿

　　　　　良好率＿＿＿＿＿＿＿

　　　　　优秀率＿＿＿＿＿＿＿

　　　　　　　　　　　　　　　　　　　　　　年　　月　　日

习　题

一、案例题

工程背景：某高层教学楼装饰施工阶段，涂饰工程经检验存在以下问题。

1) 表面粗糙，有疙瘩

(1) 现象：表面有凸起或颗粒，不光洁。

(2) 原因：①基层表面污物未清除干净，凸起部分未处理平整；砂纸打磨不够或漏磨。②使用的工具未清理干净，有杂物混入材料中。③操作现场周围灰尘飞扬或有污物落在刚粉饰的表面上。④基层表面太干燥；施工环境温度较高。

(3) 防治措施：清除基层表面污物、流坠灰浆，接槎棱印要用铁铲或砂轮磨光。腻子疤等凸起部分用砂纸打磨平整。操作现场及使用材料、工具等应保持洁净，以防止污物混入腻子或胶粘剂中。表面粗糙的粉饰，要用细砂纸打磨光滑，或用铲刀铲扫平整，并上底油。

2) 透底、咬色

(1) 现象：浆膜未将基层覆盖严实而露出底色，特别在阴阳角或部分地方出现颜色改变。

(2) 原因：①基层表面太光滑或有油污等，浆膜难以覆盖严实而露出底色或个别处颜色改变。②基层表面或上道粉饰颜色较深，表面刷浅色浆时，覆盖不住，造成底色显露。③基层预埋铁件等物件未处理或未刷防锈剂及白厚涂料覆盖。

(3) 防治措施：清除基层油污。表面若太光滑，可先喷一遍清胶液；表面若颜色太深，可先涂刷一层浆液。若粉饰颜色较深，先用细砂纸打磨，再刮腻子刷底油。挖掉基层的裸露铁件，否则须刷防锈漆和白厚漆覆盖。对有透底或咬色弊病的粉饰，要进行局部修补，再喷 1～2 遍面浆覆盖。

二、思考题

1. 涂饰工程在施工中需要哪些环境条件？

2. 涂饰工程施工对基层处理有哪些一般要求？如何对基层进行清理、修补和复查？

3. 混凝土及抹灰内墙、外墙、顶棚涂饰工程施工的主要工序？

4. 涂料选择的原则和涂料颜色调配的方法是什么？

5. 简述油漆及其新型水性漆涂饰的施工工艺。

6. 简述建筑涂料喷涂、滚涂、刷涂的施工工艺。

7. 简述改性复合涂料的施工工艺。

8. 简述水包油多彩涂料、全水性多彩涂料多彩喷涂的施工工艺。

9. 简述天然岩石喷涂的施工工艺，在喷涂施工中应注意哪些事项？

10. 简述乳胶漆系列涂料(水性封墙底漆、丝绸乳胶漆、珠光乳胶漆等)的施工工艺。

项目 9 裱糊与软包工程

内容提要

本项目以裱糊与软包工程施工为对象，主要讲述裱糊与软包工程施工的材料选择、施工条件和准备、施工程序和工艺、工程质量标准和验收等过程，并在实训环节提供裱糊施工项目，作为本教学单元的实践训练项目，供学生训练和提高。

技能目标

● 通过对裱糊与软包工程施工工艺的学习，巩固已学的相关建筑装饰材料与构造的基本知识以及明确裱糊与软包工程施工的种类、特点、过程方法及有关规定。

● 通过对裱糊与软包工程施工项目的实训操作，锻炼学生对裱糊与软包工程施工操作和技术管理的能力。培养学生团队协作的精神，并使学生获取裱糊与软包工程施工管理经验。

● 重点掌握裱糊工程的施工方法步骤和质量要求。

本项目是为了全面训练学生对裱糊与软包工程施工操作与技术管理的能力，检查学生对裱糊与软包工程施工内容知识的理解和运用程度而设置的。

项目导入

裱糊饰面工程，又称"裱糊工程"，是指在室内平整光洁的墙面、顶棚面、柱体面和室内其他构件表面，用壁纸、墙布等材料裱糊的装饰工程。软包墙是现代室内墙面装修常用的做法，它具有吸声、保温、防儿童碰伤、质感舒适、美观大方等特点。特别适用于有吸声要求的会议厅、会议室、多功能厅、娱乐厅、消声室、住宅起居室、儿童卧室等处。

9.1 裱糊的基本知识

【学习目标】了解壁纸和墙布的种类，壁纸、墙布性能的国际通用标志，裱糊饰面工程施工的常用胶粘剂与机具。

裱糊饰面工程，简称"裱糊工程"，是指在室内平整光洁的墙面、顶棚面、柱体面和室内其他构件表面，用壁纸、墙布等材料裱糊的装饰工程。

壁纸有以下几个特点。

(1) 装饰效果好。

(2) 多功能性。

(3) 施工方便。

(4) 维护保养简便。

(5) 使用寿命较长。

9.1.1 壁纸和墙布的种类

壁纸和墙布包括纸面纸基壁纸、天然材料面墙纸、金属墙纸、无毒 PVC 壁纸、装饰墙布、无纺墙布、波音软片等。壁纸和墙布的品种、图案、颜色和规格等，要符合设计要求。

9.1.2 壁纸、墙布性能的国际通用标志

壁纸、墙布性能的国际通用标志如图 9.1 所示。

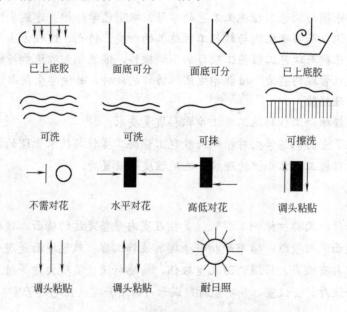

| 已上底胶 | 面底可分 | 面底可分 | 已上底胶 |

| 可洗 | 可洗 | 可抹 | 可擦洗 |

| 不需对花 | 水平对花 | 高低对花 | 调头粘贴 |

| 调头粘贴 | 调头粘贴 | 耐日照 |

图 9.1　壁纸、墙布性能的国际通用标志

9.1.3 裱糊饰面工程施工的常用胶粘剂与机具

1. 胶粘剂

(1) 801 胶。801 胶是由聚乙烯醇与甲醛在酸性介质中经缩聚反应，再经氨基化后而制得的。制备过程中含有未反应的甲醛。801 胶是 107 胶的改进型产品，其显著特点在于毒性小，使用比较安全。

(2) 聚醋酸乙烯胶粘剂(白乳胶)。黏结性能较好，适合裱贴比较单薄且有轻弱透底的壁纸，如玻璃纤维墙布。

(3) 粉末壁纸胶。初始黏结力好，粘贴壁纸不剥落、边角不翘起。

2.裱糊工程常用机具

1) 剪裁工具

(1) 剪刀。对于较重型的壁纸或纤维墙布，宜采用长刃剪刀。剪裁时先依直尺用剪刀背划出印痕，再沿印痕将壁纸或墙布剪断。

(2) 裁刀。裱糊材料较多采用活动裁纸刀，即普通多用刀。另外，裁刀还有轮刀，分为齿形轮刀和刃形轮刀两种。齿形轮刀能在壁纸上需要裁割的部位压出连串小孔，能够沿孔线将壁纸很容易地整齐扯开；刃形轮刀通过对壁纸的滚压而直接将其切断，适宜用于质地较脆的壁纸和墙布的裁割。

2) 刮涂工具

(1) 刮板。刮板主要用于刮抹基层腻子及刮压平整裱糊操作中的壁纸墙布，可用薄钢片、塑料板或防火胶板自制，要求有较好的弹性且不能有尖锐的刃角，以利于抹压操作，但不至于损伤壁纸墙布表面。

(2) 油灰铲刀。油灰铲刀主要用于修补基层表面的裂缝、孔洞及剥除旧裱糊面上的壁纸残留，如油漆涂料工程中的嵌批铲刀。

3) 刷具

用于涂刷裱糊胶粘剂的刷具，其刷毛可以是天然纤维或合成纤维，宽度一般为 15～20mm；此外，涂刷胶粘剂较适宜使用排笔。

4) 滚压工具

滚压工具主要是指辊筒，其在裱糊工艺中有三种作用：一是使用绒毛辊筒以滚涂胶粘剂、底胶或壁纸保护剂；二是采用橡胶辊筒以滚压铺平、粘实、贴牢壁纸墙布；三是使用小型橡胶轧辊或木制轧辊，通过滚压而迅速压平壁纸墙布的接缝和边缘部位，滚压时在胶粘剂干燥前作短距离快速滚压，特别适用于重型壁纸墙布的拼缝压平与贴严。

5) 其他工具及设备

其他工具及设备包括裁纸案台、钢卷尺、水平尺、普通剪刀、粉线包、软布、毛巾、排笔及板刷等。

9.2　裱糊饰面工程施工

【学习目标】通过对裱糊工程作业条件、基层处理、工作流程、工艺要点和质量要求的学习，掌握裱糊工程的施工工艺。

9.2.1　裱糊工程的作业条件

1.施工基层条件

根据国家标准《建筑装饰装修工程质量验收规范》(GB 50210—2001)及《住宅装饰装修工程施工规范》(GB 50327—2001)等的规定，在裱糊之前，基层处理质量应达到下列

要求。

(1) 新建筑物的混凝土或水泥砂浆抹灰层在刮腻子前，应先涂刷一道抗碱底漆。

(2) 旧基层在裱糊前，应清除疏松的旧装饰层，并涂刷界面剂，以利于黏结牢固。

(3) 混凝土或抹灰基层的含水率不得大于 8%，木材基层的含水率不得大于 12%。

(4) 基层的表面应坚实、平整，不得有粉化、起皮、裂缝和凸出物，色泽应基本一致。有防潮要求的基体和基层，应事先进行防潮处理。

(5) 基层批刮腻子应平整、坚实、牢固，无粉化、起皮和裂缝；腻子的黏结强度应符合《建筑室内用腻子》(JG/T 3049)中 N 型腻子的规定。

(6) 裱糊基层的表面平整度、立面垂直度及阴阳角方正，应符合《建筑装饰装修工程质量验收规范》(GB 50210—2001)中对于高级抹灰的要求。

(7) 裱糊前，应用封闭底胶涂刷基层。

2．施工环境条件

(1) 环境温度<5℃、湿度>85％及风雨天时均不得施工。

(2) 新抹水泥石灰膏砂浆基层常温龄期至少需 10d 以上(冬期需 20d 以上)，普通混凝土基层至少需 28d 以上，才可粘贴壁纸。

(3) 混凝土及抹灰基层的含水率>8％，木基层的含水率>12％时，不得进行粘贴壁纸的施工。

(4) 湿度较大的房间和经常潮湿的墙体表面使用壁纸及胶粘剂时，应采用防水性能优良者。

9.2.2　裱糊饰面工程施工

施工工艺流程：基层处理→基层弹线→壁纸与墙布处理→涂刷胶黏剂→裱糊。

1．基层处理

为达到上述规范规定的裱糊基层质量要求，在基层处理时还应注意以下几个方面。

(1) 清理基层上的灰尘、油污、疏松物和粘附物；安装于基层上的各种控制开关、插座、电气盒等凸出的设置，应先卸下扣盖等影响裱糊施工的部分。

(2) 根据基层的实际情况，对基层进行有效嵌补，采取腻子批刮并在每遍腻子干燥后均用砂纸磨平。

(3) 基层处理经工序检验合格后，即采用喷涂或刷涂的方法施涂封底涂料或底胶，作基层封闭处理一般不少于两遍。封底涂刷不宜过厚，并要均匀一致。

2．基层弹线

(1) 为了使裱糊饰面横平竖直、图案端正、装饰美观，每个墙面第一幅壁纸墙布都要挂垂线找直，作为裱糊施工的基准标志线，自第二幅开始，可先上端后下端对缝依次裱糊，以保证裱糊饰面分幅一致，并防止累积歪斜。

（2）对于图案形式鲜明的壁纸墙布，为保证做到整体墙面图案对称，应在窗口横向中心部位弹好中心线，由中心线再向两边弹分格线；如果窗口不在中间位置，为保证窗间墙的阳角处图案对称，可在窗间墙弹中心线，然后由此中心线向两侧分幅弹线。对于无窗口的墙面，可以选择一个距离窗口墙面较近的阴角，在距壁纸墙布幅宽 50mm 处弹垂线。

（3）对于壁纸墙布裱糊墙面的顶部边缘，如果墙面有挂镜线或天花阴角装饰线时，即以此类线脚的下缘水平线为准，作为裱糊饰面上部的收口；如无此类顶部收口装饰，则应弹出水平线以控制壁纸墙布饰面的水平度。

3．壁纸与墙布处理

1）裁割下料

根据设计要求按照图案花色进行预拼，然后裁纸，裁纸长度应比实际尺寸大 20～30mm。裁纸下刀前，要认真复核尺寸有无出入，尺子压紧壁纸后不得再移动，刀刃贴紧尺边，一气呵成，中间不得停顿或变换持刀角度，手劲要均匀。

2）浸水润纸

将要裱糊的壁纸事先湿润，传统称为闷水，是针对纸胎的塑料壁纸的施工工序。

对于玻璃纤维基材及无纺贴墙布类材料，遇水后无伸缩变形，所以不需要进行湿润；而复合纸质壁纸则严禁进行闷水处理。

（1）聚氯乙烯塑料壁纸遇水或胶液浸湿后即膨胀，大约需 5～10min 才能胀足，干燥后又自行收缩，掌握和利用这一特性是保证塑料壁纸裱糊质量的重要环节。

（2）对于金属壁纸，在裱糊前也需要进行适当的润纸处理，但闷水时间应当短些，即将其浸入水槽中 1～2min 取出，抖掉多余的水，再静置 5～8min，然后再进行裱糊操作。

（3）复合纸基壁纸的湿强度较差，严禁进行裱糊前的浸湿处理。为达到软化此类壁纸以利于裱糊的目的，可在壁纸背面均匀涂刷胶粘剂，然后将其胶面自然对折静置 5～8min，即可上墙裱糊。

（4）带背胶的壁纸，应在水槽中浸泡数分钟后取出，并由底部开始图案朝外卷成一卷，待静置 1min 后，便可进行裱糊。

（5）纺织纤维壁纸不能在水中浸泡，可先用洁净的湿布在其背面稍作擦拭，然后即可进行裱糊操作。

4．涂刷胶粘剂

壁纸墙布裱糊胶粘剂的涂刷，应当做到薄而均，不得漏刷；墙面阴角部位应增刷胶粘剂 1～2 遍。对于自带背胶的壁纸，则无需再涂刷胶粘剂。

（1）聚氯乙烯塑料壁纸用于墙面裱糊时，其背面可以不涂胶粘剂，只在被裱糊基层上施涂胶粘剂。当塑料壁纸裱糊于顶棚时，基层和壁纸背面均应涂刷胶粘剂。

（2）对于纺织纤维壁纸、化纤贴墙布等品种，为了增强其裱贴黏结能力，材料背面及装饰基层表面均应涂刷胶粘剂。复合纸基壁纸采用于纸背涂胶进行静置软化后，裱糊时其基层也应涂刷胶粘剂。

(3) 对于玻璃纤维墙布和无纺贴墙布，要求选用黏结强度较高的胶粘剂，只需将胶粘剂涂刷于裱贴面基层上，而不必同时在布的背面涂胶。

(4) 对于金属壁纸，由于其质脆而薄，在其纸背涂刷胶粘剂之前，应准备一卷未开封的发泡壁纸或一个长度大于金属壁纸宽度的圆筒，然后一边在已经浸水后阴干的金属壁纸背面刷胶，一边将刷过胶的部分向上卷在发泡壁纸卷或圆筒上。

(5) 锦缎涂刷胶粘剂时，由于材质过于柔软，传统的做法是先在其背面衬糊一层宣纸，使其略有挺韧平整，而后在基层上涂刷胶粘剂进行裱糊。

5．裱糊

裱糊的基本顺序：先垂直面，后水平面；先细部，后大面；先保证垂直，后对花拼缝；垂直面先上后下，先长墙面，后短墙面；水平面是先高后低。裱糊饰面的大面，尤其是装饰的显著部位，应尽可能采用整幅壁纸墙布，不足整幅者应裱贴在光线较暗或不明显处。与顶棚阴角线、挂镜线、门窗装饰包框等线脚或装饰构件交接处，均应衔接紧密，不得出现亏纸而留下残余缝隙。

(1) 根据分幅弹线和壁纸墙布的裱糊顺序编号，从距离窗口处较近的一个阴角部位开始，依次到另一个阴角收口，如此顺序裱糊，其优点是不会在接缝处出现阴影而方便操作。

(2) 无图案的壁纸墙布，接缝处可采用搭接法裱糊。

(3) 对于有图案的壁纸墙布，为确保图案的完整性及其整体的连续性，裱糊时可采用拼接法。先对花，后拼缝，从上至下图案吻合后，用刮板斜向刮平，将拼缝处赶压密实；拼缝处挤出的胶液，及时用洁净的湿毛巾或海绵擦除。

(4) 为了防止在使用时由于被碰、划而造成壁纸墙布开胶，裱糊时不可在阳角处甩缝，应包过阳角不小于 20mm。阴角处搭接时，应先裱糊压在里面的壁纸或墙布，再裱贴搭在上面者，一般搭接宽度为 20~30mm；搭接宽度不宜过大，否则其褶痕过宽会影响饰面美观。对重要装饰造型部位的阳角采用搭接时，应考虑采取其他包角、封口形式的配合装饰措施，由设计确定。

(5) 遇有基层卸不下的设备或附件，裱糊时可在壁纸墙布上剪口。方法是将壁纸或墙布轻糊于裱贴面凸出物件上，找到中心点，从中心点往外呈放射状剪裁(即所谓"星形剪切")，再使壁纸墙布舒平，用笔描出物件的外轮廓线，轻轻拉起多余的壁纸墙布，剪去不需要的部分，如此沿轮廓线套割贴严，不留缝隙。

(6) 顶棚裱糊时，宜沿房间的长度方向，先裱糊靠近主窗的部位。裱糊前先在顶棚与墙壁交接处弹一道粉线，基层涂胶后，将已刷好胶并保持折叠状态的壁纸墙布托起，展开其顶褶部分，边缘靠齐粉线，先敷平一段，然后沿粉线铺平其他部分，直至整幅贴牢。按此顺序完成顶棚裱糊，分幅赶平铺实、剪除多余部分并修齐各处边缘及衔接部位。

9.3 软包装饰工程施工

【学习目标】通过对软包工程作业条件、基层处理、工作流程、工艺要点和质量要求的学习，掌握软包工程的施工工艺。

9.3.1 软包工程施工的有关规定

根据国家标准《建筑装饰装修工程质量验收规范》(GB 50210—2001)及《住宅装饰装修工程施工规范》(GB 50327—2001)等的规定，用于墙面、门等部位的软包工程，应符合以下规定。

(1) 软包面料、内衬材料和边框的材质、颜色、图案等以及木材的含水率，均应符合设计要求及国家现行标准的有关规定。

(2) 软包墙面所用的填充材料、纺织面料和龙骨、木质基层等，均应进行防火处理。

(3) 软包工程的安装位置及构造做法，应符合设计要求。

(4) 基层墙面有防潮要求时，应均匀涂刷一层清油或满铺油纸(沥青纸)，不得采用沥青油毡作为防潮层。

(5) 木龙骨宜采用凹榫工艺进行预制，可整体或分片安装，与墙体连接紧密、牢固。

(6) 填充材料的制作尺寸应正确，棱角应方正，固定安装时应与木基层衬板黏结紧密。

(7) 织物面料裁剪时，应经纬顺直。安装时应紧贴基面，接缝应严密，无凹凸不平，花纹应吻合，无波纹起伏、翘边和褶皱，表面应清洁。

(8) 软包饰面与压线条、贴脸板、踢脚板、电气盒等交接处，应严密、顺直，无毛边。电气盒盖等开洞处，套割尺寸应准确。

(9) 单块软包面料不应有接缝，四周应绷压严密。

9.3.2 人造革软包饰面施工

1. 基层处理

软包饰面的基体应有足够的强度，要求其构造合理、基层牢固。对于建筑结构墙面或柱体表面，为防止结构内的潮气造成软包基面板、衬板的翘曲变形而影响使用质量，对于砌筑墙体应进行抹灰，对于混凝土和水泥砂浆基层应作防潮处理。

通常的做法是采用 1∶3 水泥砂浆分层抹灰至 20mm 厚，涂刷清油、封闭底漆或高性能防水涂料，或于龙骨安装前在基层满铺油纸。究竟采用何种防潮措施，由设计确定。

2. 构造做法

当在建筑基体表面进行软包时，其墙筋木龙骨一般采用 30mm×50mm～50mm×50mm

断面尺寸的木方条，钉子预埋防腐木砖或钻孔打入木楔上。木砖或木楔的位置，亦即龙骨排布的间距尺寸，可在 400～600mm 单向或双向布置范围调整，按设计图纸的要求进行分格安装，龙骨应牢固地钉装于木砖或木楔上。

3. 面层固定

皮革和人造革(或其他软包面料)软包饰面的固定式做法，可选择成卷铺装或分块固定等不同方式，如图 9.2 所示。此外，还有压条法、平铺泡钉压角法等其他做法，按设计选用。

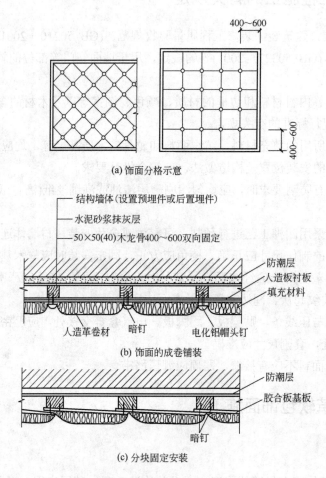

图 9.2　软包饰面做法示例

1) 成卷铺装法

由于人造革可以成卷供应，当较大面积的软包施工时，可采用成卷铺装法。要求人造革卷材的幅面宽度大于横向龙骨间距尺寸 60～80mm，并要保证基面胶合板的接缝必须固定于龙骨中线上。

2) 分块固定法

分块固定法是先将人造革与胶合板衬板按设计要求的分格、划块尺寸进行预裁，然后

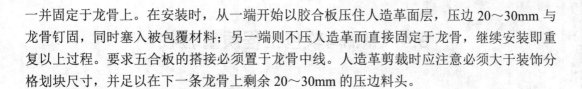

一并固定于龙骨上。在安装时，从一端开始以胶合板压住人造革面层，压边 20～30mm 与龙骨钉固，同时塞入被包覆材料；另一端则不压人造革而直接固定于龙骨，继续安装即重复以上过程。要求五合板的搭接必须置于龙骨中线。人造革剪裁时应注意必须大于装饰分格划块尺寸，并足以在下一条龙骨上剩余 20～30mm 的压边料头。

9.3.3 装饰布软包饰面施工

1. 装饰布的固定式软包

1) 平绒布软包饰面

作为棉织物中的高档产品，由于其表面被柔软厚实的平整绒毛所覆盖，故被称为平绒。平绒布的主要特点是绒毛丰满，绒面具有柔润、均匀的光泽、优良的弹性及高耐磨性。

2) 家具布软包饰面

室内墙面装饰工程实践证明，选用各种颜色图案和不同质感的家具布料做软包饰面，可以满足建筑室内一定的声学要求。其固定式软包做法与人造革和平绒布饰面相同，但其填充层的泡沫塑料、矿棉、海绵或玻璃棉等材料的铺设厚度，可根据设计或实际需要适当增大。

2. 装饰布的活动式软包

装饰布活动式软包施工比固定式软包复杂一些，主要包括基层处理、基面造型、框线设置、软包单体预制和单体嵌装。

1) 基层处理

按照设计要求对基层进行认真处理，并涂刷高性能防潮涂料。

2) 基面造型

根据设计图纸规定的尺寸进行实测实量、分格划块；或是按设计要求利用木龙骨、胶合板等进行护壁装修造型处理，按造型尺寸确定软包单体饰面的面积。

3) 框线设置

按设计图纸要求的方式固定带凹槽的装饰线脚，线脚的槽口尺寸和相互间的对应关系，应与软包单体的嵌入相适应。

4) 软包单体预制

按分格划块尺寸制作单体软包饰件，采用泡沫塑料、海绵块等规则的软包芯材，外面包上装饰布。表面装饰布的封口处理，必须保证在单体安装后不露其封口的接缝，以确保其美观。

5) 单体嵌装

将软包单体分块或分组嵌装于饰面框线之间，嵌装时要注意尺寸要吻合，表面应平整，各块之间要协调。

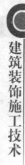

9.4 裱糊与软包工程质量验收

【学习目标】掌握裱糊与软包工程的质量验收要求和检测方法。

9.4.1 一般规定

(1) 软包工程包括带内衬软包及不带内衬软包两种。

(2) 裱糊与软包工程验收时应检查下列文件和记录。

① 裱糊与软包工程的施工图、设计说明及其他设计文件。

② 饰面材料的样板及确认文件。

③ 材料的产品合格证书、性能检测报告、进场验收记录和复验报告。

④ 施工记录。

(3) 各分项工程的检验批应按下列规定划分。

同一品种的裱糊或软包工程每 50 间(大面积房间和走廊按施工面积 $30m^2$ 为一间)应划分为一个检验批,不足 50 间也应划分为一个检验批。

(4) 检查数量应符合下列规定。

① 裱糊工程每个检验批应至少抽查 10%,并不得少于 3 间,不足 3 间时应全数检查。

② 软包工程每个检验批应至少抽查 20%,并不得少于 6 间,不足 6 间时应全数检查。

(5) 裱糊前,基层处理质量应达到下列要求。

① 新建筑物的混凝土或抹灰基层墙面在刮腻子前应涂刷抗碱封闭底漆。

② 旧墙面在裱糊前应清除疏松的旧装修层,并涂刷界面剂。

③ 混凝土或抹灰基层含水率不得大于 8%;木材基层的含水率不得大于 12%。

④ 基层腻子应平整、坚实、牢固,无粉化、起皮和裂缝;腻子的黏结强度应符合《建筑室内用腻子》(JG/T 3049—1998)N 型的规定。

⑤ 基层表面平整度、立面垂直度及阴阳角方正应达到高级抹灰的要求。

⑥ 基层表面颜色应一致。

⑦ 裱糊前应用封闭底胶涂刷基层。

基层的质量与裱糊工程的质量有非常密切的关系,故作出本条规定。

新建筑物的混凝土抹灰基层如不涂刷抗碱封闭底漆,基层泛碱会导致裱糊后的壁纸变色。

旧墙面疏松的旧装修层如不清除,将会导致裱糊后的壁纸起鼓或脱落。清除后的墙面仍需达到裱糊对基层的要求。

基层含水率过大时,水蒸气会导致壁纸表面起鼓。

腻子与基层黏结不牢固,或出现粉化、起皮和裂缝,均会导致壁纸接缝处开裂,甚至脱落,影响裱糊质量。

抹灰工程的表面平整度、立面垂直度及阴阳角方正等质量均对裱糊质量影响很大，如其质量达不到高级抹灰的质量要求，将会造成裱糊时对花困难，并出现离缝和搭接现象，影响整体装饰效果，故抹灰质量应达到高级抹灰的要求。

如基层颜色不一致，裱糊后会导致壁纸表面发花，出现色差，特别是对遮蔽性较差的壁纸，这种现象将更严重。

底胶能防止腻子粉化，并防止基层吸水，为粘贴壁纸提供一个适宜的表面，还可起到使壁纸在对花、校正位置时易于滑动的作用。

9.4.2　裱糊工程

裱糊工程包括聚氯乙烯塑料壁纸、复合纸质壁纸、墙布等裱糊工程。

1. 主控项目

(1) 壁纸、墙布的种类、规格、图案、颜色和燃烧性能等级必须符合设计要求及国家现行标准的有关规定。

检验方法：观察，检查产品合格证书、进场验收记录和性能检测报告。

(2) 裱糊工程基层处理质量应符合规范要求。

检验方法：观察，手摸检查，检查施工记录。

(3) 裱糊后各幅拼接应横平竖直，拼接处花纹、图案应吻合，不离缝，不搭接，不显拼缝。

检验方法：观察；拼缝检查，距离墙面 1.5m 处正视。

(4) 壁纸、墙布应粘贴牢固，不得有漏贴、补贴、脱层、空鼓和翘边。

检验方法：观察；手摸检查。

2. 一般项目

(1) 裱糊后的壁纸、墙布表面应平整，色泽一致，不得有波纹起伏、气泡、裂缝、皱褶及斑污，斜视时应无胶痕。

检验方法：观察，手摸检查。

裱糊时，胶液极易从拼缝中挤出，如不及时擦去，胶液干后壁纸表面会产生亮带，影响装饰效果。

(2) 复合压花壁纸的压痕及发泡壁纸的发泡层应无损坏。

检验方法：观察。

(3) 壁纸、墙布与各种装饰线、设备线盒应交接严密。

检验方法：观察。

(4) 壁纸、墙布边缘应平直整齐，不得有纸毛、飞刺。

检验方法：观察。

(5) 壁纸、墙布阴角处搭接应顺光，阳角处应无接缝。

检验方法：观察。

裱糊时，阴阳角均不能有对接缝，如有对接缝，极易开胶、破裂，且接缝明显，影响装饰效果。阳角处应包角压实，阴角处应顺光搭接，这样可使拼缝看起来不明显。

9.4.3 软包工程

软包工程包括墙面、门等。

1. 主控项目

(1) 软包面料、内衬材料及边框的材质、颜色、图案、燃烧性能等级和木材的含水率应符合设计要求及国家现行标准的有关规定。

木材含水率太高，在施工后的干燥过程中，会导致木材翘曲、开裂、变形，直接影响到工程质量。故应对其含水率进行进场验收。

检验方法：观察；检查产品合格证书、进场验收记录和性能检测报告。

(2) 软包工程的安装位置及构造做法应符合设计要求。

检验方法：观察，尺量检查，检查施工记录。

(3) 软包工程的龙骨、衬板、边框应安装牢固，无翘曲，拼缝应平直。

检验方法：观察，手扳检查。

(4) 单块软包面料不应有接缝，四周应绷压严密。

检验方法：观察，手摸检查。

如不绷压严密，经过一段时间，软包面料会因失去张力而出现下垂及皱褶；单块软包上面料的本色，其色泽和木纹如相差较大，均会影响到装饰效果，故制定此条要求。

2. 一般项目

(1) 软包工程表面应平整、洁净，无凹凸不平及皱褶；图案应清晰、无色差，整体应协调美观。

检验方法：观察。

(2) 软包边框应平整、顺直、接缝吻合。其表面涂饰质量应符合有关规范中的规定。

检验方法：观察，手摸检查。

(3) 清漆涂饰木制边框的颜色、木纹应协调一致。

检验方法：观察。

(4) 软包工程安装的允许偏差和检验方法应符合表9.1中的规定。

表 9.1 软包工程安装的允许偏差和检验方法

项 次	项 目	允许偏差/mm	检验方法
1	垂直度	3	用 1m 垂直检测尺检查
2	边框宽度、高度	0，-2	用钢尺检查
3	对角线长度差	3	用钢尺检查
4	裁口、线条接缝高低差	1	用钢直尺和塞尺检查

课 堂 实 训

实训内容

进行裱糊与软包工程的装饰施工实训(指导教师选择一个真实的施工现场或学校的实训工厂，带学生实地操作实训)，熟悉裱糊与软包工程施工的基本知识，从技术交底、施工准备、材料制备、施工操作和质量验收方面进行全程模拟训练，熟悉裱糊与软包工程施工操作要点和国家相应的规范要求。

实训目的

通过课堂学习结合课下实训使学生达到熟练掌握裱糊与软包工程项目的技术交底、施工准备、材料制备、施工操作和质量验收整个运行过程的施工操作要点和国家相应的规范要求，提高学生进行裱糊与软包工程技术管理的综合能力。

实训要点

(1) 通过裱糊与软包工程施工项目实训，使学生加深对裱糊与软包工程国家标准的理解，掌握裱糊与软包工程施工过程和工艺要点，进一步加强对专业知识的理解。

(2) 分组制订计划与实施，培养学生团队协作的能力，并获取裱糊与软包工程施工管理经验。

实训过程

1) 实训准备要求

(1) 做好实训前相关资料的查阅，熟悉裱糊与软包工程施工有关的规范要求。

(2) 准备实训所需的工具与材料。

2) 实训要点

(1) 实训前做好技术交底。

(2) 制定实训计划。

(3) 分小组进行，小组内部分工合作。

3) 实训操作步骤

(1) 按照施工图要求，确定裱糊与软包工程施工要点，并进行相应技术交底。

(2) 利用裱糊与软包工程加工设备统一进行隔墙工程施工。

(3) 实训场地进行裱糊与软包工程实操训练。

(4) 做好实训记录和相关技术资料整理。

(5) 养护一定时间后，进行小组互评和最终评定。

4) 教师指导点评和疑难解答

5) 实地观摩

6) 总结

实训项目基本步骤

步　骤	教师行为	学生行为
1	交代工作任务背景，引出实训项目	(1) 分好小组 (2) 准备实训工具、材料和场地
2	布置裱糊与软包工程实训应做的准备工作	
3	使学生明确裱糊与软包工程施工实训的步骤	
4	学生分组进行实训操作，教师巡回指导	完成裱糊与软包工程实训全过程
5	结束指导点评实训成果	自我评价或小组评价
6	实训总结	小组总结并进行经验分享

实　训　小　结

项目：　　　　　　　　　　　　　　　　　指导老师：

项目技能	技能达标分项	备　注
裱糊与软包工程施工	1. 交底完善　　　　　得 0.5 分 2. 准备工作完善　　　得 0.5 分 3. 操作过程准确　　　得 1.5 分 4. 工程质量合格　　　得 1.5 分 5. 分工合作合理　　　得 1 分	根据职业岗位所需，技能需求，学生可以补充完善达标项
自我评价	对照达标分项　　得 3 分为达标 对照达标分项　　得 4 分为良好 对照达标分项　　得 5 分为优秀	客观评价
评议	各小组间互相评价 取长补短，共同进步	提供优秀作品观摩学习

自我评价＿＿＿＿＿＿＿＿＿＿　　　　　　个人签名＿＿＿＿＿＿＿＿＿

小组评价　达标率＿＿＿＿＿＿＿　　　　　组长签名＿＿＿＿＿＿＿＿＿

　　　　　良好率＿＿＿＿＿＿＿

　　　　　优秀率＿＿＿＿＿＿＿

　　　　　　　　　　　　　　　　　　　　　　　　年　　　月　　　日

习　题

一、案例题

工程背景：某高层建筑装饰施工阶段，裱糊工程经检验存在以下问题。

1) 腻子裂纹

(1) 现象：刮抹在裱糊基层表面的腻子，部分或大面积出现小裂纹，特别是在凹陷坑洼处裂纹严重，甚至脱落。

(2) 原因：①腻子胶性小，稠度较大，失水快，使腻子面层出现裂缝。②凹陷坑洼处的灰尘、杂物未清理干净，黏结不牢。③凹陷孔洞较大时，刮抹的腻子有半眼、蒙头等缺陷，造成腻子不生根或一次刮抹腻子太厚，形成干缩裂纹。

(3) 防治措施：①腻子稠度适中，胶液应略多些。②对孔洞凹陷处应特别注意清除灰尘、浮土等，并涂一遍胶粘剂。当孔洞较大时，腻子胶性要略大些，并分层进行，反复刮抹平整、坚实。③对裂纹大且已脱离基层的腻子，要铲除干净，处理后重新刮一遍腻子，孔洞处的半眼、蒙头腻子须挖出，处理后再分层刮抹平整。

2) 腻子翻皮

(1) 现象：在刮抹基层表面腻子时，出现腻子翘起或呈鳞状皱褶的现象。

(2) 原因：①腻子过稠或胶性较小。②基层表面有灰尘、隔离剂及油污等。③基层表面太光滑或有冰霜。④在表面温度较高的情况下刮抹腻子。⑤基层过于干燥，腻子刮得过厚。

(3) 防治措施：①调制腻子时加适量胶液，稠度合适，不宜过稠或过稀。②清除基层表面灰尘、隔离剂、油污等，并涂刷一层胶粘剂(如乳胶等)，再刮腻子。③每遍腻子不宜过厚，不可在有冰霜、潮湿和高温的基层上刮腻子。④翻皮腻子应铲除干净，找出原因后，采取相应措施重新刮腻子。

二、思考题

1. 壁纸装饰材料主要有什么特点？目前有哪些新的品种？

2. 壁纸和墙布主要分为哪几类？各适用于什么场合？

3. 裱糊饰面工程施工的常用胶粘剂种类和施工机具有哪些？

4. 简述裱糊饰面工程施工的主要施工工艺。

5. 软包工程施工有哪些相关规定。

6. 简述人造革软包饰面施工的基本方法。

7. 简述装饰布软包饰面施工的基本方法。

项目 10 楼地面工程

内容提要

本项目以楼地面工程为对象，主要讲述整体楼地面、块料楼地面、塑料楼地面和木质楼地面以及地毯楼地面的材料选择、施工条件和准备、施工程序和工艺、工程质量标准和验收等过程，并在实训环节提供木地板施工项目，作为本教学单元的实践训练项目，以供学生训练和提高。

技能目标

- 通过对楼地面工程施工工艺的学习，巩固已学的相关建筑装饰材料与构造的基本知识以及明确楼地面工程施工的种类、特点、过程方法及有关规定。
- 通过对楼地面工程施工项目的实训操作，锻炼学生对楼地面工程施工操作和技术管理的能力，培养学生团队协作的精神，并使学生获取楼地面工程施工管理经验。
- 重点掌握板块楼地面工程、木质楼地面的施工方法步骤和质量要求。

本项目是为了全面训练学生对楼地面工程施工操作与技术管理的能力，检查学生对楼地面工程施工内容知识的理解和运用程度而设置的。

项目导入

楼地面装饰包括楼面装饰和地面装饰两部分，两者的主要区别是其饰面承托层不同。楼面装饰面层的承托层是架空的楼面结构层，地面装饰面层的承托层是室内回填土层。楼面饰面要注意防渗漏问题，地面饰面要注意防潮问题。按工程做法和面层材料的不同，楼地面可分为整体楼地面、块料楼地面、木(竹)铺装地面、卷材铺设地面以及涂料涂布地面等。

10.1 楼地面装饰工程概述

【学习目标】了解楼地面的功能、组成和分类，以及楼地面装饰的一般要求。

10.1.1 楼地面的功能

建筑物的楼地面所应满足的基本使用条件是具有必要的强度，耐磨、耐磕碰，表面平整光洁，便于清扫等。对于标准比较高的建筑，还必须考虑以下各方面的使用要求。

1) 隔声要求

这一使用要求包括隔绝空气声和隔绝撞击声两个方面。空气声的隔绝主要与楼地面的质量有关，对撞击声的隔绝效果较好的是弹性地面。

2) 吸音要求

这一要求对控制室内噪音具有积极意义。一般硬质楼地面的吸音效果较差，而各种软质地面做法有较大的吸音作用，例如化纤地毯的平均吸音系数达到 55%。

3) 保温性能要求

一般石材楼地面的热传导性较高，而木地板之类的热传导性较低，宜结合材料的导热性能和人的感受等综合因素加以考虑。

4) 弹性要求

弹性地面可以缓冲地面反力，让人感到舒适，一般装饰标准高的建筑多采用弹性地面。

10.1.2　楼地面的组成

楼地面按其构造由面层、垫层和基层等部分组成。

地面的基层多为土。楼面的基层为楼板，垫层施工前应作好板缝的灌浆、堵塞工作和板面的清理工作。基层施工应抄平弹线，统一标高。一般在室内四壁上弹离地面高 500mm 的标高线作为统一控制线。

垫层分为刚性垫层、半刚性垫层、柔性垫层以及砂石垫层。

刚性垫层是指水泥混凝土、碎砖混凝土、水泥矿渣混凝土和水泥灰炉渣混凝土等各种低强度等级混凝土。

刚性垫层厚度一般为 70~100mm，混凝土强度等级不宜低于 C10，粗骨料的粒径不应超过 50mm。

半刚性垫层一般有灰土垫层、碎砖三合土垫层和石灰炉渣垫层等。其中灰土垫层由熟石灰、黏土拌制而成，比例为 3∶7，铺设时，应分层铺设、分层夯实拍紧，并应在其晾干后，再进行面层施工；碎砖三合土垫层，采用石灰、碎砖和砂(可掺少量粘土)按比例配制而成，铺设时，应拍平夯实，硬化期间应避免受水浸湿；石灰炉渣层是用石灰、炉渣拌合而成，炉渣粒径不应大于 40mm，且不超过垫层厚的 1/2。粒径在 5mm 以下者，不得超过总体积的 40%，炉渣施工前应用水闷透，拌合时严格控制加水量，分层铺筑夯实平整。

柔性垫层包括用土、砂石、炉渣等散状材料经压实的垫层。砂垫层厚度不小于 60mm，适当浇水后用平板振动器振实。

砂石垫层厚度不小于 100mm，要求粗细颗粒混合摊铺均匀，浇水使砂石表面湿润，碾压或夯实不少于三遍至不松动为止。

各种不同的基层和垫层都必须具备一定的强度及表面平整度，以确保面层的施工质量。

10.1.3　楼地面面层的分类

楼地面按面层结构分为整体式地面(如灰土、菱苦土、水泥砂浆、混凝土、现浇水磨石、三合土等)、块材地面(如缸砖、釉面砖、陶瓷锦砖、拼花木板花砖、预制水磨石块、大理石板材、花岗石板材、硬质纤维板等)和涂布地面。

10.1.4 楼地面装饰的一般要求

(1) 楼面与地面各层所用的材料和制品，其种类、规格、配合比、强度等级、各层厚度、连接方式等，均应根据设计要求选用，并应当符合国家和行业等有关现行标准及地面、楼面施工验收规范的规定。

(2) 位于沟槽、暗管等上面的地面与楼面工程的装饰，应当在以上工程完工经检查合格后方可进行。

(3) 铺设各层地面与楼面工程时，其下面一层应在符合规范有关规定后，方可继续施工，并应作好隐蔽工程验收记录。

(4) 铺设的楼地面的各类面层，一般宜在其他室内装饰工程基本完工后进行。当铺设菱苦土、木地板、拼花木地板和涂料类面层时，其基层必须干燥后进行，应尽量避免在气候潮湿的情况下施工。

(5) 踢脚板宜在楼地面的面层基本完工、墙面最后一遍抹灰前完成。木质踢脚板，应在木地面与楼面刨(磨)光后进行安装。

(6) 当采用混凝土、水泥砂浆和水磨石面层时，同一房间要均匀分格或按设计要求进行分缝。

(7) 在钢筋混凝土板上铺设有坡度的地面与楼面时，应用垫层或找平层找坡。

(8) 铺设沥青混凝土面层及用沥青玛蹄脂作结合层铺设块料面层时，应将下一层表面清扫干净，并涂刷同类冷底子油。结合层、块料面层填缝和防水层，应采用同类沥青、纤维和填充材料配制。纤维、填充料一般采用 6 级石棉和锯木屑。

(9) 凡用水泥砂浆作为结合层铺砌的地面，均应在常温下养护，一般不得少于 10d。菱苦土面层的抗压强度达到不少于设计强度的 70%，水泥砂浆和混凝土面层强度达到不低于 5.0MPa。

当板块面层的水泥砂浆结合层的强度达到 1.2MPa 时，方可在其上面行走或进行其他轻微动作的作业。达到设计强度后，才可投入使用。

(10) 用胶粘剂粘贴各种地板时，室内的施工温度不得低于 10℃。

10.2 整体楼地面施工

【学习目标】通过对整体楼地面作业条件、基层处理、工作流程、工艺要点和质量要求的学习，掌握整体楼地面的施工工艺。

10.2.1 水泥砂浆地面施工

水泥砂浆地面面层是以水泥作胶凝材料、砂作骨料，按配合比配制抹压而成。其构造做法如图 10.1 所示。水泥砂浆地面的优点是造价较低、施工简便、使用耐久，但容易出现起灰、起砂、裂缝、空鼓等质量问题。

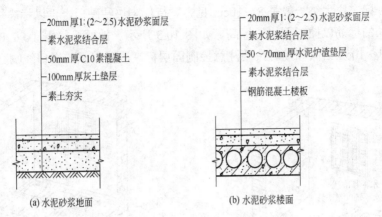

图 10.1　水泥砂浆(楼)地面组成

1．对组成材料的要求

1) 胶凝材料

水泥砂浆(楼)地面所用的胶凝材料为水泥，应优先选择硅酸盐水泥、普通硅酸盐水泥，其强度等级一般不得低于 32.5MPa。如果采用矿渣硅酸盐水泥，其强度等级应大于 32.5MPa，在施工中要严格按施工工艺操作，并且要加强养护，这样才能保证工程质量。

2) 细骨料

水泥砂浆面层所用的细骨料为砂，一般多采用中砂和粗砂，其含泥量不得大于 3%(质量分数)。因为细砂的级配不好，所以其拌制的砂浆强度比中砂、粗砂拌制的强度约低 25%～35%，其不仅耐磨性较差，而且干缩性较大，容易产生收缩裂缝等质量问题。

2．水泥砂浆地面的施工工艺

水泥砂浆地面的施工比较简单，其施工工艺流程为：基层处理→弹线、找规矩→水泥砂浆抹面→养护。

1) 基层处理

水泥砂浆面层多铺抹在楼地面混凝土垫层上，基层处理是防止水泥砂浆面层空鼓、裂纹、起砂等质量通病的关键工序。

表面比较光滑的基层，应进行凿毛，并用清水冲洗干净，冲洗后的基层，最好不要上人。在现浇混凝土或水泥砂浆垫层、找平层上做水泥砂浆地面面层时，其抗压强度达到 1.2MPa，才能铺设面层，这样不致破坏其内部结构。

2) 找规矩

(1) 弹基准线。地面抹灰前，应先在四周墙上弹出一道水平基准线，作为确定水泥砂浆面层标高的依据。做法是以地面±0.00 为依据，根据实际情况在四周墙上弹出 0.5m 或 1.0m 作为水平基准线。据水平基准线量出地面标高并弹于墙上(水平辅助基准线)，作为地面面层上皮的水平基准，如图 10.2 所示。要注意按设计要求的水泥砂浆面层厚度弹线。

(2) 做标筋。根据水平辅助基准线，从墙角处开始沿墙每隔 1.5～2.0m 用 1∶2 水泥砂浆抹标志块；标志块大小一般是 8～10cm 见方。待标志块结硬后，再以标志块的高度做出纵横方向通长的标筋以控制面层的标高，如图 10.3 所示。地面标筋用 1∶2 的水泥砂浆，宽度一般为 8～10cm。做标筋时，要注意控制面层标高应与门框的锯口线吻合。

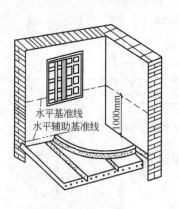

图 10.2 弹基准线

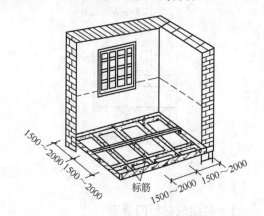

图 10.3 做标筋

(3) 找坡度。对于厨房、浴室、厕所等房间的地面，要找好排水坡度。有地漏的房间，要在地漏四周做出不小于 5% 的泛水，以避免地面"倒流水"或产生积水。抄平时要注意各室内地面与走廊高度的关系。

(4) 校核找正。地面铺设前，还要将门框再一次校核找正。其方法是先将门框锯口线抄平找正，并注意当地面面层铺设后，门扇与地面的间隙应符合规定要求，然后将门框固定，防止其松动、位移。

3) 水泥砂浆罩面

面层水泥砂浆的配合比应符合设计有关要求，一般不低于 1∶2，水灰比为 1∶0.3～0.4，其稠度不大于 3.5cm。水泥砂浆要求拌合均匀，颜色一致。

铺抹前，先将基层浇水湿润，第二天先刷一道水灰比为 0.4～0.5 的水泥素浆结合层，随即进行面层铺抹。如果水泥素浆结合层过早涂刷，则起不到与基层和面层两者粘结的作用，反而易造成地面空鼓，所以，一定要随刷随抹。

4) 养护与保护

面层抹压完毕后，在常温下铺盖草垫或锯木屑进行洒水养护，使其在湿润的状态下进行硬化。

养护洒水要适时，如果洒水过早容易起皮，过晚则易产生裂纹或起砂。一般夏天在 24h 后进行养护，春秋季节应在 48h 后进行养护。

当采用硅酸盐水泥和普通硅酸盐水泥时，养护时间不得少于 7d；当采用矿渣硅酸盐水泥时，养护时间不得少于 14d。面层强度达到 5MPa 以上后，才允许人在地面上行走或进行其他作业。

10.2.2   现浇水磨石地面施工

现浇水磨石地面具有坚固耐用、表面光亮、外形美观、色彩鲜艳等优点。它是在水泥砂浆垫层已完成的基层上，根据设计要求弹线分格，镶贴分格条，然后抹水泥石子浆，待水泥石子浆硬化后研磨露出石渣，并经补浆、细磨、打蜡而制成。现浇水磨石的构造做法如图 10.4 所示。

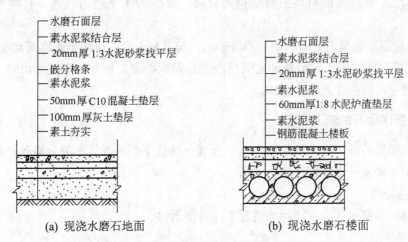

左图标注（自上而下）：
水磨石面层
素水泥浆结合层
20mm厚 1:3水泥砂浆找平层
嵌分格条
素水泥浆
50mm厚 C10混凝土垫层
100mm厚灰土垫层
素土夯实

右图标注（自上而下）：
水磨石面层
素水泥浆结合层
20mm厚 1:3水泥砂浆找平层
素水泥浆
60mm厚1:8水泥炉渣垫层
素水泥浆
钢筋混凝土楼板

(a) 现浇水磨石地面   (b) 现浇水磨石楼面

图 10.4   现浇水磨石的构造

1．对组成材料的要求

1) 胶凝材料

现浇水磨石地面所用的水泥与水泥砂浆地面不同，白色或浅色的水磨石面层，应采用白色硅酸盐水泥；深色的水磨石地面，应采用硅酸盐水泥和普通硅酸盐水泥。

无论白色水泥还是深色水泥，其强度均不得低于 32.5MPa。对于未超期而受潮的水泥，当用手捏无硬粒、色泽比较新鲜时，可考虑降低强度 5%使用；肉眼观察存有小球粒，但仍可散成粉末者，可考虑降低强度 15%左右使用；对于已有部分结成硬块者则不能再使用。

2) 石粒材料

水磨石石粒应采用质地坚硬、比较耐磨、洁净的大理石、白云石、方解石、花岗石、玄武岩、辉绿岩等，要求石粒中不得含有风化颗粒和草屑、泥块、砂粒等杂质。石粒的最大粒径以比水磨石面层厚度小 1~2mm 为宜。

工程实践证明：普通水磨石地面宜采用 4~12mm 的石粒，而粒径石子彩色水磨石地面宜采用 3~7mm、10~15mm、20~40mm 三种规格的组合。现浇彩色水磨石参考配合比符合设计要求。

3) 颜料材料

颜料在水磨石面层中虽然用量很少，但对于面层质量和装饰效果，却起着非常重要的作用。用于水磨石的颜料，一般应采用耐碱、耐光、耐潮湿的矿物颜料。要求呈粉末状，不得有结块，掺入量根据设计要求并做样板确定，一般不大于水泥质量的 12%，并以不降低水泥的强度为宜。

4) 分格条

分格条也称嵌条，为达到理想的装饰效果，通常主要选用黄铜条、铝条和玻璃条三种，另外也有不锈钢、硬质聚氯乙烯制品。

5) 其他材料

(1) 草酸。它是水磨石地面面层抛光材料。草酸为无色透明晶体，有块状和粉末状两种。

(2) 氧化铝。它呈白色粉末状，不溶于水，与草酸混合，可用于水磨石地面面层抛光。

(3) 地板蜡。它用于水磨石地面面层磨光后做保护层。地板蜡有成品出售，也可根据需要自配蜡液，但应注意防火工作。

2. 现浇水磨石的施工工艺

水磨石面层的施工工艺流程为：基层处理→抹找平层→弹线、嵌分格条→铺抹面层石粒浆→养护→磨光→涂草酸→抛光上蜡。

1) 基层处理

将混凝土基层上的浮灰、污物清理干净并浇水湿润。

2) 抹找平层

在进行抹底灰前，地漏或安装管道处要做临时堵塞。先刷素水泥浆一遍，随即做灰饼、标筋，养护好后抹底、中层灰，用木抹子搓实、压平，至少两遍，找平层 24h 后洒水养护。

3) 弹线嵌条

先在找平层上按设计要求弹上纵横垂直水平线或图案分格墨线，然后按墨线固定铜条或玻璃嵌条，并埋牢，作为铺设面层的标志。图 10.5 中显示的是一种错误的粘嵌方法，它使面层水泥石粒浆的石粒不能靠近分格条，磨光后将会出现一条明显的纯水泥斑带，俗称"秃斑"，影响装饰效果。

分格条正确的粘嵌方法是粘嵌高度略大于分格条高度的 1/2，水泥浆斜面与地面夹角以 30℃为准，如图 10.6 所示。这样，在铺设面层水泥石粒浆时，石粒就能靠近分格条，磨光后分格条两边石粒密集，显露均匀、清晰，装饰效果好。

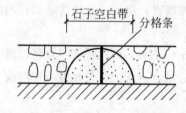

图 10.5 分格条错误粘嵌法

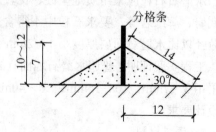

图 10.6 分格条正确粘嵌法

分格条交接处粘嵌水泥浆时，应各留出 2~3cm 的空隙，如图 10.7 所示。如不留空隙，则在铺设水泥石粒浆时，石粒就不可能靠近交叉处，如图 10.8 所示。磨光后，亦会出现没有石粒的纯水泥斑，影响美观。正确的做法，应按图 10.7 所示粘嵌，即在十字交叉的周围，留出 20～30mm 的空隙，以确保铺设水泥石粒浆饱满，磨光后外形美观。

分格条间距按设计设置，一般不超过 1m，否则砂浆收缩会产生到裂缝。故通常间距以 90cm 左右为标准。分格条粘嵌好后，经 24h 后可洒水养护，一般养护 3～5h。

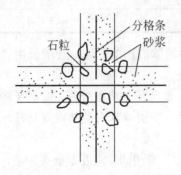

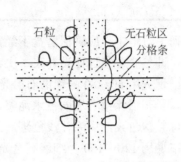

图 10.7　分格条交叉处正确粘嵌法　　　　图 10.8　分格条交叉处错误粘嵌法

4）铺设面层

分格条粘嵌养护后，清除积水浮砂，刷素水泥浆一道，随刷随铺设面层水泥石粒浆。水泥石粒浆调配时，应先按配合比将水泥和颜料干拌均匀，过筛后装袋备用。铺设前，再将石料加入彩色水泥粉中，石粒和水泥干拌 2～3 遍，然后加水湿拌。

一般情况下，水泥石粒浆的稠度为 60cm 左右，施工配合比为 1∶1.5～2.0。同时，在按施工配合比备好的材料中取出 1/5 的石粒，以备撒用，然后将拌合均匀的石粒浆按分格顺序进行铺设，其厚度应高于分格条 1～2mm，以防在滚压时，压弯铜条或压碎玻璃条。

水磨石面层另一种铺设方法是干撒滚压施工法。

其具体做法是：当分格条经养护镶嵌牢固后，刷素水泥浆一道，随即用 1∶3 水泥砂浆进行二次找平，上部留出 8～10mm，待二次找平砂浆达终凝后，开始抹彩色水泥浆(水灰比为 0.45)，厚度为 4mm。坐浆后将彩色石粒均匀地撒在坐浆上，用软刮尺刮平，接着用滚筒纵横反复滚压，直至石粒被压平、压实为止，且要求底浆返上 60%～80%，再往上浇一遍彩色水泥浆(水灰比为 0.65)，浇时用水壶往滚筒上浇，边浇边压，直至上下层彩色水泥浆结合为止，最后用铁抹子压一遍，于次日洒水养护。

这种方法的主要优点是：面层石粒密集、美观，特别对于掺有彩色石粒的美术水磨石地面，不仅能清楚地观察彩色石粒的分布是否均匀，而且能节约彩色石粒，降低工程成本。

5）面层磨光

面层磨光是水磨石地面质量好坏最重要的环节，必须加以足够的重视。开磨的时间应以石粒不松动为准。大面积施工宜采用磨石机，小面积、边角处的水磨石，可使用小型湿式磨光机，当工程量不大或无法使用机械时，可采用手工研磨。大面积在正式开磨前应试磨，试磨成功才能大面积研磨，一般开磨的时间见表 10.1。

表 10.1　现浇水磨石地面的开磨时间

平均气温(℃)	开磨时间(d)	
	机　磨	人 工 磨
20～30	3～4	1～2
10～20	4～5	1.5～2.5
5～10	6～7	2～3

在研磨过程中，应确保磨盘下经常有水，并及时清除磨出的石浆。一般采用"二浆三磨"法，即整个磨光过程为补浆二次、磨光三遍。

第一遍先用 60～80 号粗磨石磨光，要磨匀磨平，使全部分格条外露，磨后要将泥浆冲洗干净，稍干后涂擦一道同色水泥浆，用以填补砂眼，个别掉落石粒部位要补好，不同颜色应先涂补深色浆，后涂补浅色浆，并养护 4～7d。

第二遍用 120～180 号细磨石磨光，操作方法与第一遍相同，主要是磨去凹痕，磨光后再补上一道色浆。

第三遍用 180～240 号油磨石磨光，磨至表面石粒均匀显露、平整光滑、无砂眼细孔为止，然后用清水冲洗、晾干。

6) 抛光上蜡

在抛光上蜡之前，涂草酸溶液(热水∶草酸=1∶0.35，溶化冷却后使用)一遍，然后用280～320 号油石研磨出白浆、表面光滑为止，再用水冲洗干净并晾干。也可以将地面冲洗干净，浇上草酸溶液，用布包在磨石机上研磨，磨至表面光滑，再用水冲洗干净并晾干。

上述工序完成后，可进行上蜡工序，其具体方法是：在水磨石面层上薄薄涂一层蜡，稍干后用磨光机进行研磨；或用钉有细帆布(或麻布)的木块代替油石，装在磨石机上研磨出光亮后，再上蜡研磨一遍，直至表面光滑洁亮，然后铺上锯末进行养护。

10.3　块料地面铺贴施工

【学习目标】通过对块料楼地面作业条件、基层处理、工作流程、工艺要点和质量要求的学习，掌握块料楼地面的施工工艺。

10.3.1　块料材料的种类与要求

1) 陶瓷锦砖与地砖

陶瓷锦砖与地砖均为高温烧制而成的小型块材，表面致密、耐磨、不易变色，其规格、颜色、拼花图案、面积大小和技术要求均应符合国家有关标准，也应符合设计规定。

2) 大理石与花岗石板材

大理石与花岗石板材是比较高档的装饰材料，其品种、规格、外形尺寸、平整度、外观及放射性物质应符合设计要求。

3) 混凝土块或水泥砖

混凝土块或水泥砖是采用混凝土压制而制成的一种普通的地面材料，其颜色、尺寸和表面形状应根据设计要求而确定，其成品要求边角方正，无裂纹、掉角等缺陷。

4) 预制水磨石平板

预制水磨石平板是用水泥、石粒、颜料、砂等材料，经过选配制坯、养护、磨光、打蜡而制成，其色泽丰富、品种多样、价格较低，其成品质量标准及外观要求应符合设计规定。

10.3.2 陶瓷地砖楼地面铺贴施工

1. 施工准备工作

1) 基层处理

在瓷砖与地砖正式铺贴施工前，应将基层表面上的砂浆、油污、垃圾等清除干净，对表面比较光滑的楼面应进行凿毛处理，以便使砂浆与楼面牢固黏结。

2) 材料准备

主要是检查材料的规格尺寸、缺陷和颜色。对于尺寸偏差过大，表面残缺的材料应予以剔除，对于表面色泽对比过大的材料则不能混用。

2. 铺贴施工工艺

1) 瓷砖及墙地砖浸水

为避免瓷砖及墙地砖从水泥砂浆中过快吸水而影响黏结强度，在铺贴前应在清水中充分浸泡，一般为 2~3h，然后晾干备用。

2) 铺抹结合层的砂浆

基层处理完毕后，在铺抹结合层水泥砂浆前，应提前 1d 进行浇水湿润，然后再做结合层，一般做法是摊铺一层厚度不大于 10mm 的 1：3.5 水泥砂浆。

3) 对砖进行弹线定位

根据设计要求的地面标高线和平面位置线，在墙面标高点上拉出地面标高线及垂直交叉定位线。

4) 设置标准高度面

根据墙面标高线以及垂直交叉定位线，在定位线的位置上铺贴瓷砖或地砖。铺贴时用 1：2 水泥砂浆摊抹在瓷砖、地砖的背面，再将瓷砖、地砖铺贴在地面上，用橡皮锤轻轻敲实，并且标高与地面标高线吻合。

一般每贴 8 块砖用水平尺检校一次，如发现质量问题应及时纠正。铺贴的程序对于小房间来说，一般做成 T 字型标准高度面，对于较大面积的房间，通常按房间中心做十字型标准高度面，以便扩大施工面，使多人同时施工，如图 10.9 所示。有地漏和排水孔的部位，应做放射状标筋，其坡度一般为 0.5%~1.0%。

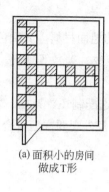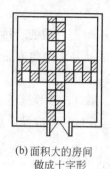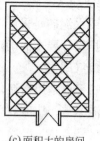

| (a) 面积小的房间 | (b) 面积大的房间 | (c) 面积大的房间 |
| 做成T形 | 做成十字形 | 做成十字形 |

图 10.9　标准高度面的做法

10.3.3　陶瓷锦砖地面铺贴施工

1. 施工准备工作

1) 基层处理

陶瓷锦砖地面基层处理与瓷砖、地砖地面相同。2) 材料准备

对所用陶瓷锦砖进行检查，校对其规格、颜色，对掉块的锦砖用胶水补贴，将选用的锦砖按房间部位分别存放，铺贴前在背面刷水湿润。

3) 铺抹水泥砂浆找平层

陶瓷锦砖地面铺抹水泥砂浆找平层，是对不平基层处理的关键工序，一般先在干净湿润的基层上刷上一层水灰比为 1∶0.5 的素水泥砂浆(不得采用干撒水泥洒水扫浆的办法)。然后及时铺抹 1∶3 的干硬性水泥砂浆，大杠刮平，木抹子搓毛。找平层厚度根据设计地面标高确定，一般为 25～30mm。有泛水要求的房间应事先找出泛水坡度。

4) 弹线分格

陶瓷锦砖地面找平层砂浆养护 2～3d 后，根据设计要求和陶瓷锦砖规格尺寸，在找平层上用墨线弹线。

2. 陶瓷锦砖铺贴

1) 陶瓷锦砖楼地面的构造做法如图 10.10 所示

2) 铺贴施工

(1) 铺贴前首先湿润找平层砂浆，刮一遍水泥浆，随即抹 3～4mm 厚 1∶1.5 的水泥砂浆，随刮随抹随铺陶瓷锦砖。

(2) 按弹线对位后铺上，用木拍板拍实，使锦砖黏结牢固并且与其他锦砖平齐。

(3) 揭纸拨缝。铺砖铺完后 20～30min，即可用水喷湿面纸，面纸湿透后，手扯纸边把面纸揭去，不可提拉以防锦砖松脱。洒水应适量，过多则易使锦砖浮起，过少则不易揭起。揭纸后，用开刀将缝隙调匀，不平部分再行揸平拍实，用 1∶1 水泥细砂灌缝，适当淋水后，再次调缝拍实。

(4) 擦缝。用白水泥素浆嵌缝擦实，同时将表面灰痕用锯末或棉纱擦干净。

(5) 养护。陶瓷锦砖地面铺贴 24h 后，铺锯木屑等养护，3～4d 后方准上人。

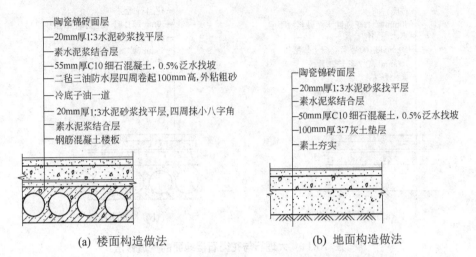

(a) 楼面构造做法　　　　　　　　(b) 地面构造做法

图 10.10　陶瓷锦砖楼地面的构造做法

10.3.4　天然大理石与花岗石地面铺贴

1. 施工准备工作

1) 基层处理

板块地面铺贴之前，应先挂线检查楼地面垫层的平整度，然后，清扫基层并用水冲刷干净。如果是光滑的钢筋混凝土楼面，应凿毛，凿毛深度一般为 5～10mm，间距为 30mm 左右。基层表面应提前 1d 浇水湿润。

2) 找规矩

根据设计要求，确定平面标高位置。对于结合层的厚度，水泥砂浆结合层应控制在 10～15mm，沥青玛蹄脂结合层应控制在 2～5mm。平面标高确定之后，在相应的立面墙上弹线。

3) 初步试拼

根据标准线确定铺贴顺序和标准块的位置。在选定的位置上，按图案、色泽和纹理进行试拼。试拼后按两边方向编号排列，然后按编号码放整齐。

4) 铺前试排

在房间的两个垂直方向，按标准线铺两条干砂，其宽度大于板块。根据设计图要求把板块排好，以便检查板块之间的缝隙。平板之间的缝隙如果无设计规定时，大理石与花岗石板材一般不大于 1mm。根据试排结果，在房间主要部位弹上互相垂直的控制线，并引到墙面的底部，用以检查和控制板块的位置。

2．铺贴施工工艺

大理石与花岗石板材楼地面的铺贴，其构造做法基本相同，如图 10.11 所示。

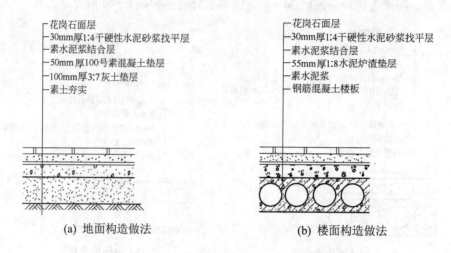

花岗石面层
30mm厚1:4干硬性水泥砂浆找平层
素水泥浆结合层
50mm厚100号素混凝土垫层
100mm厚3:7灰土垫层
素土夯实

花岗石面层
30mm厚1:4干硬性水泥砂浆找平层
素水泥浆结合层
55mm厚1:8水泥炉渣垫层
素水泥浆
钢筋混凝土楼板

(a) 地面构造做法　　　　　　　(b) 楼面构造做法

图 10.11　大理石与花岗石楼地面的构造做法

1) 板块浸水预湿

为保证板块的铺贴质量，板块在铺贴之前应先浸水湿润，晾干后擦去背面的浮灰方可使用。这样可以保证面层与板材黏结牢固，防止出现空鼓和起壳等质量通病，影响工程的正常使用。

2) 铺砂浆结合层

结合层一般应采用干硬性水泥砂浆，干硬性水泥砂浆的配合比常采用 1∶1～1∶3(体积比)，水泥的强度等级不低于 32.5MPa。铺抹时砂浆的稠度以 2～4cm 为宜，或以手捏成团颠后即散为度。

摊铺水泥砂浆结合层前，还应在基层上刷一遍水灰比为 0.4～0.5 的水泥浆，随刷随摊铺水泥砂浆结合层。待板块试铺合格后，还应在干硬性水泥砂浆上再浇一薄层水泥浆，以保证上下层之间结合牢固。

3) 进行正式铺贴

石材楼地面的铺贴，一般由房间中部向两侧退步进行。凡有柱子的大厅宜先铺柱子与柱子的中间部分，然后向两边展开。

砂浆铺设后，将板块安放在铺设位置上，对好纵横缝，用橡皮锤轻轻敲击板块，使砂浆振实振平，待到达铺贴标高后，将板块移至一旁，再认真检查砂浆结合层是否平整、密实，如有不实之处应及时补抹，最后浇上很薄的一层水灰比为 0.4～0.5 的水泥浆，正式将板块铺贴上去，再用橡皮锤轻轻敲至平整。

4) 对缝及镶条

在板块安放时，要将板块四角同时平稳下落，对缝轻敲振实后用水平尺进行找平。对缝要根据拉出的对缝控制线进行，注意板块尺寸偏差必须控制在 1mm 以内，否则后面的对缝工作会越来越难。在锤击板块时，不要敲击边角，也不要敲击已铺贴完毕的板块，以免产生空鼓质量问题。

对于要求镶嵌铜条的地面，板块的尺寸要求更准确。在镶嵌铜条前，先将相邻的两块板铺贴平整，其拼接间隙略小于镶条的厚度，然后向缝隙内灌抹水泥砂浆，灌满后将其表面抹平，而后将镶条嵌入，使外露部分略高于板面(手摸水平面稍有凸出感为宜)。

5) 水泥浆灌缝

对于不设置镶条的大理石与花岗石地面，应在铺贴完毕 24h 后洒水养护，一般 2d 后无板块裂缝及空鼓现象，方可进行灌缝。

素水泥灌缝应为板缝的 2/3 高度，溢出的水泥浆应在凝结之前清除干净，再用与板面颜色相同的水泥浆擦缝，待缝内水泥浆凝结后，将面层清理干净，并对铺贴好的地面采取保护措施，一般在 3d 内禁止上人及进行其他工序操作。

10.3.5　碎拼大理石地面铺贴施工

1. 碎拼大理石地面的特点

碎拼大理石地面也称冰裂纹地面，它是采用不规则的并经挑选的碎块大理石，铺贴在水泥砂浆结合层上，并用水泥砂浆或水泥石粒浆填补块料间隙，最后进行磨平抛光而成为碎拼大理石地面面层。

碎拼大理石地面在高级装饰工程中，将色泽鲜艳、品种繁多的大理石碎块无规则地拼镶在一起，由于其花色不同、形状各异、造型多变，给人一种乱中有序、清新自然的感受。碎拼大理石的构造做法和平面示意如图 10.12 和图 10.13 所示。

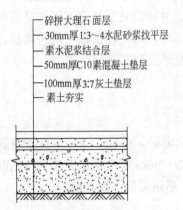

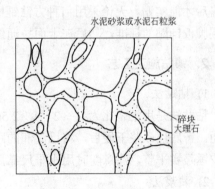

图 10.12　碎拼大理石地面构造做法　　　　图 10.13　碎拼大理石地面平面示意

2. 碎拼大理石的基层处理

碎拼大理石的基层处理比较简单，先将基层进行湿润，再在基层上抹 1∶3 的水泥砂浆(体积比)找平层，厚度掌握在 20～30mm。

3. 碎拼大理石的施工工艺

(1) 在找平层上刷素水泥浆一遍，用 1∶2 的水泥砂浆(体积比)镶贴大理石块标筋，间距一般为 1.5m，然后铺贴碎大理石块，用橡皮锤轻轻敲击大理石面，使其与水泥砂浆黏结牢固，并与标筋面平齐，随时用靠尺检查表面平整度。

(2) 在铺贴施工中要留足碎块大理石间的缝隙，并将缝内挤出的水泥砂浆及时剔除。

(3) 碎块大理石之间的缝隙，如无设计要求、又为碎块状材料时，一般控制不太严格，可大可小，互相搭配成各种图案。

(4) 如果缝隙间灌注石渣浆时，应将大理石缝间的积水、浮灰消除后，刷素水泥浆一遍，缝隙可用同色水泥浆嵌抹做成平缝，也可嵌入彩色水泥石渣浆，嵌抹应凸出大理石面2mm，抹平后撒一层石渣，用钢抹子拍平压实，次日养护。

(5) 碎拼大理石面层的磨光一般分为四遍完成，即分别采用 80～100 号金刚砂、100～160 号金刚砂、240～280 号金刚砂和 750 号以上金刚砂进行研磨。

(6) 待研磨完毕后，将其表面清理干净，便可进行上蜡抛光工作。

10.3.6 踢脚板的镶贴施工

大理石和花岗石的踢脚板，是楼地面与墙面连接的装饰部位，对于工程的整体装饰效果起着重要的作用。踢脚板的高度一般为 100～150mm，厚度为 15～20mm，一般可采用粘贴法和灌浆法施工。

1. 施工准备工作

在踢脚板正式施工前，应认真清理墙面，提前浇水进行湿润，按需要将阳角处踢脚板一端锯切成 45°角。镶贴时阳角处开始向两侧试贴，并检查是否平直，缝隙是否严密，待合格后才能实贴。无论采用何种方法铺贴，均应在墙面两端先各镶贴一块踢脚板，作为其他踢脚板铺贴的标准，然后在上面拉通线以控制上沿平直和平整度。

2. 镶贴施工工艺

1) 粘贴法

粘贴法是用配合比为 1∶2～1∶2.5(体积比)的水泥砂浆打底，并用木抹子将表面搓成毛面。待底层砂浆干硬后，将已湿润的踢脚板抹上 2～3mm 厚的素水泥浆进行粘贴，并用橡皮锤敲实平整，注意随时用水平尺靠尺找直，10h 后用同色水泥浆擦缝。

2) 灌浆法

灌浆法是将踢脚板先固定在安装位置上，用石膏将相邻两块板及板与地面之间稳固，然后用稠度为 10～15cm 的 1∶2 的水泥浆灌缝，并随时把溢出的水泥砂浆擦除。待灌入的水泥砂浆终凝后，把稳固用的石膏铲掉，用与板面同色水泥浆擦缝。

10.4　木地面铺贴施工

【学习目标】通过对木地面作业条件、基层处理、工作流程、工艺要点和质量要求的学习，掌握木地面的施工工艺。

10.4.1　木地面的铺贴种类

1) 空铺式木地板

空铺式木地板一般用于底层，其龙骨两端搁在基础墙挑台上，龙骨下放通长的压沿木。当木龙骨跨度较大时，在跨中设地垄墙或砖墩。木龙骨上铺设双层木地板或单层木地板。为解决木地板的通风问题，在地垄墙和外墙上设 180mm×180mm 通风洞，如图 10.14 所示。

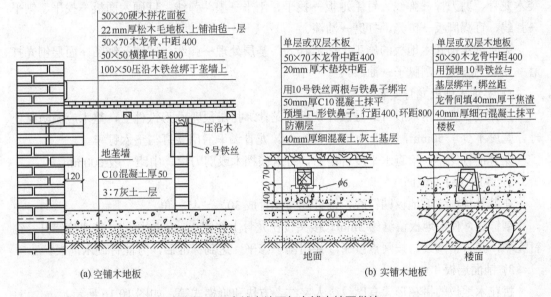

图 10.14　空铺木地面与实铺木地面做法

2) 实铺式木地板

实铺式木地板是直接在实体基层上铺设的地面，分为有龙骨式与无龙骨式两种。有龙骨式实铺木地板将木龙骨直接放在结构层上，由预埋铁件固定在基层上。在底层地面，为了防潮，须在结构层上涂刷冷底子油和热沥青各一道。无龙骨式实铺木地板采用粘贴式做法，将木地板直接粘贴在结构层的找平层上，实铺式木地板的拼缝形式如图 10.15 所示。

3) 硬木锦砖地面

硬木锦砖地面的做法是将硬木制成厚度为 8～15mm 的小薄片，有正方形、六角形、菱形、长条形等形状，规格分为 35mm×35mm、40mm×40mm、45mm×45mm、50mm×50mm、55mm×55mm、60mm×60mm、65mm×65mm、70mm×70mm 以及长 150～200mm、宽 40～50mm、厚 8～14mm 木长条等，可在工厂拼成方联，也可以散装现场拼方联，再采用胶粘剂直接铺在找平层上。

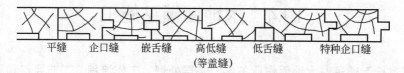

平缝　　企口缝　　嵌舌缝　　高低缝　　低舌缝　　特种企口缝
（等盖缝）

图 10.15　实铺式木地板的拼缝形式

4）实铺式复合木地板

实铺式复合木地板的做法是在结构找平层上先铺上一层泡沫塑料，上铺复合木地板，采用企口抹缝抹白乳胶或配套胶拼接。板底面不铺胶。

10.4.2　木地板的施工工艺

有龙骨实铺式木地板的施工工艺流程为：基层处理→弹线、找平→修理预埋铁件→安装木龙骨、剪刀撑→弹线、钉毛地板→找平、刨平→墨斗弹线、钉硬木面板→找平、刨平→弹线、钉踢脚板→刨光、打磨→油漆。

无龙骨实铺式木地板的施工工艺流程为：基层处理→弹线、试铺→铺贴→面层刨光打磨→安装踢脚板→刮腻子→油漆。

1）实铺木地板龙骨安装

按弹线位置，用双股 12 号镀锌铁丝将龙骨绑扎在预埋 ⊓ 形铁件上，垫木应做防腐处理，宽度不少于 50mm，长度为 70～100mm。龙骨调平后用铁钉与垫木钉牢。

龙骨铺钉完毕，检查水平度合格后，钉卡横档木或剪刀撑，中距一般 600mm。

2）弹线、钉毛地面

在龙骨顶面弹毛地板铺钉线，铺钉线与龙骨成 30°～45°角。

铺钉时，使毛地板留缝约 3mm。接头设在龙骨上并留 2～3mm 缝隙，接头应错开。铺钉完毕，弹方格网线，按网点抄平，并用刨子修平，达到标准后，方能钉硬木地板。

3）铺面层板

拼花木地板的拼花形式有席纹、人字纹、方块和阶梯式等，如图 10.16 所示。

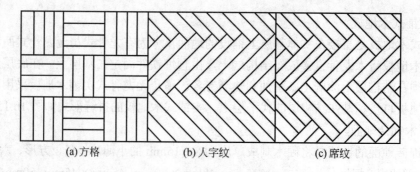

(a) 方格　　　　　　　(b) 人字纹　　　　　　(c) 席纹

图 10.16　拼花木地板的拼花形式

铺钉前，在毛地板弹出花纹施工线和圈边线。

铺钉时，先拼缝铺钉标准条，铺出几个方块或几档作为标准。再向四周按顺序拼缝铺钉。每条地板钉 2 颗钉子。钉孔预先钻好。每钉一个方块，应找方一次。中间钉好后，最后圈边。末尾不能拼接的地板应加胶钉牢。

粘贴式铺设地板，拼缝可为裁口接缝或平头接缝，平头接缝施工简单，更适合沥青胶和胶粘剂铺贴。

4) 面层刨光、打磨

拼花木地板宜采用刨光机刨光(转速在 5000 转/min 以上)，与木纹成 45° 角斜刨。边角部分用手刨。刨平后用细刨净面，最后用磨地板机装砂布磨光。

5) 油漆

将地板清理干净，然后补凹坑、刮批腻子、着色，最后刷清漆(详见地面涂料施工)。

木地板用清漆，有高档、中档、低档三类。高档地板漆是日本水晶油和聚酯清漆。其漆膜强韧，光泽丰富，附着力强、耐水、耐化学腐蚀，不需上蜡。中档清漆为聚氨酯，低档清漆为醇酸清漆、醇醛清漆等。

6) 上软蜡

当木地板为清漆罩面时，可上软蜡进行装饰。软蜡一般有成品供应，只需要用煤油调制成糨糊状后便可使用。小面积的一般采用人工涂抹，大面积可采用抛光机上蜡抛光。

10.4.3　木拼锦砖的施工工艺

木拼锦砖的施工工艺比较简单，其主要的施工工艺流程为：基层清理→弹线→刷胶粘剂→铺木拼锦砖(插两边企口缝)→铺木踢脚板→打蜡上光。

1) 基层清理

在铺贴木拼锦砖之前，应对其基层进行认真处理和清理。基层表面必须抄平找直，其表面的积灰、油渍、杂物等均清除干净，以保证锦砖与基层黏结牢固。

2) 弹线

弹线是铺贴的依据和标准，先从房间中点弹出十字中心线，再按木拼锦砖方联尺寸弹出分格线。

3) 刷胶粘剂

刷胶粘剂是铺贴木拼锦砖的关键工序，直接影响铺贴质量。刷胶厚度一般掌握在 1～1.5mm 左右，不宜过厚或过薄，刷胶靠线要齐，随刷随贴，要掌握好铺贴火候。

4) 铺木拼锦砖

按弹出的分格线在房间中心先铺贴一联木拼锦砖，经找平找直并压实粘牢，作为铺贴其他木拼锦砖的基准。然后再插好方联四边锦砖，企口缝和底面均涂胶粘剂，校正找平及铺贴顺序，如图 10.17 所示。

木拼锦砖的另一种铺贴顺序是：从房间短向墙面开始，两端先铺基准锦砖，拉线控制铺贴面的水平，然后从一端开始，第二联锦砖转 90° 方向拼接，如此相间铺贴，待一行铺完后校正平直，再进行下一行，铺贴三、四行后用 3m 直尺校平。

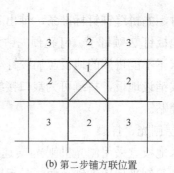

(a) 房心基准方联   (b) 第二步铺方联位置

图 10.17 木拼锦砖铺贴顺序示意

5) 铺木踢脚板

木拼锦砖地面一般应铺贴木踢脚板或仿木塑料踢脚板。其固定的方法是用木螺丝固定在墙中预埋木砖上，木踢脚板下皮平直与木拼锦砖表面压紧，缝隙严密。

6) 打磨光蜡

在铺完木拼锦砖和踢脚板后，立即将木拼锦砖地面的杂物等彻底清理干净，待木拼锦砖粘贴 48h 以上时，即可用磨光机砂轮先磨一遍，再用布轮磨一遍，擦洗干净后便可刷漆打蜡。如果木拼锦砖表面已刷油漆，铺贴后就不必磨光，只打一遍蜡即可。

10.4.4 复合木地板的施工工艺

1. 复合地板的规格与品种

1) 复合地板的规格

目前，在市场上销售的复合木地板无论是国产或进口产品，其规格都是统一的，宽度为 120mm、150mm 和 195mm；长度为 1500mm 和 2000mm；厚度为 6mm、8mm 和 14mm；所用的胶粘剂有白乳胶、强力胶、立时得等。

2) 复合地板的品种

(1) 以中密度板为基材，表面贴天然薄木片(如红木、橡木、桦木、水曲柳等)，并在其表面涂结晶三氧化二铝耐磨涂料。

(2) 以中密度板为基材，底部贴硬质 PVC 薄板作为防水层，以增强防水性能，在其表面涂结晶三氧化二铝耐磨涂料。

(3) 表面为胶合板，中间设塑料保温材料或木屑，底层为硬质 PVC 塑料板，经高压加工制成地板材料，表面涂耐磨涂料。

2. 复合木地板的施工工艺

1) 基层处理

复合木地板的基层处理与前面相同，要求平整度 3m 内误差不得大于 2mm，基层应当干燥。铺贴复合木地板的基层一般有楼面钢筋混凝土基层、水泥砂浆基层、木地板基层等，不符合要求的要进行修补。木地板基层要求毛板下木龙骨间距要密一些，一般情况下不得大于 300mm。

2) 铺设垫层

复合木地板的垫层为聚乙烯泡沫塑料薄膜，其宽为 1000mm 卷材，铺时按房间长度净尺寸加 100mm 裁切，横向搭接 150mm。垫层可增加地板隔潮作用，增加地板的弹性并增加地板稳定性，减少行走时地板产生的噪声。

3) 试铺预排

在正式铺贴复合木地板前，应进行试铺预排。板的长缝应顺入射光方向沿墙铺放，槽口对墙，从左至右，两板端头企口插接，直到第一排最后一块板，切下的部分若大于 300mm，可以作为第二排的第一块板铺放，第一排最后一块的长度不应小于 500mm，否则可将第一排第一块板切去一部分，以保证最后的长度要求。木地板与墙留 8～10mm 缝隙，用木楔进行调直，暂不涂胶。

拼铺三排进行修整、检查平整度，符合要求后，按排编号拆下放好。

4) 铺木地板

按照预排板块的顺序，对缝涂胶拼接，用木锤敲击挤紧。

复验平直度，横向用紧固卡带将三排地板卡紧，每 1500mm 左右设一道卡带，卡带两端有挂钩，卡带可调节长短和松紧度。从第四排起，每拼铺一排卡带移位一次，直至最后一排。

每排最后一块地板端部与墙仍留 8～10mm 缝隙。在门的洞口，地板铺至洞口外墙皮与走廊地板平接。如果为不同材料时，留出 5mm 缝隙，用卡口盖缝条盖缝。

5) 清扫擦洗

每铺贴完一个房间并待胶干燥后，对地板表面进行认真清理，扫净杂物、清除胶痕，并用湿布擦净。

6) 安踢脚板

复合木地板可选用仿木塑料踢脚板、普通木踢脚板和复合木地板。

在安装踢脚板时，先按踢脚板高度弹水平线，清理地板与墙缝隙中杂物，标出预埋木砖的位置，按木砖位置在踢脚板上钻孔，孔径应比木螺丝直径小 1～1.2mm，用木螺丝进行固定。踢脚板的接头尽量设在不明显的地方。

3．复合木地板施工的注意事项

(1) 按照设计要求购进复合木地板，放入准备铺装的房间，在适应铺贴环境 48h 后方可拆包铺贴。

(2) 复合木地板与四周墙之间必须留缝，以备地板伸缩变形，地板面积如果超过 30m^2，中间也需要留缝。

(3) 如果木地板底面基层有微小的不平，不必用水泥砂浆进行修补，可用橡胶垫垫平。

(4) 拼装木地板从缝隙中挤出的余胶，应随时擦净，不得遗漏。

(5) 复合木地板铺完后不能立即使用，在常温下 48h 后方可使用。

(6) 预排时要计算最后一排板的宽度，如果小于 50mm，应削减第一排板的宽度，以使二者均等。

(7) 铺装预排时应将所需用的木地板混放在一起，搭配出最佳效果的组合。

(8) 铺装时要用 3m 直尺按要求随时找平找直，发现问题及时纠正。

(9) 铺装时板缝涂胶，不能涂在企口槽内，要涂在企口舌部。

10.4.5　可拆装木地板的施工工艺

实木拼块木地板采用实心板经过干燥处理，裁割成地板块，其长度为 600mm、900mm、1200mm，宽度为 80mm、100mm、120mm。其拼装方法与复合木地板相同，但可免去涂胶工序。

可拆装式木地板其优点是施工简便、拼装速度快、耐磨性好、防虫蛀、造价低；其缺点是由于不需要涂胶，板块之间不黏合，不能组成一个整体，人行走时有轻微的响声，不宜铺装在有龙骨的地板上。

10.5　塑料楼地面的施工

【学习目标】通过对塑料楼地面作业条件、基层处理、工作流程、工艺要点和质量要求的学习，掌握塑料楼地面的施工工艺。

10.5.1　半硬质聚氯乙烯塑料地板

1．品种与规格

根据国家标准《半硬质聚氯乙烯块状塑料地板》(GB 4085)的规定，其品种可分为单层和同质复合地板。半硬质聚氯乙烯塑料地板的厚度为 1.5mm，长度为 300mm，宽度为 300mm，也可由供需双方议定其他规格产品。

2．技术性能要求

1) 外观要求。

半硬质聚氯乙烯塑料地板的产品外观要求，应符合相关规定。

2) 尺寸偏差。

半硬质聚氯乙烯塑料地板产品的尺寸偏差，应符合相关规定，其尺寸测定如图 10.18(a) 所示。

3) 垂直度。

半硬质聚氯乙烯塑料地板产品的垂直度，是指试件边与直角尺边的差值，其最大公差值应小于 0.25mm，如图 10.18(b)所示。

4) 物理性能。

半硬质聚氯乙烯塑料地板产品的物理性能，必须符合相关规定的指标。

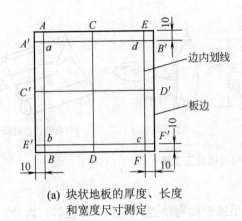

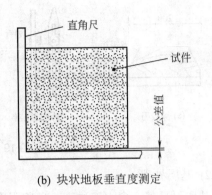

(a) 块状地板的厚度、长度　　　　　　(b) 块状地板垂直度测定
　　和宽度尺寸测定

图 10.18　半硬质聚氯乙烯塑料地板的尺寸及垂直度测定方式

3．施工准备与基层处理

1) 料具的准备

(1) 材料的准备。半硬质聚氯乙烯塑料地板铺贴施工常用的主要材料有塑料地板、塑料踏脚以及适用于板材的胶粘剂。

塑料地板可以选用单层板或同质复合地板，也可以选用由印花面层和彩色基层复合成的彩色印花塑料地板，它不但具有普通塑料地板的耐磨、耐污染性能，而且图案多样，高雅美观。

胶粘剂的种类很多，但性能各不相同，因此在选择胶粘剂时要注意其特性和使用方法。常用胶粘剂的特点如表 10.2 所示。

表 10.2　常用胶粘剂的名称及特点

序　号	胶粘剂名称	性能特点
1	氯丁胶(如 202 胶、401 胶)	初粘力大，粘结强度高；对人体刺激性较大；施工中须采用有机溶剂；现场施工要注意加强通风、防毒、防燃；价高
2	916 安全地板胶、920 胶	初始强度高，无毒；不易燃、不易爆；耐火、耐水、耐酸碱
3	水乳型胶(如 106 胶、107 胶)	初粘力大，胶稳定性较好，干后不易潮解；需双面涂胶、速干、低毒；价低
4	聚氨酯胶(如 101 胶、JQ1、2 胶)	固化后粘结力强，胶膜柔韧性好；可用于防水、耐碱工程；初粘力差，施工时防位移
5	环氧胶(如 717 胶、HN302 胶)	粘结力强，脆性较大；用于地下室、人流量大等场合，施工时对皮肤有刺激；价较高
6	立时得胶	粘结效果好；干固快；价高

(2) 施工工具准备。塑料地板的施工工具主要有涂胶刀、划线器、橡胶滚筒、橡胶压边滚筒，如图 10.19 所示。另外还有裁切刀、墨斗线、钢直尺、皮尺、刷子、磨石、吸尘器等。

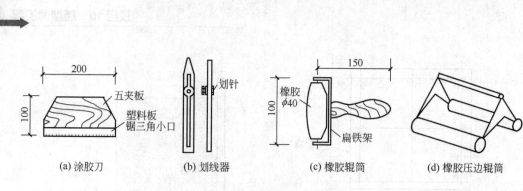

图 10.19　塑料地板施工工具

2）基层处理

基层不平整、含水率过高、砂浆强度不足或表面有油迹、尘灰、砂粒等，均会产生各种质量弊病。塑料地板最常见的质量问题有地板起壳、翘边、鼓泡、剥落及不平整等。因此，对铺贴的基层要求其平整、坚固、有足够的强度，各阴阳角必须方正，无污垢灰尘和砂粒，含水率不得大于 8%。对于不同材料的基层，其要求是不同的。

（1）水泥砂浆和混凝土基层。在水泥砂浆和混凝土基层上铺贴塑料地板，其基层表面用 2m 直尺检查的允许空隙为 2mm 以内。如果有麻面、孔洞等质量缺陷，必须用腻子进行修补，并涂刷乳液一遍，腻子应采用乳液腻子，其配合比应符合要求。

（2）水磨石和陶瓷锦砖基层。水磨石和陶瓷锦砖基层的处理，应先用碱水洗去其表面污垢后，再用稀硫酸腐蚀表面或用砂轮进行推磨，以增加此类基层的粗糙度。这种地面宜用耐水胶粘剂铺贴。

（3）木质地板基层。木板基层的木格栅应坚实，地面突出的钉头应敲平，板缝可用胶粘剂加老粉配制成腻子，进行填补平整。

3．塑料地板的铺贴工艺

1）弹线分格

按照塑料地板的尺寸、颜色、图案进行弹线分格。塑料地板的铺贴一般有两种方式：一种是接缝与墙面成 45°角，称为对角定位法；另一种是接缝与墙面平行，称为直角定位法，如图 10.20 所示。

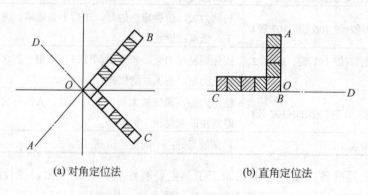

(a) 对角定位法　　　　(b) 直角定位法

图 10.20　塑料地板铺贴定位方法

(1) 弹线。以房间中心点为中心,弹出相互垂直的两条定位线。同时,要考虑到板块尺寸和房间实际尺寸的关系,尽量少出现小于 1/2 板宽的窄条。相邻房间之间出现交叉和改变面层颜色,应当设在门的裁口线处,而不能设在门框边缘处。在进行分格时,应距墙边留出 200～300mm 距离作为镶边。

(2) 铺贴。以上面的弹线为依据,从房间的一侧向另一侧进行铺贴,这是最常用的铺贴顺序。也可以采用十字形、T 字形、对角形等铺贴方式,如图 10.21 所示。

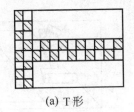 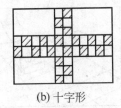 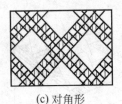

(a) T 形　　　　　　　(b) 十字形　　　　　　　(c) 对角形

图 10.21　塑料地板的铺贴方式

2) 裁切试铺

为确保地板粘贴牢固,塑料地板在裁切试铺前,应首先进行脱脂除蜡处理,将其表面的油蜡清除干净。

(1) 将每张塑料板放进 75℃左右的热水中浸泡 10～20min,然后取出晾干,用棉丝蘸溶剂(丙酮∶汽油=1∶8 的混合溶液)进行涂刷脱脂除蜡,以保证塑料地板在铺贴时表面平整,不变形和粘贴牢固。

(2) 塑料地板铺贴前,对于靠墙处不是整块的塑料板应加以裁切,其方法是在已铺好的塑料板上放一块塑料板,再用一块塑料板的右边与墙紧贴,沿另一边在塑料板上划线,按线裁下的部分即为所需尺寸的边框。

(3) 塑料板脱脂除蜡并裁切以后,即可按弹线进行试铺。试铺合格后,应按顺序编号,以备正式铺贴。

3) 刮胶

(1) 应根据不同的铺贴地点选用相应的胶粘剂。如象牌 PVA 胶粘剂,适宜于铺贴二层以上的塑料地板;而耐水胶粘剂,则适用于潮湿环境中塑料地板的铺贴,也可用于-15℃的环境中。不同的胶粘剂有不同的施工方法。

(2) 通常施工温度应在 10～35℃范围内,暴露时间为 5～15min。低于或高于此温度,不能保证铺贴质量,最好不进行铺贴。

(3) 若采用乳液型胶粘剂,应在塑料地板的背面刮胶。若采用溶剂型胶粘剂,只在地面上刮胶即可。

(4) 聚醋酸乙烯溶剂胶粘剂,甲醇挥发速度快,故涂刮面不能太大,稍加暴露就应马上铺贴。聚氨酯和环氧树脂胶粘剂都是双组分固化型胶粘剂,即使有溶液也含量很少,可稍加暴露铺贴。

4) 铺贴

铺贴塑料地板主要控制三个方面的问题:一是塑料地板要粘贴牢固,不得有脱胶、空鼓现象；二是缝格顺直，避免产生错缝；三是表面平整、干净，不得有凹凸不平及破损与污染。在铺贴中注意以下几个方面。

(1) 对于塑料地板接缝处理，黏结坡口做成同向顺坡，搭接宽度不小于300mm。

(2) 铺贴时，切忌整张一次贴上，应先将边角对齐粘合，轻轻地用橡胶滚筒将地板平伏地粘贴在地面上，在准确就位后，用橡胶滚筒压实将气赶出，如图 10.22 所示，或用锤子轻轻敲实。用橡胶锤子敲打应从一边向另一边依次进行，或从中心向四边敲打。

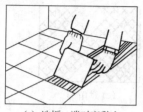  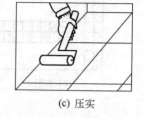

(a) 地板一端对齐黏合　　　　(b) 用橡胶辊筒赶压气泡　　　　(c) 压实

图 10.22　铺贴及压实示意

(3) 铺贴到墙边时，可能会出现非整块地板，应准确量出尺寸后，现场裁割。裁割后再按上述方法一并铺贴。

5) 清理

铺贴完毕后，应及时清理塑料地板表面，特别是施工过程中因手触摸留下的胶印。对溶剂胶粘剂需用棉纱蘸少量松节油或 200 号溶剂汽油擦去从缝中挤出来的多余胶，对水乳胶粘剂只需要用湿布擦去，最后上地板蜡。

6) 养护

塑料地板铺贴完毕，要有一定的养护时间，一般为1～3d。养护内容主要有两个方面：一是禁止行人在刚铺过的地面上大量行走；二是养护期间避免沾污或用水清洗表面。

10.5.2　软质聚氯乙烯塑料地板铺贴

1．料具准备工作

(1) 根据设计要求和国家的有关质量标准，检验软质聚氯乙烯塑料地板的品种、规格、颜色与尺寸。

(2) 胶粘剂。胶粘剂应根据基层材料和面层的使用要求，通过试验确定胶粘剂的品种，通常采用 401 胶粘剂。

(3) 焊枪。焊枪是塑料地板连接的机具，其功率一般为 400～500W，枪嘴的直径宜与焊条直径相同。

(4) 鬃刷。鬃刷是涂刷胶粘剂的专用工具，其规格为 5.0cm 或 6.5cm。

(5) V 形缝切口刀。V 形缝切口切是切割软质塑料地板 V 形缝的专用刀具。

(6) 压辊。压辊是用以推压焊缝的工具。

2. 地板铺贴施工

1) 分格弹线

基层分格的大小和形状，应根据设计图案、房间面积大小和塑料地板的具体尺寸确定。在确定分格弹线时应当考虑以下主要因素。

(1) 分格时应当尽量减少焊缝的数量，兼顾分格的美观和装饰效果。因此，一般多采用软质聚氯乙烯塑料卷材。

(2) 从房间的中央向四周分格弹线，以保证分格的对称和美观。房间四周靠墙处不够整块者，尽量按镶边进行处理。

2) 下料及脱脂

将塑料地板平铺在操作平台上，按基层上分格的大小和形状，在板面上画出切割线，用"V"形缝切口刀进行切割。然后用湿布擦洗干净切好的板面，再用丙酮涂擦塑料地板的粘贴面，以便脱脂去污。

3) 预铺

在塑料面板正式粘贴的前 1d，将切割好的板块运入待铺设的房间内，按分格弹线进行预铺。预铺时尽量照顾色调一致、厚薄相同。铺好的板块一般不得再搬动，待次日粘贴。

4) 粘贴

(1) 将预铺好的塑料地板翻开，先用丙酮或汽油把基层和塑料板粘贴面满刷一遍，以便更彻底脱脂去污。待表面的丙酮或汽油挥发后，将瓶装的 401 胶粘剂按 0.8kg/m^2 的 2/3 量倒在基层和塑料板粘贴面上，用鬃刷纵横涂刷均匀，待 3～4min 后，将剩余的 1/3 胶液以同样的方法涂刷在基层和塑料板上。

待 5～6min 后，将塑料地板四周与基线分格对齐，调整拼缝至符合要求后，再在板面上施加压力，然后由板中央向四周来回滚压，排出板下的全部空气，使板面与基层粘贴紧密，最后排放砂袋进行静压。

(2) 对有镶边者，应当先粘贴大面，后粘贴镶边部分。对无镶边者，可由房间最里侧往门口粘贴，以保证已粘贴好的板面不受人行走的干扰。

(3) 塑料地板粘贴完毕后，在 10d 内施工地点的温度要保持在 10～30℃，环境湿度不超过 70%，在粘贴后的 24h 内不能在其上面走动和其他作业。

5) 焊接

为使焊缝与板面的色调一致，应使用同种塑料板上切割的焊条。

(1) 粘贴好的塑料地板至少要经过 2d 的养护，才能对拼缝施焊。在施焊前，先打开空压机，用焊枪吹去拼缝中的尘土和砂粒，再用丙酮或汽油将表面清洗干净，以便进行施焊。

(2) 施焊前应检查压缩空气的纯度，然后接通电源，将调压器调节到 100～200V，压缩空气控制在 0.05～0.10MPa，热气流温度一般为 200～250℃，这样便可以施焊。施焊时按 2 人一组进行组合，1 人持枪施焊，1 人用压辊推压焊缝。施焊者左手持焊条，右手握焊枪，从左向右依次施焊，持压辊者紧跟施焊者进行施压。

(3) 为使焊条、拼缝同时均匀受热，必须使焊条、焊枪喷嘴保持在拼缝轴线方向的同一垂直面内，且使焊枪喷嘴均匀上下撬动，撬动次数为 1～2 次/s，幅度为 10mm 左右。持压辊者同时在后边推压，用力和推进速度应均匀。

3．PVC 地卷材的铺贴

1) 材料准备

根据房间尺寸大小，从 PVC 地卷材上切割料片，由于这种材料切割后会发生纵向收缩，因此下料时应留有一定余地。对于切割下来的料片，应在平整的地面上静置 3～6d，使其充分收缩，以保证铺贴质量。

2) 定位裁切

堆放并静置后的塑料料片，按照其编号顺序放在地面上，与墙面接触处应翻上去 2～3cm。为使卷材平伏便于裁边，应在转角(阴角)处切去一角，遇阳角时用裁刀在阴角位置切开。裁切刀既要有一定的刚性，又要有一定的弹性，在切墙边部位时可以适当弯曲。

3) 铺贴施工

粘贴的顺序一般是以一面墙开始粘贴。粘贴的方法有两种：一种是横叠法，即把料片横向翻起一半，用大涂胶刮刀进行刮胶，接缝处留下 50cm 左右暂不涂胶，以留做接缝，粘贴好半片后，再将另半片横向翻起，以同样方法涂胶粘贴；另一种是纵卷法，即纵向卷起一半先粘贴，而后再粘贴另一半。卷材地面接缝裁切如图 10.23 所示，卷材粘贴方法如图 10.24 所示。

4．氯化聚乙烯卷材地面铺贴

(1) 铺贴前应根据房间尺寸及卷材的长度，决定卷材是纵铺还是横铺，决定的原则是卷材的接缝越少越好。

(2) 基层按要求处理后，必须用湿布将其表面的尘土清除干净，然后用二甲苯涂刷基层，清除不利于黏结的污染物。如果没有二甲苯，可用汽油加少量 404 胶(约 10%～20%)搅拌均匀后涂刷，这样不仅可以清除杂物，还能使基层渗入一定量的胶液，起底胶的作用，使黏结更加牢固。

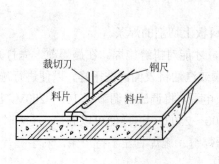

图 10.23　卷材地面接缝裁切

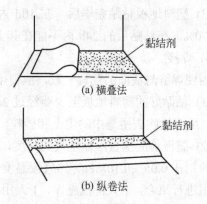

图 10.24　卷材的粘贴方法

(3) 基层和卷材涂胶后要晾干，以手摸胶面不黏为度，否则地面卷材黏结不牢。在常温下，一般不少于 20min。

(4) 铺贴时四人分四边同时将卷材提起，按预定弹好的线进行搭接。先将一端放下，再逐渐顺线将其余部分铺贴，如果产生离线应立即掀起调整。铺贴位置准确后，从中间向两边用手或胶滚赶压铺平，切不可先赶压四周，这样不易铺贴平伏且气体不易赶出，严重影响粘贴质量。如果还有未赶出的气泡，应将卷材前端掀起重新铺贴，也可以采用前面所述 PVC 卷材的铺贴方法。

(5) 卷材接缝处搭接宽度至少 20mm，并要居中弹线，用钢尺压线后，用裁切刀将两片叠合的卷材一次切割断，裁刀要非常锋利，尽量避免重刀切割。扯下断开的边条，将接缝处的卷材压紧贴牢，再用小铁滚紧压一遍，保证接缝严密。卷材接缝可采用焊接或嵌缝封闭的方法。

10.5.3　塑胶地板的施工工艺

1．塑胶地板的材料及特点

塑胶地板也称塑胶地砖，它是以 PVC 为主要原料，加入其他材料经特殊加工而制成的一种新型塑料。其底层是一种高密度、高纤维网状结构材料，坚固耐用，富有弹性；表面为特殊树脂，纹路逼真，超级耐磨，光而不滑。这种塑料地板具有耐火、耐水、耐热胀冷缩等特点，用其装饰的地面脚感舒适、富有弹性、美观大方、施工方便、易于保养，一般用于高档地面装饰。

2．施工准备工作

1) 基层准备工作

在地面上铺设塑胶地板时，应在铺贴之前将地面进行强化硬化处理，一般是在素土夯实后做灰土垫层，然后在灰土垫层上做细石混凝土基层，以保证地面的强度和刚度。细石混凝土基层达到一定强度后，再做水泥砂浆找平层和防水防潮层。

在楼地面上铺设塑胶地板时，首先应在钢筋混凝土预制楼板上做混凝土叠合层，为保证楼面的平整度，在混凝土叠合层上做水泥砂浆找平层，最后做防水防潮层。

2) 铺贴准备工作

(1) 弹线。根据具体设计和装饰物的尺寸，在楼地面防潮层上弹出互相垂直，并分别与房间纵横墙面平行的标准十字线，或分别与同一墙面成 45°角且互相垂直交叉的标准十字线。根据弹出的标准十字线，从十字线中心开始，将每块(或每行)塑胶地板的施工控制线逐条弹出，并将塑胶楼地面的标高线弹于两边墙面上。弹线时还应将楼地面四周的镶边线一并弹出(镶边宽度应按设计确定，设计中无镶边者不必弹此线)。

(2) 试铺编号。按照以上弹出的定位线，将预先选好的塑胶地板按设计规定的组合造型进行试铺，试铺成功后逐一进行编号，堆放合适位置备用。

3．塑胶地板的铺贴工艺

1）清理基层

基层表面在正式涂胶前，应将其表面的浮砂、垃圾、尘土、杂物等清理干净，并将待铺贴的塑胶地板清理干净。

2）试胶粘剂

在塑胶地板铺贴前，首先要进行试胶工作，确保采用的胶粘剂与塑胶地板相适应，以保证粘贴质量。试胶时一般取几块塑胶地板用拟采用的胶粘剂涂于地板背面和基层上，待胶稍干后(以不粘手为准)进行粘铺。在粘铺 4h 后，如果塑胶地板无软化、翘边或黏结不牢等现象时，则认为这种胶粘剂与塑胶地板相容，可以用于铺贴，否则应另选胶粘剂。

3）涂胶粘剂

用锯齿形涂胶板将选用的胶粘剂涂于基层表面和塑胶地板背面，注意涂胶的面积不得少于总面积的 80%。涂胶时应用刮板先横向刮涂一遍，再竖向刮涂一遍，必须刮涂均匀。

4）粘铺施工

在涂胶稍停片刻后，待胶膜表面稍干些，将塑胶地板按试铺编号水平就位，并与所弹定位线对齐，把塑胶地板放平粘铺，用橡胶辊将塑胶地板压平粘牢，同时将气泡赶出，并与相邻各板抄平调直，彼此不得有高差之处。对缝应横平竖直，不得有不直之处。

5）质量检查

塑胶地板粘铺完毕后，应进行严格的质量检查。凡有高低不平、接槎不严、板缝不直、黏结不牢及整个楼地面平整度超过 0.50mm 者，均应彻底进行修正。

6）镶边装饰

设计有镶边者应进行镶边，镶边材料及做法按设计规定办理。

7）打蜡上光

塑胶地板在铺贴完毕经检查合格后，应将表面残存的胶液及其他污迹清理干净，然后用水蜡或地板蜡打蜡上光。

10.6 地 毯 施 工

【学习目标】通过对地毯楼地面作业条件、基层处理、工作流程、工艺要点和质量要求的学习，掌握地毯楼地面的施工工艺。

10.6.1 地毯铺贴的施工准备

1．材料的准备工作

1）地毯材料

地毯是将羊毛、丙纶纤维、腈纶纤维、尼龙纤维，经机织法或簇绒法制成面层，再与麻布底层粘结加工制成。地毯具有吸声、隔声、减少噪声等级的作用，有良好的弹性与保温性，脚感舒适，质感柔和，色彩图案丰富，装饰效果高雅，施工简便。

2) 垫料材料

对于无底垫的地毯，如果采用倒刺板固定，应当准备垫料材料。垫料一般多采用海绵级纹补底材料，也可以采用杂毛毡垫。

3) 地毯胶粘剂

地毯常用的胶粘剂有两类：一类是聚醋酸乙烯胶粘剂，另一类是合成橡胶胶粘剂。

4) 倒刺钉板条

倒刺钉板条简称倒刺板，是地毯的专用固定件，板条尺寸一般为 6mm×24mm×1200mm，板条上有两排斜向铁钉，为钩挂地毯之用，每一板条上有 9 枚水泥钢钉，以打入水泥地面起固定作用，钢钉的间距为 35~40mm。

5) 铝合金收口条

铝合金收口条用于地毯端头露明处，以防止地毯外露毛边影响美观，同时也起到固定作用。在地面有高差的部位，如室内卫生间或厨房地面，一般均低于室内房间地面 20mm 左右，在这样的两种地面的交接处，地毯收口多采用 L 型铝合金收口条，如图 10.25 所示。

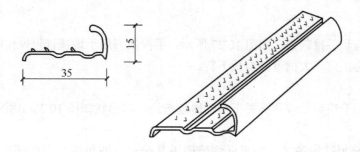

图 10.25　L 型铝合金收口条示意

2. 基层的准备工作

对基层的基本要求有以下方面。

(1) 铺设地毯的基层要求具有一定的强度，待基层混凝土或水泥砂浆层达到强度后才能进行铺设。

(2) 基层表面必须平整，无凹坑、麻面、裂缝，并保持清洁。如果有油污，须用丙酮或松节油擦洗干净。对于高低不平处，应预先用水泥砂浆抹平。

(3) 在木地板上铺设地毯时，应注意钉头或其他突出物，以防止损坏地毯。

3. 地毯铺设的机具准备

1) 张紧器

即地毯撑子(如图 10.26 所示)，分大小两种。大撑子用于大面积撑紧铺毯，操作时通过可伸缩的杠杆撑头及承脚将地毯张拉平整，撑头与承脚之间可加长连接管，以适应房间尺寸，使承脚顶住对面墙。

小撑子用于墙角或操作面狭窄处，操作者用膝盖顶住撑子尾部的空心橡胶垫，两手自由操作。地毯撑子的扒齿长短可调，以适应不同厚度的地毯，不用时可将扒齿缩回。

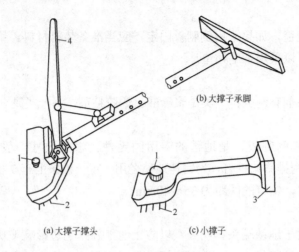

(b) 大撑子承脚

(a) 大撑子撑头　　(c) 小撑子

图 10.26　地毯张紧器

1—扒齿调节钮；2—扒齿；3—空心橡胶垫；4—杠杆压柄

2）裁毯刀

有手握裁刀和手推裁刀，如图 10.27 所示。手握裁刀用于地毯铺设操作时的少量裁割；手推裁刀用于施工前较大批量的剪裁下料。

3）扁铲

扁铲主要用于墙角处或踢脚板下端的地毯掩边，其形状如图 10.28(a)所示。

4）墩拐

用于钉固倒刺钉板条时，如果遇到障碍不易敲击，即可用墩拐垫砸。墩拐的形状如图 10.28(b)所示。

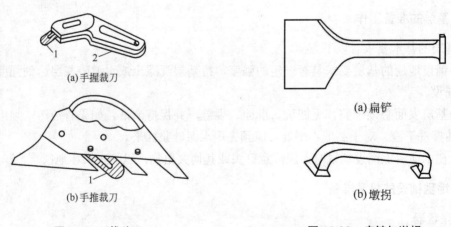

(a) 手握裁刀

(b) 手推裁刀

(a) 扁铲

(b) 墩拐

图 10.27　裁毯刀　　　　　　　　　　**图 10.28　扁铲与墩拐**

5）裁边机

裁边机用于施工现场的地毯裁边，可以高速转动并以 3m/min 的速度向前推进。地毯裁

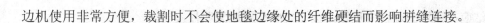

边机使用非常方便，裁割时不会使地毯边缘处的纤维硬结而影响拼缝连接。

10.6.2　活动式地毯的铺设

根据《建筑地面工程施工质量验收规范》(GB 50209—2002)的规定，活动式地毯铺设应符合下列规定。

1．规范规定

(1) 地毯拼成整块后直接铺在洁净的地面上，地毯周边应塞入踢脚线下。

(2) 与不同类型的建筑地面连接时，应按照设计要求做好收口。

(3) 小方块地毯铺设，块与块之间应当挤紧贴牢。

2．施工操作

地毯在采用活动式铺贴时，尤其要求基层的平整光洁，不能有突出表面的堆积物，其平整度要求用 2m 直尺检查时偏差应小于等于 2mm。按地毯方块在基层弹出分格控制线，宜从房间中央向四周展开铺排，逐块就位放稳贴紧并相互靠紧，至收口部位按设计要求选择适宜的收口条。

与其他材质地面交接处，如标高一致，可选用铜条或不锈钢条；标高不一致时，一般应采用铝合金收口条，将地毯的毛边伸入收口条内，再将收口条端部砸扁，即起到收口和边缘固定的双重作用。重要部位也可配合采用粘贴双面粘结胶带等稳固措施。

10.6.3　固定式地毯的铺设

1．地毯倒刺板的固定方法

用倒刺板固定地毯的施工工艺为：尺寸测量→裁毯与缝合→踢脚板固定→倒刺板条固定→地毯拉伸与固定→清扫地毯。

1) 尺寸测量

尺寸测量是地毯固定前重要的准备工作，关系到下料的尺寸大小和房间内铺贴质量。测量房间尺寸一定要精确，长宽净尺寸即为裁毯下料的依据，要按房间和所用地毯型号统一登记编号。

2) 裁毯与缝合

根据定位尺寸剪裁地毯，其长度应比房间实际尺寸大 20mm 或根据图案、花纹大小留出一个完整的图案。宽度应以裁去地毯边缘后的尺寸计算，并在地毯背面弹线后裁掉边缘部分。裁剪时，应在较宽阔的地方集中进行，裁好后卷成卷编上号，对号放入房间内，大面积厅房应在施工地点剪裁拼缝。裁剪时楼梯地毯长度应留有一定余量，一般为 500mm 左右，以便使用中更换挪动磨损的部位。

地毯铺装方向应使地毯绒毛走向朝背光方向。地毯对花拼接应按毯面绒毛和织纹走向的同一方向拼接。接宽时，应采用缝合或烫带粘结(无衬垫时)的方式，缝合应在铺设前完成，烫带粘结应在铺设的过程中进行，接缝处应与周边无明显差异。

3) 踢脚板固定

按照施工要求在四周墙面固定踢脚板。

4) 倒刺板条固定

采用成卷地毯铺设地面时，用倒刺板将地毯固定的方法很多。将基层清理干净后，便可沿踢脚板的边缘用高强水泥钉将倒刺板钉在基层上，钉的间距一般为 40cm 左右。如果基层空鼓或强度较低，应采取措施加以纠正，以保证倒刺板固定牢固。

可以加长高强水泥钉，使其穿过抹灰层而固定在混凝土楼板上；也可将空鼓部位打掉，重新抹灰或下木楔，等强度达到要求后，再将高强水泥钉打入。倒刺板条要离开踢脚板面8～10mm，便于用锤子砸钉子。如果铺设部位是大厅，在柱子四周也要钉上倒刺板条，如果是一般的房间则沿着墙钉，如图 10.29 所示。

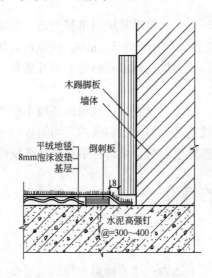

图 10.29　倒刺板条固定示意

5) 地毯拉伸与固定

对于裁切与缝合完毕的地毯，为保证其铺贴尺寸准确，要进行拉伸。先将地毯的一条长边固定在倒刺板条上，将地毯背面牢挂于倒刺板朝天小钉钩上，把地毯的毛边掩到踢脚下面。用手压住地毯撑子，再用膝盖顶住地毯撑子，从一个方向，一步一步推向另一边。

若一遍未能将地毯拉平，可再重复拉伸，直至拉平为止，然后将地毯固定于倒刺板条上，将毛边掩好。对于长出的地毯，用裁毯刀将其割掉。一个方向拉伸完毕，再进行另一个方向的拉伸，直至将地毯四个边都固定于倒刺板条上。平绒地毯张平步骤如图 10.30 所示。

6) 清扫地毯

在地毯铺设完毕后，表面往往有不少脱落的绒毛和其他东西，待收口条固定后，需用吸尘器认真地清扫一遍。铺设后的地毯，在交工前应禁止行人走动，否则会加重清理量。

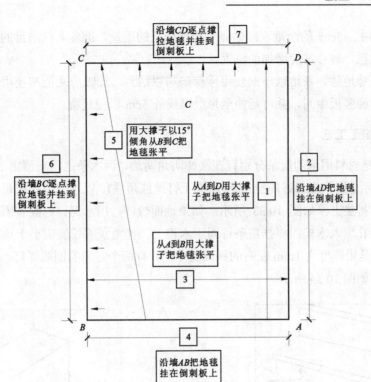

图 10.30 平绒地毯张平步骤示意

2．地毯胶粘剂的固定方法

涂刷胶粘剂的做法有两种，一是局部刷胶，二是满刷胶。

当地毯需要拼接时，一般是先将地毯与地毯拼缝，下面衬上一条 10cm 宽的麻布带，胶粘剂按 0.8kg/m 的涂布量使用，将胶粘剂涂布在麻布带上，把地毯拼缝粘牢，如图 10.31 所示。

有的拼接采用一种胶烫带，施工时利用电熨斗熨烫使带上的胶熔化而将地毯接缝黏结。两条地毯间的拼接缝隙，应尽可能密实，使其看不到背后的衬布。

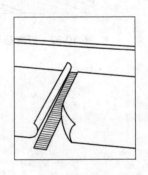

图 10.31 地毯拼缝处的黏结

10.6.4 楼梯地毯的铺设

1．施工准备工作

施工准备的材料和机具主要包括地毯固定角铁及零件、地毯胶粘剂、设计要求的地毯、铺设地毯用钉及铁锤等。如果选用的地毯是背后不加衬的无底垫地毯，则应准备海绵衬垫料。

测量楼梯每级的深度与高度，以估计地毯的用量。将测量的深度与高度相加乘以楼梯的级数，再加上 45cm 的余量，即估算出楼梯地毯的用量。准备余量的目的是为了便于在使用时挪动地毯，转移常受磨损的位置。

对于无底垫地毯，在地毯下面使用楼梯垫料以达到增加吸声功能和使用寿命。衬垫的深度必须至楼梯竖板中间，并可延伸至每级踏板外 5cm 以便包覆。

2．铺贴施工工艺

(1) 将衬垫材料用倒刺板条分别钉在楼梯阴角两边，两木条之间应留出 15mm 的间隙，如图 10.32 所示。用预先切好的挂角条(或称无钉地毯角铁)，以水泥钉钉在每级踏板与压板所形成的转角衬垫上，如图 10.33 所示。如果地面较硬，用水泥钉钉固有困难，可在钉位处用冲击钻打孔埋入木楔，将挂角条钉固于木楔上。挂角条的长度应小于地毯宽度 20mm 左右。挂角条是用厚度为 1mm 左右的铁皮制成的，有两个方向的倒刺抓钉，可将地毯不露痕迹地抓住，如图 10.34 所示。

图 10.32　钉木条与衬条

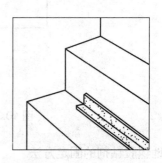

图 10.33　挂角条的位置

 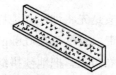

图 10.34　地毯挂角条

(2) 地毯要从楼梯的最高一级铺起，将始端翻起在顶级的竖板上钉住，然后用扁铲将地毯压在第一条角铁的抓钉上。把地毯拉紧包住楼梯梯级，顺着竖板而下，在楼梯阴角处用扁铲将地毯压进阴角，并使倒刺板木条上的朝天钉紧紧勾住地毯，然后铺设第二条固定角铁。这样连续下来直到最后一个台阶，将多余的地毯朝内摺转钉于底级的竖板上。

(3) 所用地毯如果已有海绵衬底，即可用地毯胶粘剂代替固定角铁，将胶粘剂涂抹在压板与踏板面上粘贴地毯。在铺设前，把地毯的绒毛理顺，找出绒毛最为光滑的方向，铺设时以绒毛的走向朝下为准。在梯级阴角处先按照前面所述钉好倒刺板条，铺设地毯后用扁铲敲打，使倒刺钉将地毯紧紧抓住。最后在每级压板与踏板转角处用不锈钢钉拧固铝角防滑条。楼梯地毯铺设固定方法如图 10.35 所示。

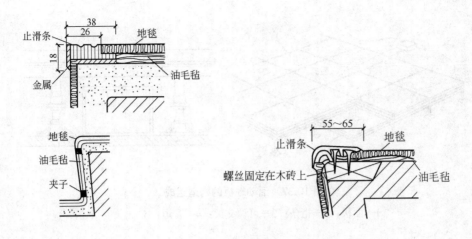

图 10.35　楼梯地毯铺设固定方法

10.7　活动地板安装施工

【学习目标】掌握活动地板安装的施工工艺。

活动地板也称为装配式地板，或称为活动夹层地板，是由各种规格型号和材质的块状面板、龙骨(桁条)、可调支架等，组合拼装而制成的一种新型架空装饰地面，其一般构件和组装形式如图 10.36 所示。

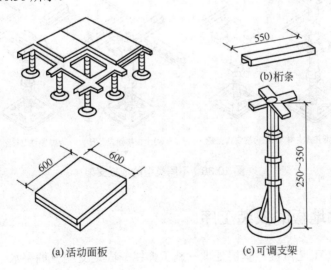

图 10.36　活动地板组装示意

活动地板与基层地面或楼面之间所形成的架空空间，不仅可以满足敷设纵横交错的电缆和各种管线的需要，而且通过设计，在架空地板的适当部位可以设置通风口，即安装通风百页或设置通风型地板，以满足静压送风等空调方面的要求，如图 10.37 所示。

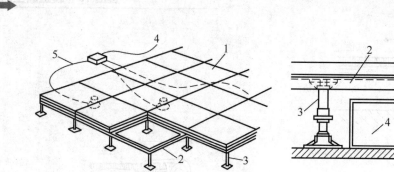

图 10.37　活动地板的构造组成

1—面板；2—桁条；3—可调支架；4—管道；5—电线

10.7.1　活动地板的类型和结构

活动地板的类型有抗静电与不抗静电之分，有的还能够调整升降。根据活动地板结构的支架形式，大致可将其分为四种，一是拆装式支架，二是固定式支架，三是卡锁搁栅式支架，四是刚性龙骨支架，如图 10.38 所示。

拆装式支架是适用于小型房间地面活动地板装饰的典型支架，其支架高度可在一定范围内自由调节，并可连接电器插座。固定式支架不另设龙骨桁条，可将每块地板直接固定于支撑盘上，此种活动地板可应用于普通荷载的办公室或其他要求不高的一般房间地面。

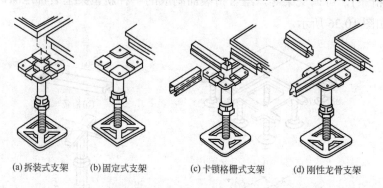

(a) 拆装式支架　　(b) 固定式支架　　(c) 卡锁格栅式支架　　(d) 刚性龙骨支架

图 10.38　不同类型的地板支架

10.7.2　活动地板的安装工序

活动地板施工工艺流程：基层处理→施工弹线→固定支座→调整水平→龙骨安装→面板安装→设备安装。

10.7.3　活动地板的施工要点

1) 弹线定位

用墨线弹出地板支架的放置位置，即地面纵横方格的交叉点。以活动地板高度线减去面板块厚度的尺寸为标准点，画在各个墙面上，在这些标准点上钉拉线。拉线的目的是为了保护地板活动支架能够安装并调整准确，以达到地板架设的水平。

2) 固定支架

在地面弹线方格网的十字交叉点固定支架，固定方法通常是在地面打孔埋入膨胀螺栓，用膨胀螺栓将支架固定在地面上。

3) 调整支架

调整方法视产品实际情况而定，有的设有可转动螺杆，有的是锁紧螺钉，用相应的方式将支架进行高低调整，使其顶面与拉线平齐，然后锁紧其活动构造。

4) 安装龙骨

用水平仪逐点抄平已安装的支架，并用水平尺校准各支架的托盘后，即可将地板支承桁条架于支架之间。图 10.39 为螺钉和定位销的连接方式。

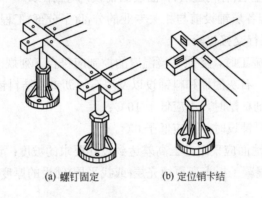

(a) 螺钉固定　　　(b) 定位销卡结

图 10.39　螺钉和定位销的连接方式

5) 安装面板

在组装好的桁条格栅框架上安放活动地板块，注意地板块成品的尺寸误差，应将规格尺寸准确者安装于显露部位，不够准确者安装于设备及家具放置处或其他较隐蔽的部位。

对于抗静电活动地板，地板与周边墙柱面的接触部位要求缝隙严密，接缝较小者可用泡沫塑料填塞嵌封。如果缝隙较大，应用木条镶嵌。

有的设计要求桁条搁栅与四周墙或柱体内的预埋铁件固定，此时可使连接板与桁条以螺栓连接或采用焊接，等地板下各种管线就位后再安装活动地板块。地板块的安装要求周边顺直，粘、钉或销结严密，各缝均匀一致并不显高差。

10.8　楼地面工程质量验收

【学习目标】掌握楼地面工程质量验收要求和检测方法。

10.8.1　基本规定

(1) 建筑地面工程采用的材料应按设计要求和本规范的规定选用，并应符合国家标准的规定；进场材料应有中文质量合格证明文件、规格、型号及性能检测报告，重要材料应有复验报告。

(2) 建筑地面采用的大理石、花岗石等天然石材必须符合国家现行行业标准《天然石材产品放射防护分类控制标准》(JC 518)中有关材料有害物质的限量规定。进场应具有检测报告。

(3) 胶粘剂、沥青胶结料和涂料等材料应按设计要求选用，并应符合现行国家标准《民用建筑工程室内环境污染控制规范》(GB 50325)的规定。

(4) 厕浴间和有防滑要求的建筑地面的板块材料应符合设计要求。

(5) 建筑地面下的沟槽、暗管等工程完工后，经检验合格并做隐蔽记录，方可进行建筑地面工程的施工。

(6) 建筑地面工程基层(各构造层)和面层的铺设，均应在其下一层检验合格后方可施工上一层。建筑地面工程各层铺设前与相关专业的分部(子分部)工程、分项工程以及设备管道安装工程之间，应进行交接检验。

(7) 建筑地面工程施工时，各层环境温度的控制应符合下列规定。

① 采用掺有水泥、石灰的拌和料铺设以及用石油沥青胶结料铺贴时，不应低于 5℃；

② 采用有机胶粘剂粘贴时，不应低于 10℃；

③ 采用砂、石材料铺设时，不应低于 0℃。

(8) 铺设有坡度的地面应采用基土高差达到设计要求的坡度；铺设有坡度的楼面(或架空地面)应采用在钢筋混凝土板上变更填充层(或找平层)铺设的厚度或以结构起坡达到设计要求的坡度。

(9) 室外散水、明沟、踏步、台阶和坡道等附属工程，其面层和基层(各构造层)均应符合设计要求。施工时应按规范基层铺设中基土和相应垫层以及面层的规定执行。

(10) 水泥混凝土散水、明沟，应设置伸缩缝，其延米间距不得大于 10m；房屋转角处应做 45°缝。水泥混凝土散水、明沟和台阶等与建筑物连接处应设缝处理。上述缝宽度为 15～20mm，缝内填嵌柔性密封材料。

(11) 建筑地面的变形缝应按设计要求设置，并应符合下列规定。

① 建筑地面的沉降缝、伸缩缝和防震缝，应与结构相应缝的位置一致，且应贯通建筑地面的各构造层。

② 沉降缝和防震缝的宽度应符合设计要求，缝内清理干净，以柔性密封材料填嵌后用板封盖，并应与面层齐平。

(12) 建筑地面镶边，当设计无要求时，应符合下列规定。

① 有强烈机械作用下的水泥类整体面层与其他类型的面层邻接处，应设置金属镶边构件。

② 采用水磨石整体面层时，应用同类材料以分格条设置镶边。

③ 条石面层和砖面层与其他面层邻接处，应用顶铺的同类材料镶边。

④ 采用木、竹面层和塑料板面层时，应用同类材料镶边。

⑤ 地面面层与管沟、孔洞、检查井等邻接处，均应设置镶边。

⑥ 管沟、变形缝等处的建筑地面面层的镶边构件,应在面层铺设前装设。

(13) 厕浴间、厨房和有排水(或其他液体)要求的建筑地面面层与相连接各类面层的标高差应符合设计要求。

(14) 检验水泥混凝土和水泥砂浆强度试块的组数,以每一层(或检验批)建筑地面工程为标准不应小于 1 组。当每一层(或检验批)建筑地面工程面积大于 $1000m^2$ 时,每增加 $1000m^2$ 应增做 1 组试块;小于 $1000m^2$ 按 $1000m^2$ 计算。当改变配合比时,亦应相应地制作试块组数。

(15) 各类面层的铺设宜在室内装饰工程基本完工后进行。木、竹面层以及活动地板、塑料板、地毯面层的铺设,应待抹灰工程或管道试压等施工完工后进行。

(16) 建筑地面工程施工质量的检验,应符合下列规定。

① 基层(各构造层)和各类面层的分项工程的施工质量验收应按每一层次或每层施工段(或变形缝)作为检验批,高层建筑的标准层可按每三层(不足三层按三层计)作为检验批。

② 每检验批应以各子分部工程的基层(各构造层)和各类面层所划分的分项工程按自然间(或标准间)检验,抽查数量应随机检验不应少于 3 间;不足 3 间,应全数检查;其中走廊(过道)应以 10 延长米为 1 间,工业厂房(按单跨计)、礼堂、门厅应以两个轴线为 1 间计算。

③ 有防水要求的建筑地面子分部工程的分项工程施工质量每检验批抽查数量应按其房间总数随机检验不应少于 4 间,如不足 4 间,应全数检查。

(17) 建筑地面工程的分项工程施工质量检验的主控项目,达到本规范规定的质量标准,认定为合格;一般项目 80% 以上的检查点(处)符合本规范规定的质量要求,其他检查点(处)没有明显影响使用,并不大于允许偏差值的 50%,认定为合格。凡达不到质量标准时,应按现行国家标准《建筑工程施工质量验收统一标准》(GB 50300)的规定处理。

(18) 建筑地面工程完工后,施工质量验收应在建筑施工企业自检合格的基础上,由监理单位组织有关单位对分项工程、子分部工程进行检验。

(19) 检验方法应符合下列规定。

① 检查允许偏差应采用钢尺、2m 靠尺、楔形塞尺、坡度尺和水准仪。

② 检查空鼓应采用敲击的方法。

③ 检查有防水要求建筑地面的基层(各构造层)和面层,应采用泼水或蓄水方法,蓄水时间不得少于 24h。

④ 检查各类面层(含不需铺设部分或局部面层)表面的裂纹、脱皮、麻面和起砂等缺陷,应采用观感的方法。

(20) 建筑地面工程完工后,应对面层采取保护措施。

10.8.2　整体楼地面工程

(1) 整体楼地面面层包括水泥混凝土(含细石混凝土)面层、水泥砂浆面层、水磨石面层、水泥钢(铁)屑面层、防油渗面层和不发火(防爆的)面层等分项工程。

(2) 铺设整体面层时，其水泥类基层的抗压强度不得小于 1.2MPa；表面应粗糙、洁净、湿润并不得有积水。铺设前宜涂刷界面处理剂。

(3) 铺设整体面层，应符合设计要求和规范基本规定。

(4) 整体面层施工后，养护时间不应少于 7d；抗压强度应达到 5MPa 后，方准上人行走；抗压强度应达到设计要求后，方可正常使用。

(5) 当采用掺有水泥拌和料做踢脚线时，不得用石灰砂浆打底。

(6) 整体面层的抹平工作应在水泥初凝前完成，压光工作应在水泥终凝前完成。

(7) 整体面层的允许偏差和检验方法应符合表 10.3 中的规定。

表 10.3 整体面层的允许偏差和检验方法

项次	项 目	允许偏差/mm						检验方法
		水泥混凝土面层	水泥砂浆面层	普通水磨石面层	高级水磨石面层	水泥钢(铁)屑面层	防油渗混凝土和不发火(防爆的)面层	
1	表面平整度	5	4	3	2	4	4	用 2m 靠尺和楔形塞尺检查
2	踢脚线上口平直	4	4	3	3	4	4	拉 5m 线和用钢尺检查
3	缝格平直	3	3	3	2	3	3	

10.8.3 板块地面工程

(1) 板块地面面层包括砖面层、大理石面层和花岗石面层、预制板块面层、料石面层、塑料板面层、活动地板面层和地毯面层等分项工程。

(2) 铺设板块面层时，其水泥类基层的抗压强度不得小于 1.2MPa。

(3) 铺设板块面层的结合层和板块间的填缝采用水泥砂浆，应符合下列规定。

① 配制水泥砂浆应采用硅酸盐水泥、普通硅酸盐水泥或矿渣硅酸盐水泥；其水泥强度等级不宜小于 32.5MPa；

② 配制水泥砂浆的砂应符合国家现行行业标准《普通混凝土用砂质量标准及检验方法》(JGJ 52)的规定；

③ 配制水泥砂浆的体积比(或强度等级)应符合设计要求。

(4) 结合层和板块面层填缝的沥青胶结材料应符合国家现行有关产品标准和设计要求。

(5) 板块的铺砌应符合设计要求，当设计无要求时，宜避免出现板块小于 1/4 边长的边角料。

(6) 铺设水泥混凝土板块、水磨石板块、水泥花砖、陶瓷锦砖、陶瓷地砖、缸砖、料石、大理石和花岗石面层等的结合层和填缝的水泥砂浆，在面层铺设后，表面应覆盖、湿润，其养护时间不应少于 7d，当板块面层的水泥砂浆结合层的抗压强度达到设计要求后，方可正常使用。

(7) 板块类踢脚线施工时，不得采用石灰砂浆打底。

(8) 板、块面层的允许偏差和检验方法应符合表 10.4 中的规定。

表 10.4　板、块面层的允许偏差和检验方法

项次	项目	允许偏差/mm											检验方法
		陶瓷锦砖、高级水磨石板、陶瓷地砖面层	缸砖面层	水泥花砖面层	水磨石板块面层	大理石面层和花岗岩面层	塑料板面层	水泥混凝土板块面层	碎拼大理石、碎拼花岗岩面层	活动地板面层	条石面层	块石面层	
1	表面平整度	2.0	4.0	3.0	3.0	1.0	2.0	4.0	3.0	2.0	10	10	用 2m 靠尺和楔形塞尺检查
2	缝格平直	3.0	3.0	3.0	3.0	2.0	3.0	3.0	—	2.5	8.0	8.0	拉 5m 线和用钢尺检查
3	接缝高低差	0.5	1.5	0.5	0.5	0.5	0.5	1.5	—	0.4	2.0	—	用钢尺检查和楔形塞尺检查
4	踢脚线上口平直	3.0	4.0	—	4.0	1.0	2.0	4.0	1.0	—	—	—	拉 5m 线和用钢尺检查
5	板块间隙宽度	2.0	2.0	2.0	2.0	1.0	—	6.0	—	0.3	5.0	—	用钢尺检查

10.8.4　木、竹地面工程

(1) 木、竹地面工程包括实木地板面层、实木复合地板面层、中密度(强化)复合地板面层、竹地板面层等(包括免刨免漆类) 分项工程。

(2) 木、竹地板面层下的木搁栅、垫木、毛地板等采用木材的树种、选材标准和铺设时木材含水率以及防腐、防蛀处理等，均应符合现行国家标准《木结构工程施工质量验收规范》(GB 50206)的有关规定。所选用的材料，进场时应对其断面尺寸、含水率等主要技术指标进行抽检，抽检数量应符合产品标准的规定。

(3) 与厕浴间、厨房等潮湿场所相邻木、竹面层连接处应做防水(防潮)处理。

(4) 木、竹面层铺设在水泥类基层上，其基层表面应坚硬、平整、洁净、干燥、不起砂。

(5) 建筑地面工程的木、竹面层搁栅下架空结构层(或构造层)的质量检验，应符合相应国家现行标准的规定。

(6) 木、竹面层的通风构造层包括室内通风沟、室外通风窗等，均应符合设计要求。

(7) 木、竹面层的允许偏差和检验方法应符合表 10.5 中的规定。

表 10.5　木、竹面层的允许偏差和检验方法

项次	项目	允许偏差/mm				检验方法
		实木地板面层			实木复合地板、中密度强化复合地板面层	
		松木地板	硬木地板	拼花地板		
1	板面缝隙宽度	1.0	0.5	0.2	0.5	用钢尺检查
2	表面平整度	3.0	2.0	2.0	2.0	用2m靠尺和楔形塞尺检查
3	踢脚线上口平齐	3.0	3.0	3.0	3.0	拉5m通线、不足5m拉通线和用钢尺检查
4	板面拼缝平直	3.0	3.0	3.0	3.0	
5	相邻板材高差	0.5	0.5	0.5	0.5	用钢尺检查和楔形塞尺检查
6	踢脚线上口平直	1.0				楔形塞尺检查

课 堂 实 训

实训内容

进行细部工程的装饰施工实训(指导教师选择一个真实的施工现场或学校实训工厂，带学生实地操作实训)，熟悉木质楼地面工程施工的基本知识，从技术交底、施工准备、材料制备、施工操作和质量验收方面进行全程模拟训练，熟悉木质楼地面工程施工操作要点和国家相应的规范要求。

实训目的

通过课堂学习结合课下实训使学生达到熟练掌握楼地面工程项目的技术交底、施工准备、材料制备、施工操作和质量验收整个运行过程的施工操作要点和国家相应的规范要求，提高学生进行楼地面工程技术管理的综合能力。

实训要点

(1) 通过楼地面工程施工项目实训，使学生加深对楼地面工程国家标准的理解，掌握楼地面工程施工过程和工艺要点，进一步加强对专业知识的理解。

(2) 分组制订计划与实施，培养学生团队协作的能力，并获取楼地面工程施工管理经验。

实训过程

1) 实训准备要求

(1) 做好实训前相关资料的查阅，熟悉与楼地面工程施工有关的规范要求。

(2) 准备实训所需的工具与材料。

2) 实训要点

(1) 实训前做好技术交底。

(2) 制定实训计划。

(3) 分小组进行，小组内部分工合作。

3) 实训操作步骤

(1) 按照施工图要求，确定楼地面工程施工要点，并进行相应技术交底。

(2) 利用楼地面工程加工设备统一进行隔墙工程施工。

(3) 在实训场地进行楼地面工程实操训练。

(4) 做好实训记录和相关技术资料整理。

(5) 养护一定时间后，进行小组互评和最终评定。

4) 教师指导点评和疑难解答

5) 实地观摩

6) 总结

实训项目基本步骤

步　骤	教师行为	学生行为
1	交代工作任务背景，引出实训项目	(1) 分好小组
2	布置楼地面工程实训应做的准备工作	(2) 准备实训工具、材料和场地
3	使学生明确楼地面工程施工实训的步骤	
4	学生分组进行实训操作，教师巡回指导	完成楼地面工程实训全过程
5	结束指导点评实训成果	自我评价或小组评价
6	实训总结	小组总结并进行经验分享

实　训　小　结

项目：　　　　　　　　　　　　　　　指导老师：

项目技能	技能达标分项		备　注
楼地面工程施工	1. 交底完善	得 0.5 分	根据职业岗位所需，技能需求，学生可以补充完善达标项
	2. 准备工作完善	得 0.5 分	
	3. 操作过程准确	得 1.5 分	
	4. 工程质量合格	得 1.5 分	
	5. 分工合作合理	得 1 分	
自我评价	对照达标分项	得 3 分为达标	客观评价
	对照达标分项	得 4 分为良好	
	对照达标分项	得 5 分为优秀	

续表

项目技能	技能达标分项	备 注
评 议	各小组间互相评价 取长补短，共同进步	提供优秀作品观摩学习

自我评价＿＿＿＿＿＿＿＿＿＿＿　　　　　　个人签名＿＿＿＿＿＿＿＿＿＿

小组评价　达标率＿＿＿＿＿＿＿　　　　　　组长签名＿＿＿＿＿＿＿＿＿＿

　　　　　良好率＿＿＿＿＿＿＿

　　　　　优秀率＿＿＿＿＿＿＿

年　　月　　日

习　题

一、案例题

工程背景：某办公楼装饰施工阶段，楼地面工程经检验出现楼面地坪开裂质量问题。

原因分析：

① 楼板上明设的管材管径过大或者基层不平整造成管线局部标高过高(管顶位置过高)；敷设管线位置在楼面地坪施工前未按规范要求作加强处理(铺设钢筋网片)。

② 表面失水过快，未加强养护；砂含泥量过大，强度不足；上荷过早；面积较大，未留设分隔缝。

③ 工程部、监理以及施工单位的管理人员，就地面设置的管线、加强处理措施以及地坪浇筑完成后的养护，未能督促且跟踪检查不到位。

预控措施或方法：

① 对在楼板上明设的管线，应严格控制管材管径和管顶标高，若设计要求敷设管径大的管线应向设计提出一线改两管或者多管，且管线敷设应在用打磨机将楼板基层上污物清理彻底后再设置(主要是考虑局部不平整将造成管顶过高)。

② 对楼地面水泥砂浆(细石砼)地坪，施工前首先加强对基底的清理工作，在管线敷设位置铺设加强网作为地坪的加强处理，并须对水泥砂浆(细石砼)原材料(如水泥、黄砂)质量进行复试合格，含泥量过大的黄砂必须经过筛甚至冲洗，地坪施工完成后，应由专人进行养护(不少于7天)。

③ 施工过程中工程部、监理应加强跟踪检查。

二、思考题

1. 楼地面的基本功能、基本组成是什么？

2. 楼地面装饰有哪些一般要求？

3. 简述水泥砂浆地面对所用材料的要求及施工工艺。

4. 简述现浇水磨石地面对所用材料的要求及施工工艺。

5. 简述楼地面块料材料的种类、要求及施工工艺。

6. 简述楼地面木地面的铺贴种类及施工工艺。

7. 简述塑料地板的特点、种类及施工工艺。

8. 简述地毯地面铺设的施工工艺。

9. 简述活动地板的类型、结构及施工工艺。

项目 11 细 部 工 程

内容提要

本项目以细部工程为对象，主要讲述细部工程的基本知识、木窗帘盒、窗台板、筒子板和木楼梯的材料选择、施工条件和准备、施工程序和工艺、工程质量标准和验收等过程，并在实训环节提供细部工程施工项目，作为本教学单元的实践训练项目，供学生训练和提高。

技能目标

- 通过对细部工程施工工艺的学习，巩固已学的相关建筑装饰材料与构造的基本知识以及明确细部工程施工的种类、特点、过程、方法及有关规定。
- 通过对细部工程施工项目的实训操作，锻炼学生对细部工程施工操作和技术管理的能力。培养学生团队协作的精神，并使学生获取细部工程施工管理经验。
- 重点掌握细部工程的施工方法步骤和质量要求。

本项目是为了全面训练学生对细部工程施工操作与技术管理的能力，检查学生对细部工程施工内容知识的理解和运用程度而设置的。

项目导入

细部工程包括橱柜的制作与安装，窗帘盒、窗台板、散热器罩的制作与安装，门窗套的制作与安装，护栏和扶手的制作与安装，花饰的制作与安装等内容。细部工程在建筑装饰装修工程中的比重越来越大，新材料、新技术的发展也日新月异。

11.1 细部工程的基本知识

【学习目标】了解木材的基本知识、木构件制作加工原理和细部工程的施工准备与材料选用。

11.1.1 木材的基本知识

1. 木材的种类

1) 软木材

用针叶树生产的木材称为软木材。其树干通直高大，纹理平顺，材质均匀，木质较软，易加工，强度高，密度、变形小，如松柏木等。

2) 硬木材

用阔叶树生产的木材称为硬木材。其树干通直部分较短，密度比较大，木质比较硬，纹理不如软木材平顺，较难加工，易变形且变形较大，易开裂，但其表面有美丽的天然花纹。

2. 木材的性能指标

(1) 含水率。木材中所含水的重量与木材干燥重量的百分比为含水率。

(2) 平衡含水率。木材的含水率与相对环境的湿度达到恒定时的含水率叫平衡含水率。

(3) 纤维饱和点。木材细胞壁中的吸附水达到饱和时，细胞腔和细胞之间无自由水时的含水率称为纤维饱和点。

3. 湿胀干缩

木材体积随纤维细胞壁含水率的变化而变化，这是木材非常重要和明显的物理性质。由于木材构造具有不均匀性，从而造成了在不同方向的湿胀干缩程度不同。根据试验充分证明：纵向干缩比较小，一般为 0.1%～0.35%；径向干缩比较大，一般为 3%～6%；弦向干缩最大，一般为 6%～12%。

4. 强度

木材强度与木材的构造、受力方向、含水率、承受荷载持续时间以及其缺陷等因素有关。木材的强度有抗拉、抗压、抗弯、抗剪强度，而这些强度又与木材的纹路有关。

5. 木材识别

木材的树种不同，其纹理、花色、气味也各不相同，特别是在纹理方面比较明显，有直纹、斜纹和乱纹等。

1) 不同树种的识别

(1) 根据年轮的状态来识别不同树种的木材。年轮的宽度有大有小，其大小随树种、树龄和生长条件而异。如泡桐、臭椿、沙兰杨的年轮很宽，而黄杨木、紫杉、木继木等在良好的条件下，形成的年轮也窄。

(2) 根据射线的状态来识别不同树种的木材。

① 宽大射线：在肉眼下极显著或明晰，宽度一般在 0.2mm 以上，如青岗栎、麻栎等。

② 窄木射线：在横切面或径切面上能用肉眼看得见，宽度通常在 0.1～0.2mm 之间，如榆木、椴木等。

③ 极窄木射线：肉眼完全看不见，宽度在 0.1mm 以下，如杨木、桦木和针叶树木等。

(3) 根据边材和心材的不同来识别不同树种的木材。

① 显心材树种：凡心材、边材区别明显的树种，称为显心材树种。属显心材类的针叶树材有落叶松、马尾松、红松、银杏、杉木、柳杉、水杉、紫杉、柏木等，阔叶树材有水曲柳、黄菠萝、山槐、榆木、核桃木、麻栎等。

② 隐心材树种：凡心材、边材没有颜色上的区别，而有含水量区别的树种，称为隐心

材树种。属隐心材类的针叶树材有云杉、鱼鳞云杉、臭冷杉、冷杉等，阔叶树材有椴木、山杨、水青冈等。

③ 边材树种：凡是从颜色或含水量上都看不出边材与心材界限的树种，称为边材树种。属边材类的有很多的阔叶树种，如桦木、杨木等。

(4) 根据树皮的不同形态来识别不同树种的木材。树皮的外部形态、颜色、气味、质地及剥落情况均为现场识别原木的主要特征。在现场识别原木时，主要抓住树皮的以下特点。

① 看外皮：大部分常见树种根据树木的外皮即可确定其名称。外皮的颜色各异，如杉木的外皮为红褐色、白桦的外皮为雪白色、青榨槭的外皮为绿色。年长的树皮不可辨别。

② 看内皮：树木内皮的颜色、厚薄、质地都可作为识别树种的依据。如落叶松的内皮为紫红色、黄菠萝的内皮为鲜黄色等。

③ 看树皮厚度：树皮有厚有薄，如栓皮栎、黄菠萝的树皮很厚，木栓层发达，达 1cm 以上。

④ 看树皮开裂和剥离的形态：树皮的形态也是识别木材的重要依据。外皮形态一般分为两类：一类是不开裂的，另一类是开裂的。不开裂的又有粗糙、平滑、绉褶、瘤状凸出等特征，开裂的又可分为平行纵裂、交叉纵裂、深裂及条状剥离和块状剥离等。梧桐树不开裂，桦木横向开裂，不同树种的树皮都有其不同的外部形态。

2) 针叶树材的区别

树脂道大而多的木材在原木的端面有明显的树脂圈，这是识别针叶材树种的重要标志之一。同为针叶树材，可根据有无正常树脂道等特征来鉴别针叶材中的不同树种，主要从以下几个方面来进行区分。

(1) 具有正常树脂道的针叶树种主要有六属，即松属、云杉属、落叶松属、银杉属、黄杉属和油杉属，其余的针叶树不具备正常树脂道。

(2) 在常见的针叶树材中，无正常树脂道的有杉木、铁杉、冷杉、柳杉等。

(3) 对于具有正常树脂道的树种，可进一步根据树脂道的大小、多少来识别不同的针叶材树种。松属树种中的红松、马尾松、油松、华山松等树脂道大而多，非常明显；黄杉、云杉、落叶松等树材的树脂道小而少。

3) 阔叶树材的区别

导管是阔叶树独有的输导组织，在木材的横切面呈现出许多大小不同的孔眼，也称为管孔。根据在年轮内管孔的分布情况，阔叶树材分为环孔材、散孔材、半散孔材三类。

(1) 环孔材。环孔材指在一个年轮内，早材管孔比晚材管孔大，沿着年轮呈环状排列，如水曲柳、黄菠萝、麻栎等阔叶树种。

(2) 散孔材。散孔材指在一个年轮内，早、晚管孔的大小没有显著的区别，呈均匀或比较均匀地分布，如桦木、椴木、枫香等阔叶树种。

(3) 半散孔材。半散孔材指在一个年轮内，管孔分布于环孔材和散孔材之间，即早材管孔较大，略呈环状排列，从早材到晚材管孔逐渐变小，界限不明显，如核桃木、楸木等

阔叶树种。

11.1.2　木构件制作加工原理

1．选择木料

根据所制作构件的形式和作用以及木材的性能,正确选择木料是木作的一个基本要求。

首先,选择硬木还是软木。硬木因为变形大不宜作为重要的承重构件。但其有美丽的花纹,因此是饰面的好材料。硬木可作为小型构件的骨架。软木变形小,强度较高,特别是顺纹强度,可作承重构件,也可作各类龙骨,但花纹平淡。

其次,根据构件在结构中所在位置以及受力情况来选择使用边材还是心材(木材在树中横截面的位置不同,其变形、强度均不一致),是用树根部还是树中、树头处。总之认真正确选材是非常重要的。

2．构件的位置、受力分析

构件在结构中位置不同受力也不同,所以要分清构件的受力情况,是轴心受压、受拉还是偏心受压、受拉等。常见的木构件有龙骨类、板材类,龙骨有隐蔽的和非隐蔽的。板材多数是作为面层或基层,受弯较多。通过受力分析可进一步正确选材和用材,从而与木材的变形情况相协调,充分利用其性能。

3．下料

根据选好的材料,进行配料和下料。

(1) 充分利用,配套下料,不得大材小用,长材短用。

(2) 留有合理余量。木作下料尺寸要大于设计尺寸,这是留有加工余量所致,但余量的多少,视加工构件的种类以及连接形式的不同而不同,如单面刨光留 3mm,双面刨光留 5mm。

(3) 矩形框料纵向通长,横向截断,其他形状与图样要吻合,但要注意受力分析。

4．连接形式

连接的关键是要注意搭接长度满足受力要求。形式有钉接、榫接、胶接、专用配件连接。

5．组装与就位

当构件加工好后进行装配,装配的顺序应先里后外,先分部后总体进行。先临时固定调整准确后再固结。

11.1.3　施工准备与材料选用

1．施工准备

细木制品的安装工序并不十分复杂,其主要安装工序一般是:窗台板是在窗框安装后进行;无吊顶采用明窗帘盒的房间,明窗帘盒的安装应在安装好窗框、完成室内抹灰标筋后进行；有吊顶的暗窗帘盒的房间，窗帘盒安装与吊顶施工可同时进行，挂镜线、贴脸板的安装应在门窗框安装完、地面和墙面施工完毕后再进行；筒子板、木墙裙的龙骨安装，应在安装好门窗框与窗台板后进行。

细木制品在施工时，应当注意以下事项。

(1) 细木制品制成后，应当立即刷一遍底油(干性油)，以防止细木制品受潮或干燥发生变形。

(2) 细木制品及配件在包装、运输、堆放和安装时，一定要轻拿轻放，不得暴晒和受潮，防止变形和开裂。

(3) 细木制品必须按照设计要求，预埋好防腐木砖及配件，保证安装牢固。

(4) 细木制品与砖石砌体、混凝土或抹灰层的接触处，埋入砌体或混凝土中的木砖应进行防腐处理。除木砖外，其他接触处应设置防潮层，金属配件应涂刷防锈漆。

(5) 施工中所用的机具，应在使用前安装好并进行认真检查，确认机具完好后，接好电源并进行试运转。

2．材料选用

1) 木制材料选用

(1) 细木制品所用木材要进行认真挑选，保证所用木材的树种、材质、规格符合设计要求。在施工中应避免大材小用、长材短用和优质劣用的现象。

(2) 由木材加工厂制作的细木制品，在出厂时，应配套供应，并附有合格证明；进入现场后应验收，施工时要使用符合质量标准的成品或半成品。

(3) 细木制品露明部位要选用优质材料，当制作清漆油饰显露木纹时，应注意同一房间或同一部位要选用颜色、木纹近似的相同树种。细木制品不得有腐朽、节疤、扭曲和劈裂等质量弊病。

(4) 细木制品用材必须干燥，应提前进行干燥处理。重要工程，应根据设计要求作含水率的检测。

2) 胶粘剂与配件

(1) 细木制品的拼接、连接处，必须加胶。可采用动物胶(鱼鳔、猪皮胶等)，还可用聚醋酸乙烯(乳胶)、脲醛树脂等化学胶。

(2) 细木制品所用的金属配件、钉子、木螺钉的品种、规格、尺寸等应符合设计要求。

3) 防腐与防虫

采用马尾松、木麻黄、桦木、杨木等易腐朽、虫蛀的树种木材制作细木制品时，整个构件应用防腐、防虫药剂处理。

11.2　细木构件的制作与安装

【学习目标】通过对细部工程作业条件、基层处理、工作流程、工艺要点和质量要求的学习，掌握细部工程的施工工艺。

11.2.1　木窗帘盒的安装

1．窗帘盒的制作

首先根据施工图或标准图的要求，进行认真的选料、配料，先加工成半成品，再细致加工成型。加工时一般是将木料粗略进行刨光，再用线刨子顺着木纹起线，线条光滑顺直、深浅一致，线形力求清秀。然后根据设计图纸进行组装，组装时应当先抹胶再用钉子钉牢，并将溢出的胶及时擦拭干净，不得有明榫，不得露钉帽。

当采用木制窗帘杆时，在窗帘盒横头板上打眼，一端打成上下眼(上眼深、下眼浅)；另一端则只打一浅眼(与另一端对称)，这样以便于安装木杆。

2．检查窗帘盒预埋件

为将窗帘盒安装牢固，位置正确，应先检查预埋件。木窗帘盒与墙的固定，少数情况是在墙内砌入木砖，多数情况是在墙内预埋铁件。

预埋铁件的尺寸、位置及数量，应符合设计要求。如果出现差错应采取补救措施，如预埋件不在同一标高时，应进行调整使其高度一致；如预制过梁上漏放预埋件，可利用射钉枪或胀管螺栓将铁件补充固定，或者将铁件焊在过梁的箍筋上。如图 11.1 所示为常用的预埋铁件。

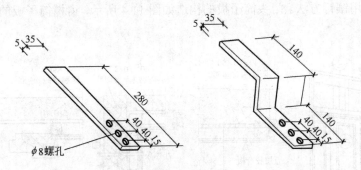

图 11.1　常用的预埋铁件

3．窗帘盒的安装

明窗帘盒宜先安装轨道，暗窗帘盒可后安装轨道。当窗宽度大于 1.2m 时，窗帘轨中间应断开，断头处煨弯错开，弯曲度应平缓，搭接长度不少于 200mm。图 11.2 为单轨窗帘盒仰视平面图。

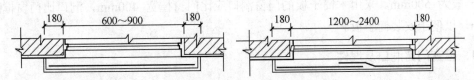

图 11.2　单轨窗帘盒仰视平面图

11.2.2　窗台板的安装

木窗台板的截面形状尺寸装钉方法，一般应按照设计施工图施工，常用施工方法如图 11.3 所示。

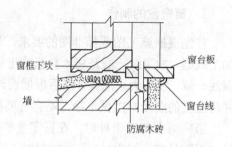

图 11.3　木窗台板装钉示意

在窗台墙上，预先砌入防腐木砖，木砖间距为 500mm 左右，每樘窗不少于两块。在窗框的下坎裁口或打槽(深 12mm、宽 10mm)。将窗台板刨光起线后，放在窗台墙顶上居中，里边嵌入下坎槽内。窗台板的长度一般比窗樘宽度长120mm 左右，两端伸出的长度应一致。

在同一房间内同标高的窗台板应拉线找平、找齐，使其标高及突出墙面尺寸一致。应注意，窗台板上表面向室内略有倾斜，坡度大约为 1%。

11.2.3　筒子板的安装

筒子板设置在室内门窗洞口处，也称为"堵头板"，其面板一般用五层胶合板(也称五夹板)制作并采用镶钉方法。门头筒子板的构造如图 11.4 所示，窗樘筒子板的构造如图 11.5 所示。

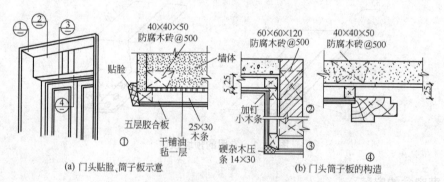

(a) 门头贴脸、筒子板示意　　　　(b) 门头筒子板的构造

图 11.4　门头筒子板的构造

木筒子板的操作工序为：检查门窗洞口及埋件→制作及安装木龙骨→装钉面板。

木筒子板的安装，一般是根据设计要求在砖或混凝土墙体中埋入经过防腐处理的木砖，间距一般为 500mm。采用木筒子板的门窗洞口应比门窗樘宽 400mm，洞口比门窗樘高出 25mm，以便于安装筒子板。

1. 检查门窗洞口及埋件

首先检查门窗洞口尺寸是否符合要求，是否垂直方正，预埋木砖或连接铁件是否齐全，位置是否准确，如发现有不符合要求的地方，必须修理或校正。

2．制作和安装木龙骨

根据门窗洞口的实际尺寸，先用木方制成龙骨架，一般骨架分成三片，洞口上部一片，两侧各一片，每片一般分为两根立杆。当筒子板宽度大于 50mm 需要拼缝时，中间应当适当增加立杆。

3．装钉面板

面板应精心挑选，木纹和颜色应当尽量一致，尤其在同一房间内，更要仔细选用和比较。板的裁割要使其略大于龙骨架的实际尺寸，大面净光，小面刮直，木纹根部向下；长度方向需要对接时，木纹应当通顺，其接头位置应避开视线范围。

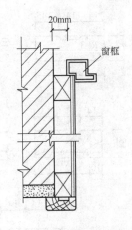

图 11.5　窗楹筒子板的构造

一般窗筒子板拼缝应在室内地坪 2m 以上；门筒子板的拼缝应离地坪 1.2m 以下。同时，接头位置必须留在横撑上。当采用厚木板材，板背应作为卸力槽，以免板面产生弯曲；卸力槽一般间距为 100mm，槽宽为 10mm，深度为 5～8mm。

11.2.4　贴脸板的安装

贴脸板也称为门头线与窗头线，是装饰门窗洞口的一种木制装饰品。门窗贴脸板的式样很多，尺寸各异，应按照设计施工。常用的构造和安装形式如图 11.6 所示。

1．贴脸板的制作

首先检查配料的规格、质量和数量，待符合要求后，先用粗刨子刮一遍，再用细刨子刨光。先刨大面，再刨小面。刨得平直光滑，背面打凹槽。然后用线刨子顺木纹起线，线条应清晰、挺秀，并且深浅一致。

如果做圆形贴脸，必须先套出样板，然后根据样板划线刮料。

2．贴脸板的装钉

门框与窗框安装完毕后，即可进行贴脸板的安装。贴脸板距门窗洞口边 15～20mm。当贴脸板的宽度大于 80mm 时，其接头应做成暗榫；其四周与抹灰墙面须接触严密，搭盖墙的宽度一般为 20mm，最少也不得少于 10mm。

装钉贴脸板，一般是先钉横向的，后钉竖向的，先量出横向贴脸板所需要的长度，两端锯成 45°斜角(即割角)，紧贴在框的上坎上，其两端伸出的长度应一致。再将钉帽砸扁，顺木纹冲入木板表面 1～3mm，钉长宜为板厚的 2 倍，钉距不大于 500mm。接着量出竖向贴脸板的长度，钉在边框上。

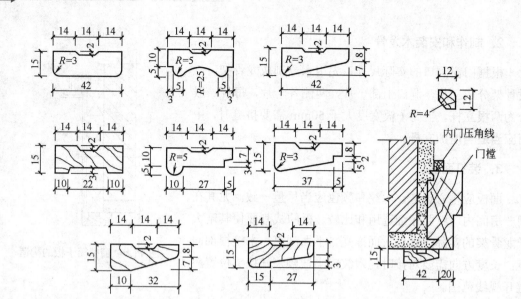

图 11.6　门窗贴脸板的构造与安装形式

11.2.5　木楼梯的施工

从当前装饰工程的实际情况看，木楼梯主要适宜人流不大的场所或复式住宅之类的小型装饰性楼梯，而且主要是采用木质楼梯柱、立杆和扶手。

1．木楼梯的组成

木楼梯由踏脚板、踢脚板、平台、斜梁、楼梯柱、栏杆和扶手等几部分组成。脚踏板是楼梯梯级上的踏脚平板；踢脚板是楼梯梯级的垂直板；平台是楼梯段中间平坦无踏步的地方，也称为休息平台；楼梯斜梁是支承楼梯踏步的大梁，承担着楼梯的全部荷载；楼梯柱是装置扶手的立柱；栏杆和扶手装置在梯级和平台临空的一边，高度一般为 900～1100mm，起着维护和上下依扶的作用。

2．木楼梯的构造

1) 明步楼梯

明步楼梯是指在侧面外观能够看到由踏脚板形成的齿状梯级，效果明露。这种楼梯的宽度以 800mm 为限，当超过 1000mm 时，中间需要加设一根斜梁，在斜梁上钉三角木。三角木可根据楼梯坡度及踏步尺寸进行预制，在其上面铺钉踏脚板和踢脚板。

在斜梁上应镶钉外护板，用以遮盖斜梁与三角木的接缝，而使楼梯外侧立面美观。斜梁的上下两端做吞肩榫，与楼梯格栅(或平台梁)及地面格栅相结合，同时用铁件进一步加固。在底层斜梁的下端也可做凹槽，将其压在垫木(枕木)上。明步楼梯的构造与组成如图 11.7 所示。

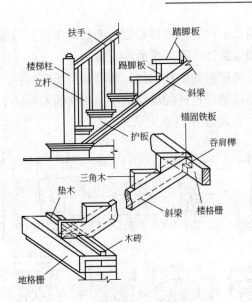

图 11.7　明步楼梯的构造与组成

2) 暗步楼梯

暗步楼梯是指其踏步被斜梁遮掩，其侧立面外观梯级效果藏而不露。暗步楼梯的宽度一般可达 1200mm，其结构特点是在安装踏脚板一面的斜梁上开凿凹槽，将踏脚板和踢脚板逐块镶入，然后与另一根斜梁合拢敲实。

踏脚板应挑出踢脚板的部分与上述明步楼梯相同；踏脚板应比斜梁稍有缩进。楼梯背面可做成板条抹灰，也可铺钉纤维板等，进而采用涂料涂饰或进行其他面层处理。暗步楼梯的构造，如图 11.8 所示。

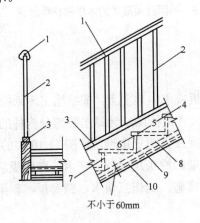

图 11.8　暗步楼梯的构造

1—扶手；2—立杆；3—压条；4—斜梁；5—踏脚板；6—挑口线；7—踢脚板；8—板条筋；9—板条；10—粉刷

3) 栏杆与扶手

楼梯栏杆是为了上下楼梯时的安全而设置的安全构件，同时也是装饰性很强的装饰构件。木栏杆之间的距离，一般不超过 150mm，有的还在立杆之间加设横档连接。

还有一种不露立杆的栏杆构造，称为实心栏杆。实际上是一种木质栏板，其构造做法是将板墙木筋钉在楼梯斜梁上，再以横撑加固，而后即在骨架两面铺钉木质胶合板或纤维板，以装饰线条盖缝并加以装饰，最后作油漆涂饰。

楼梯木扶手作为上下楼梯时的依扶构件，其类型主要有两种：一种是与楼梯组合安装的栏杆扶手，另一种是不设楼梯栏杆的靠墙扶手。传统的木质扶手样式多变，用料非常考究，手感舒适。木扶手的形式如图 11.9 所示。

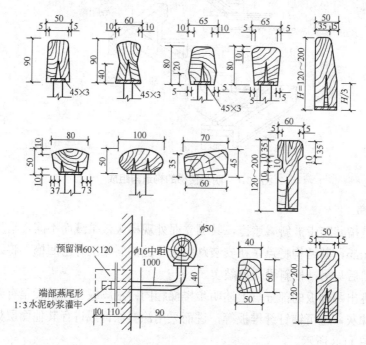

图 11.9　不同截面形式的木楼梯扶手示例

3．木楼梯的制作与安装

1) 木楼梯的制作

木楼梯制作前，在铺好的木板或水泥地面上，根据施工图纸把楼梯的踏步高度、宽度、级数及平台尺寸放出尺寸大样。或者是按图纸计算出各部分构件的构造尺寸，制作出样板。其中踏步三角按设计图一般都是画成直角三角形，如图 11.10 中的虚线所示。开始配料时，应注意楼梯斜梁长度必须将其两端的榫头尺寸计算在内。踏脚板应使用整块木板，如果采用拼板时，须有防止错缝开裂的措施。制作三角木、踏脚板、斜梁、扶手和栏杆时，其尺寸和形状必须符合设计规定。

2) 木楼梯的安装

安装前先确定楼格栅和地格栅的中心线和标高，安装好楼格栅与地格栅之后再安装楼梯斜梁。三角木由下而上依次进行铺钉，它与楼梯肩的结合处应将钉子打入楼梯斜梁内 60mm，每钉一级须加上临时踏板。在钉好三角木后，须用水平尺把三角木的顶面校正，并拉线同时校核各三角木顶端使其在同一直线上。踏脚板安装时应保持其水平度；安装踢脚板时应按图 11.10 中的实线要求，即上端向外倾出 10～20mm。

3) 扶手的制作与安装

楼梯的木制扶手及扶手弯头，应选用经干燥处理的硬木，一般是水曲柳、柳桉木、柚木、樟木等。扶手的形式和尺寸由设计决定，按照设计图纸进行加工。对于采用金属栏杆的楼梯，其木扶手底部应开槽，槽深为 3~4mm，嵌入扁铁内，扁铁宽度不应大于 40mm，在扁铁上每隔 300mm 钻孔，用木螺钉与扶手固定，如图 11.11 所示。

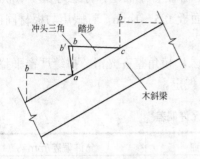

图 11.10   木楼梯的踏步三角示意

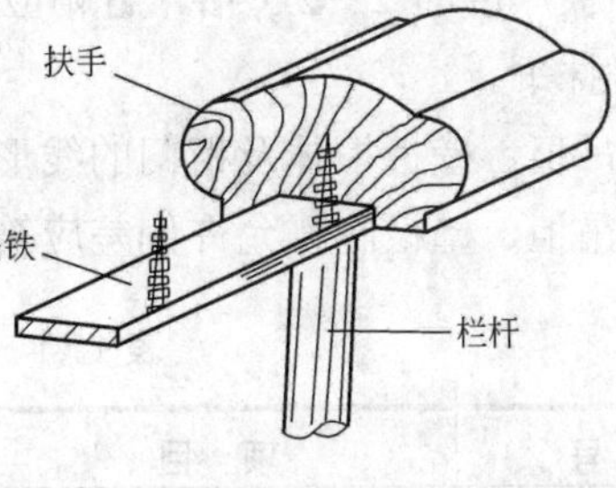

图 11.11   采用金属栏杆的木扶手的固定

木扶手在制作前，应按设计要求做出扶手横断面的样板，先将扶手木料的底部刨削平直，然后画出中线，在木料两端对好样板画出断面轮廓，然后刨出底部凹槽再用线脚刨子按顶头断面轮廓线刨制成型，刨制时须留出半线的余量。

木楼梯扶手的弯头处，也应按照设计要求先做出样板，一般分水平式和鹅颈式两种弯头形式。先将整料斜纹出方，然后进行放线，再用小锯锯成毛坯，而后用斧具斩出扶手弯头的基本形状。将其底面做准确，把样板套在顶头处画线，用一字刨刨平成型并注意留线。

弯头与扶手连接之处应设在第一踏步的上半部或下半部之外。设在弯头内的接头，应是在扶手或弯头的顶头朝里 50mm 处，在此处方可凿眼钻孔进行连接，多是采用 $\phi 8 \times 130 \sim 150mm$ 的双头螺钉将弯头与扶手连接固定，而后将接头处修平修光，如图 11.12 所示。

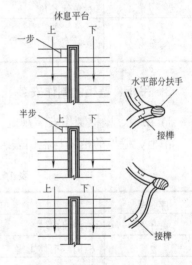

图 11.12   扶手弯头处理示意

11.2.6   吊柜、壁柜的安装

1. 吊柜、壁柜的一般尺寸

在一般情况下，吊柜与壁柜的尺寸，应根据实际情况和用户的要求来确定。如果用户无具体要求，其制作的一般尺寸为：吊柜的深度不宜大于 450mm，壁柜的深度不宜大于 620mm。

2. 吊柜、壁柜制作的质量要求

(1) 吊柜、壁柜应采取榫连接，立梃、横档、中梃、中档等拼接时，榫槽应严密嵌合，应用胶料黏结，并用胶楔加紧，不得用钉子固定连接。

(2) 吊柜、壁柜骨架拼装完毕后，应校正规方，并用斜拉条及横拉条临时固定。

(3) 面板在骨架上铺贴应用胶料胶结，位置正确，并用钉子固定，钉距为 80～100mm，钉长为面板厚度的 2～2.5 倍，钉帽应敲扁，并进入面板 0.5～1mm，钉眼用与板材同色的油性腻子抹平。

(4) 吊柜、壁柜柜体及柜门的线形应符合设计要求，棱角整齐光滑，拼缝严密平整。

(5) 吊柜、壁柜制作允许偏差应符合表 11.1 中的规定。

表 11.1　吊柜、壁柜制作允许偏差

序　号	项　目	构件名称	允许偏差/mm
1	翘曲	柜体	3
		柜门	2
2	对角线长度	柜体、柜门	2
3	高、宽	柜体	0、−2
		柜门	+2、0

3. 吊柜、壁柜的制作安装

1) 吊柜、壁柜制作安装规定

吊柜、壁柜的柜体与柜门安装的缝隙宽度如表 11.2 所示。

表 11.2　柜体与柜门安装的缝隙宽度

序　号	项　目	缝隙宽度/mm
1	柜门对口缝	≤0.8
2	柜门与柜体上缝	≤0.5
3	柜门与柜体的下缝	≤1.0
4	柜门与柜体铰接缝	≤0.8

2) 吊柜、壁柜制作安装方法

吊柜、壁柜由旁板、顶板、搁板、底板、面板、门、隔板、抽屉组合而成。其安装方法如下。

(1) 施工准备。材料、小五金件、机具等工具齐备。墙面、地面湿作业已完成。

(2) 施工工艺流程为：弹线→框架制作→粘贴胶合板→粘贴木压条→装配底板、顶板与旁板→安装隔板、搁板→框架就位固定→安装背板、门、抽屉、五金件。

3) 吊柜、壁柜制作安装通病

吊柜、壁柜制作安装的质量通病，主要包括以下几种。

(1) 框板内木档间距错误。

(2) 罩面板、胶合板出现崩裂。

(3) 门扇出现翘曲，关闭比较困难。

(4) 吊柜、壁柜出现发霉腐烂等质量问题。

(5) 抽屉开启不灵活。

4. 吊柜、壁柜小五金件的安装

(1) 小五金件应安装齐全、位置适宜、固定可靠。

(2) 柜门与柜体连接宜采用弹性连接件安装，用木螺钉固定，亦可用合页连接。

(3) 拉手应在柜门中点下安装。

(4) 柜门锁应安装于柜门的中点处，位于拉手之上。

(5) 吊柜宜用膨胀螺栓吊装。安装后应与墙及顶棚紧靠，无缝隙，安装牢固，无松动，安全可靠，位置正确，不变形。

(6) 壁柜应用木螺钉对准木榫固定于墙面，接缝紧密，无缝隙。

(7) 所有吊柜、壁柜安装后，必须垂直、水平，所有外角应用砂纸磨钝。

(8) 凡混凝土小型空心砌块墙、空心砖墙、多孔砖墙、轻质非承重墙，不允许用膨胀管木螺钉固定安装吊柜，应采取加固措施后，用膨胀螺栓安装吊柜。

11.2.7　厨房台柜的制作与安装

1. 厨房间台柜的有关尺寸

(1) 台柜的台面宽度应不小于 500mm，高度宜为 800mm(包括台面铺贴材料厚度)。煤气灶台高度，不应大于 700mm(包括台面铺贴材料厚度)，宽度不应小于 500mm。

(2) 台柜底板距地面宜不小于 100mm。

2. 厨房间台柜制作质量要求

(1) 采用细木制作台柜及门扇或混合结构台柜的门框、门扇应以榫连接，并加胶结材料黏结，用胶楔加紧。

(2) 砖砌支墩应平直，标高准确，与混凝土板连接牢固，支墩表面抹的水泥砂浆应平整、磨毛，待硬固后表面可铺贴饰面材料。

3. 厨房间台柜制作安装

(1) 厨房间台柜门框与门扇或柜体与门扇装配的偏差应符合表 11.1 中的要求。

(2) 厨房间台柜门框与门扇或柜体与门扇装配的缝隙宽度应符合表 11.2 中的要求。

11.2.8　墙面木饰的制作与安装

1. 墙面木饰一般形式

墙面木饰在住宅室内墙面装饰中，越来越注重居室功能要求，可以充分体现业主装饰风格。

(1) 墙面木饰的形式。墙面木饰一般形式有护壁板、板筋墙、壁龛等。

(2) 墙面木饰的组成。墙面木饰一般由木骨架、基层板、面层板、装饰线脚组成。

2．墙面木饰一般尺寸规定

(1) 护墙板高度，宜为 900～1200mm 或满铺。

(2) 横向主龙骨上宜开通气孔，孔间距宜为 900mm 左右，立梃主龙骨间距应控制在 350～600mm。

(3) 木龙骨上宜用 24mm×30mm 方木，面板宜用夹板。

3．墙面木饰质量要求

(1) 在施工前，地面基体应当处理平整、消除浮灰，对不平整的墙面应用腻子批刮平整。

(2) 对于比较潮湿的地面，应涂刷一道防潮剂。

4．墙面木饰安装

墙面木饰施工工艺流程：弹线→主筋定位→横撑安装→横撑加固→基层面板安装→面板安装→盖木条→踢脚板安装。

(1) 施工时，应在墙面上弹出护墙板的高度线，按龙骨设计布置方位及垫木位置，在墙上钻孔、下木榫。木榫入孔深度应离墙面10mm，沿龙骨方向的钻孔间距应为500mm。

(2) 龙骨及垫木。应用钉子对木榫的位置固定，钉长应为龙骨或垫木厚度的2～2.5倍。也可以用射钉进行固定，射钉入砖深度宜为 30～50mm，射钉入混凝土墙深度应为 27～32mm，射钉尾部不得露出龙骨或垫木的表面。

(3) 面板固定可采用黏结的方法，并用钉子临时固定，待黏结牢固后，再起出钉子。面板固定也可以采用钉子，钉帽应敲扁，顺面板木纹敲进板 0.5～1.0mm，钉眼用与面板同色的油性腻子抹平，钉子长度为面板厚度的2.0～2.5倍。

(4) 护墙板面板的高差应小于 0.5mm；板面间留缝宽度应均匀一致，尺寸偏差不大于2mm；单块面板对角线长度偏差不大于2mm；面板垂直度偏差不大于2mm。

(5) 护墙板阴阳角必须垂直、水平，对缝拼接须为45°角。

(6) 踢脚板和压条应紧贴面板，不得留有缝隙。钉固踢脚板或压条的钉距，不得大于300mm。钉帽应敲扁，顺木纹敲进，敲入表面深度0.5～1mm，钉眼用同色油性腻子抹平。

5．墙面木饰质量通病

(1) 骨架与结构固定不牢。

(2) 墙面粗糙，接头处不平不严。

(3) 细部做法不规矩。

11.2.9 室内线饰的制作与安装

1. 室内线饰一般形式

(1) 挂镜线形式，如图 11.13 所示。

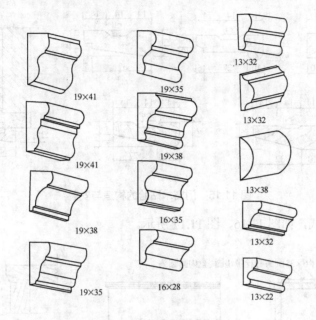

图 11.13 各种挂镜线形式

(2) 顶角线形式，如图 11.14 所示。

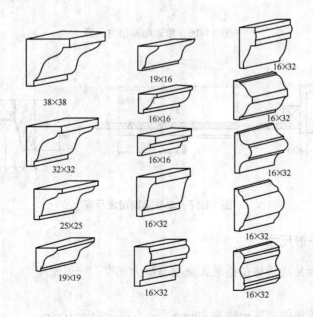

图 11.14 各种顶角线形式

(3) 门窗木贴脸线形式，如图 11.15 所示。

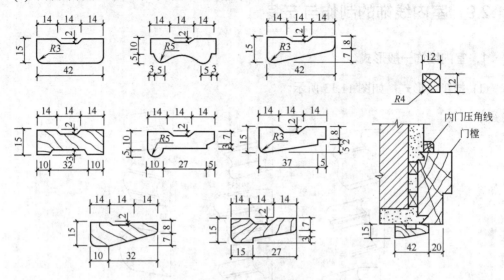

图 11.15　门窗木贴脸的构造与安装

(4) 窗帘箱形式，如图 11.16、图 11.17 所示。

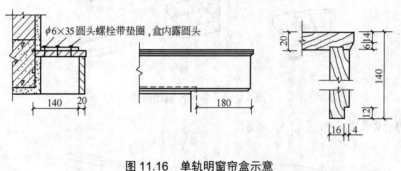

图 11.16　单轨明窗帘盒示意

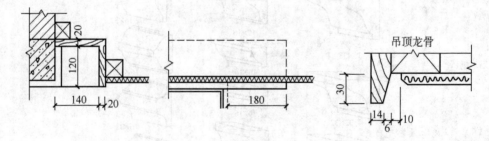

图 11.17　单轨暗窗帘盒示意

2. 室内线饰一般尺寸

(1) 挂镜线、顶角线规格是指最大宽度与最大高度，一般宽度为 10～100mm，长度为 2～5m。

(2) 木贴脸搭盖墙的宽度一般为 20mm，最小不应少于 10mm。

(3) 窗帘箱搭接长度不少于 20mm，一般长度比窗洞口的宽度大 300mm。

3．挂镜线、顶角线制作安装要点

(1) 应在墙面上弹出位置线，钻孔、下木榫，木榫应入墙面 10mm，孔间距沿水平方向为 500mm。

(2) 挂镜线对接接长时的对接缝应为 45°。

(3) 挂镜线安装应用钉对准墙的木榫钉固，钉长应为线板厚的 2～2.5 倍，钉帽应敲扁，顺木纹钉入表面 0.5～1mm，钉眼用同色油性腻子抹平。

(4) 挂镜线应与墙面紧贴，不得有缝隙。安装后与墙平直，通长水平高差不得大于 3mm。

4．木贴脸制作安装要点

(1) 在门窗框及室内墙洞处装饰，应紧贴墙面，不得有缝隙，与窗框压接应紧密，棱角顺直。

(2) 木贴脸在角部连接，对接缝应为 45°。

(3) 木贴脸安装应用钉对准墙的木榫钉固，钉长应为线板厚的 2～2.5 倍，钉帽应敲扁，顺木纹钉入表面 0.5～1mm，钉眼用同色油性腻子抹平。

5．窗帘盒制作安装要点

(1) 窗帘盒面板上部与顶棚连接，通常可不设上盖板。若玻璃窗宽度占墙宽度 3/5 以上，窗帘盒可不设上盖板及端盖，直接固定于两侧墙面。面板高度宜为 140mm，盒内净宽：安装双轨时应为 180mm；安装单轨时应为 140mm。

(2) 双扇窗窗帘盒长度，应向窗洞宽度的两边延伸，每边延伸长度不小于 180mm。

(3) 窗帘盒安装应用钉对准墙内木榫钉固，钉长应为板厚的 2～2.5 倍。

(4) 窗帘盒安装后，下沿应水平，全长的高度偏差不得大于 2mm。

(5) 窗帘盒外观必须光洁，必要时可在面板上钉饰和雕刻花饰。

6．窗帘盒安装质量通病

窗帘盒安装中的质量通病比较多，主要有窗帘盒安装不平；窗帘盒两端伸出窗口长度不一致；窗帘轨道出现脱落；对缝不严或开裂；接槎不平；颜色不匀；螺母不平等。

11.3 细部工程质量验收

【学习目标】掌握细部工程的质量验收要点和检测方法。

11.3.1 一般规定

1) 细部工程主要包括下列分项工程

(1) 橱柜的制作与安装。

(2) 窗帘盒、窗台板、散热器罩的制作与安装。

(3) 门窗套的制作与安装。

(4) 护栏和扶手的制作与安装。

(5) 花饰的制作与安装。

2) 细部工程验收时应检查下列文件和记录

(1) 施工图、设计说明及其他设计文件。

(2) 材料的产品合格证书、性能检测报告、进场验收记录和复验报告。

(3) 隐蔽工程验收记录。

(4) 施工记录。

验收时检查施工图、设计说明及其他设计文件，有利于强化设计的重要性，为验收提供依据，避免口头协议造成扯皮。材料进场验收、复验、隐蔽工程验收、施工记录是施工过程控制的重要内容，是工程质量的保证。

3) 细部工程应对人造木板的甲醛含量进行复验

人造木板的甲醛含量过高会污染室内环境，进行复验有利于核查是否符合要求。

4) 细部工程应对下列部位进行隐蔽工程验收

(1) 预埋件(或后置埋件)。

(2) 护栏与预埋件的连接节点。

5) 各分项工程的检验批应按下列规定划分

(1) 同类制品每 50 间(处)应划分为一个检验批，不足 50 间(处)也应划分为一个检验批。

(2) 每部楼梯应划分为一个检验批。

11.3.2　橱柜制作与安装工程

橱柜制作与安装工程主要指位置固定的壁柜、吊柜等橱柜制作与安装工程，不包括移动式橱柜和家具。检查数量应符合下列规定：每个检验批至少抽查 3 间(处)，不足 3 间(处)时应全数检查。

1. 主控项目

(1) 橱柜制作与安装所用材料的材质和规格、木材的燃烧性能等级和含水率、花岗石的放射性及人造木板的甲醛含量应符合设计要求及国家现行标准的有关规定。

检验方法：观察；检查产品合格证书、进场验收记录、性能检测报告和复验报告。

(2) 橱柜安装预埋件或后置埋件的数量、规格、位置应符合设计要求。

检验方法：检查隐蔽工程验收记录和施工记录。

(3) 橱柜的造型、尺寸、安装位置、制作和固定方法应符合设计要求。橱柜安装必须牢固。

检验方法：观察，尺量检查，手扳检查。

(4) 橱柜配件的品种、规格应符合设计要求。配件应齐全，安装应牢固。

检验方法：观察，手扳检查，检查进场验收记录。

(5) 橱柜的抽屉和柜门应开关灵活、回位正确。

检验方法：观察，开启和关闭检查。

2．一般项目

(1) 橱柜表面应平整、洁净、色泽一致，不得有裂缝、翘曲及损坏。

检验方法：观察。

(2) 橱柜裁口应顺直、拼缝应严密。

检验方法：观察。

(3) 橱柜安装的允许偏差和检验方法应符合表 11.3 中的规定。

表 11.3　橱柜安装的允许偏差和检验方法

项　次	项　　目	允许偏差/mm	检验方法
1	外形尺寸	3	用钢尺检查
2	立面垂直度	2	用 1m 垂直检测尺检查
3	门与框架的平等度	2	用钢尺检查

11.3.3　窗帘盒、窗台板和散热器罩制作与安装工程

窗帘盒有木材、塑料、金属等多种材料做法。散热器罩以木材为主，窗台板有木材、天然石材、水磨石等多种材料做法。检查数量应符合下列规定：每个检验批应至少抽查 3 间(处)，不足 3 间(处)时应全数检查。

1．主控项目

(1) 窗帘盒、窗台板和散热器罩制作与安装所使用材料的材质的规格、木材的燃烧性能等级和含水率、花岗石的放射性及人造木板的甲醛含量应符合设计要求及国家现行标准的有关规定。

检验方法：观察；检查产品合格证书、进场验收记录、性能检测报告和复验报告。

(2) 窗帘盒、窗台板和散热器罩的造型、规格、尺寸、安装位置和固定方法必须符合设计要求。窗帘盒、窗台板和散热器罩的安装必须牢固。

检验方法：观察，尺量检查，手扳检查。

(3) 窗帘盒配件的品种、规格应符合设计要求，安装应牢固。

检验方法：手扳检查，检查进场验收记录。

2．一般项目

(1) 窗帘盒、窗台板和散热器罩表面应平整、洁净、线条顺直、接缝严密、色泽一致，不得有裂缝、翘曲及损坏。

检验方法：观察。

(2) 窗帘盒、窗台板和散热器罩与墙、窗框的衔接应严密，密封胶缝应顺直、光滑。

检验方法：观察。

(3) 窗帘盒、窗台板和散热器罩安装的允许偏差和检验方法应符合表 11.4 中的规定。

表 11.4　窗帘盒、窗台板和散热器罩安装的允许偏差和检验方法

项　次	项　目	允许偏差/mm	检验方法
1	水平度	2	用 1m 水平尺和塞尺检查
2	上口、下口直线度	3	拉 5m 线，不足 5m 拉通线，用钢直尺检查
3	两端距窗洞口长度差	2	用钢直尺检查
4	两端出墙厚度差	3	用钢直尺检查

11.3.4　门窗套制作与安装工程

门窗套制作与安装工程质量验收的检查数量应符合下列规定：每个检验批应至少抽查 3 间(处)，不足 3 间(处)时应全数检查。

1．主控项目

(1) 门窗套制作与安装所使用材料的材质、规格、花纹和颜色、木材的燃烧性能等级和含水率、花岗石的放射性及人造木板的甲醛含量应符合设计要求及国家现行标准的有关规定。

检验方法：观察；检查产品合格证书、进场验收记录、性能检测报告和复验报告。

(2) 门窗套的造型、尺寸和固定方法应符合设计要求，安装应牢固。

检验方法：观察，尺量检查，手扳检查。

2．一般项目

(1) 门窗套表面应平整、洁净、线条顺直、接缝严密、色泽一致，不得有裂缝、翘曲及损坏。

检验方法：观察。

(2) 门窗套安装的允许偏差和检验方法应符合表 11.5 中的规定。

表 11.5　门窗套安装的允许偏差和检验方法

项　次	项　目	允许偏差/mm	检验方法
1	正、侧面垂直度	3	用 1m 垂直检测尺检查
2	门窗套上口水平度	1	用 1m 水平检测尺和塞尺检查
3	门窗套上口直线度	3	拉 5m 线，不足 5m 拉通线，用钢直尺检查

11.3.5　护栏和扶手制作与安装工程

护栏和扶手制作与安装工程质量验收的检查数量应符合下列规定：每个检验批的护栏

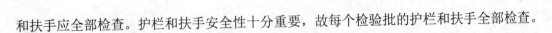

和扶手应全部检查。护栏和扶手安全性十分重要，故每个检验批的护栏和扶手全部检查。

1．主控项目

(1) 护栏和扶手制作与安装所使用材料的材质、规格、数量和木材、塑料的燃烧性能等级应符合设计要求。

检验方法：观察，检查产品合格证书、进场验收记录和性能检测报告。

(2) 护栏和扶手的造型、尺寸及安装位置应符合设计要求。

检验方法：观察，尺量检查，检查进场验收记录。

(3) 护栏和扶手安装预埋件的数量、规格、位置以及护栏与预埋件的连接节点应符合设计要求。

检验方法：检查隐蔽工程验收记录和施工记录。

(4) 护栏高度、栏杆间距、安装位置必须符合设计要求。护栏安装必须牢固。

检验方法：观察，尺量检查，手扳检查。

(5) 护栏玻璃应使用公称厚度不小于 12mm 的钢化玻璃或钢化夹层玻璃。当护栏一侧距楼地面高度为 5m 及以上时，应使用钢化夹层玻璃。

检验方法：观察，尺量检查，检查产品合格证书和进场验收记录。

2．一般项目

(1) 护栏和扶手转角弧度应符合设计要求，接缝应严密，表面应光滑，色泽应一致，不得有裂缝、翘曲及损坏。

检验方法：观察，手摸检查。

(2) 护栏和扶手安装的允许偏差和检验方法应符合表 11.6 中的规定。

表 11.6　护栏和扶手安装的允许偏差和检验方法

项　次	项　目	允许偏差/mm	检验方法
1	护栏垂直度	3	用 1m 垂直检测尺检查
2	栏杆间距	3	用钢尺检查
3	扶手直线度	4	拉通线，用钢直尺检查
4	扶手高度	3	用钢尺检查

课 堂 实 训

实训内容

进行细部工程的装饰施工实训(指导教师选择一个真实的施工现场或学校实训工厂，带学生实地操作实训)，熟悉细部工程施工的基本知识，从技术交底、施工准备、材料制备、施工操作和质量验收方面进行全程模拟训练，熟悉细部工程施工操作要点和国家相应的规范要求。

实训目的

通过课堂学习结合课下实训使学生达到熟练掌握细部工程项目的技术交底、施工准备、材料制备、施工操作和质量验收整个运行过程的施工操作要点和国家相应的规范要求，提高学生进行细部工程技术管理的综合能力。

实训要点

(1) 通过细部工程施工项目实训，使学生加深对细部工程国家标准的理解，掌握细部工程施工过程和工艺要点，进一步加强对专业知识的理解。

(2) 分组制订计划并实施，培养学生团队协作的能力，并获取细部工程施工管理经验。

实训过程

1) 实训准备要求

(1) 做好实训前相关资料的查阅，熟悉细部工程施工有关的规范要求。

(2) 准备实训所需的工具与材料。

2) 实训要点

(1) 实训前做好技术交底。

(2) 制定实训计划。

(3) 分小组进行，小组内部分工合作。

3) 实训操作步骤

(1) 按照施工图要求，确定细部工程施工要点，并进行相应技术交底。

(2) 利用细部工程加工设备统一进行细木工程施工。

(3) 在实训场地进行细部工程实操训练。

(4) 做好实训记录和相关技术资料整理。

(5) 养护一定时间后，进行小组互评和最终评定。

4) 教师指导点评和疑难解答

5) 实地观摩

6) 总结

实训项目基本步骤

步　骤	教师行为	学生行为
1	交代工作任务背景，引出实训项目	(1) 分好小组 (2) 准备实训工具、材料和场地
2	布置细部工程实训应做的准备工作	
3	使学生明确细部工程施工实训的步骤	
4	学生分组进行实训操作，教师巡回指导	完成细部工程实训全过程
5	结束指导点评实训成果	自我评价或小组评价
6	实训总结	小组总结并进行经验分享

实　训　小　结

项目：		指导老师：	
项目技能	技能达标分项		备　注
细部工程施工	1. 交底完善　　　　　得 0.5 分 2. 准备工作完善　　　得 0.5 分 3. 操作过程准确　　　得 1.5 分 4. 工程质量合格　　　得 1.5 分 5. 分工合作合理　　　得 1 分		根据职业岗位所需，技能需求，学生可以补充完善达标项
自我评价	对照达标分项　　　得 3 分为达标 对照达标分项　　　得 4 分为良好 对照达标分项　　　得 5 分为优秀		客观评价
评议	各小组间互相评价 取长补短，共同进步		提供优秀作品观摩学习

自我评价_____　　　　　个人签名_____

小组评价　达标率_____　　　　　组长签名_____

　　　　　良好率_____

　　　　　优秀率_____

　　　　　　　　　　　　　　　　　　　　　　年　　月　　日

习　　题

一、案例题

工程背景：某家居项目装饰施工，细部工程经检验存在以下问题：门套拼缝不严，精装不合格。

原因分析：

① 施工单位管理人员对装饰操作工人技术交底不到位，或根本就没有进行技术交底工作；操作工人施工随意，下料尺寸有偏差。

② 施工单位"三检"工作不到位，工作责任心不强。

③ 施工过程中没有跟踪检查验收，对门套加工拼缝质量检查验收不到位。

预控措施或方法：

① 施工单位管理人员应加强对装饰操作工人的技术交底工作，控制下料尺寸。

② 施工单位应组织做好"三检"工作，增强工作的责任心。

③ 施工过程中应跟踪检查，事后应对此项工作作专项验收。

④ 对门套拼缝质量差应最后作整修或返工处理。

二、思考题

1. 简述细部工程中所用木材的种类、性能和识别方法。

2. 木构件制作加工的原理是什么？如何做好施工准备与材料选用工作？

3. 简述木窗帘盒、窗台板的制作与安装方法。

4. 简述筒子板、贴脸板、木楼梯的制作与安装方法。

5. 简述吊柜、壁柜、厨房台柜的制作与安装方法。

6. 简述墙面木饰、室内线饰的种类、制作与安装。

参 考 文 献

[1] 中华人民共和国建设部. GB 50210—2001 建筑装饰装修工程质量验收规范[S]. 北京：中国建筑工业出版社，2002.

[2] 中华人民共和国建设部. GB 50327—2001 住宅装饰装修工程质量验收规范[S]. 北京：中国建筑工业出版社，2002.

[3] 中华人民共和国建设部. GB 50209—2010 建筑地面工程质量验收规范[S]. 北京：中国建筑工业出版社，2010.

[4] 中国建筑装饰协会工程委员会. 实用建筑装饰施工手册[M]. 2版. 北京：中国建筑工业出版社，2004.

[5] 沙玲. 建筑装饰施工技术[M]. 北京：机械工业出版社，2008.

[6] 马有占. 建筑装饰施工技术[M]. 北京：机械工业出版社，2004.

[7] 顾建平. 建筑装饰施工技术[M]. 天津：天津科学技术出版社，2006.

[8] 李竹梅，赵占军. 建筑装饰施工技术[M]. 北京：科学出版社，2006.

[9] 张若美. 建筑装饰施工技术[M]. 武汉：武汉理工大学出版社，2004.

[10] 饶勃. 装饰施工手册：上册，下册[M]. 3版. 北京：中国建筑工业出版社，2006.

[11] 中华建筑工程总公司. 建筑装饰装修工程施工工艺标准[M]. 北京：中国建筑工业出版社，2003.

[12] 北京土木建筑学会. 建筑装饰装修工程施工操作手册[M]. 北京：中国建筑工业出版社，2003.